第 2 版

卫生健康行业职业技能培训教程

助听器验配师基础知识

国家卫生健康委人才交流服务中心　**组织编写**

主　编　张　华
副主编　张建一　陈振声　孙喜斌　梁　涛

编　者（以姓氏笔画为序）

王　硕	首都医科大学附属北京同仁医院	张建一	中国医学科学院北京协和医学院
王　越	吉林大学第四医院	陈振声	中国残疾人辅助器具中心
王永华	浙江中医药大学	林　颖	空军军医大学西京医院
王树峰	北京听力协会	郑　芸	四川大学华西医院
西品香	中国医学科学院北京协和医学院	曹永茂	武汉大学人民医院
刘　莎	首都医科大学附属北京同仁医院	梁　涛	中国听力医学发展基金会
孙喜斌	中国听力语言康复研究中心	梁　巍	中国听力语言康复研究中心
李晓璐	江苏省人民医院	韩　睿	中国听力语言康复研究中心
张　华	首都医科大学附属北京同仁医院	曾祥丽	中山大学附属第三医院

编委秘书

孙　雯	北京协和医院
冯晓飞	国家卫生健康委人才交流服务中心

人民卫生出版社
·北京·

图书在版编目（CIP）数据

助听器验配师：基础知识/张华主编.—2版.—
北京：人民卫生出版社，2021.10
卫生健康行业职业技能培训教程
ISBN 978-7-117-30669-0

Ⅰ.①助…　Ⅱ.①张…　Ⅲ.①助听器－技术培训－教
材　Ⅳ.①TH789

中国版本图书馆CIP数据核字（2020）第196843号

人卫智网	www.ipmph.com	医学教育、学术、考试、健康，购书智慧智能综合服务平台
人卫官网	www.pmph.com	人卫官方资讯发布平台

助听器验配师　基础知识
Zhutingqi Yanpeishi Jichu Zhishi
第 2 版

主　　编：张　华
出版发行：人民卫生出版社（中继线 010-59780011）
地　　址：北京市朝阳区潘家园南里 19 号
邮　　编：100021
E - mail：pmph @ pmph.com
购书热线：010-59787592　010-59787584　010-65264830
印　　刷：三河市潮河印业有限公司
经　　销：新华书店
开　　本：787×1092　1/16　　印张：12
字　　数：292 千字
版　　次：2016 年 11 月第 1 版　　2021 年 10 月第 2 版
印　　次：2022 年 5 月第 1 次印刷
标准书号：ISBN 978-7-117-30669-0
定　　价：66.00 元

打击盗版举报电话：010-59787491　E-mail：WQ @ pmph.com
质量问题联系电话：010-59787234　E-mail：zhiliang @ pmph.com

前 言

国家卫生健康委人才交流服务中心组织编写的《助听器验配师 基础知识》和《助听器验配师 专业技能》第1版教材反馈较好，因职业标准有更新，故根据新的形势和任务对上版进行了修订。此次再版，编者以第三届助听器验配师国家职业技能鉴定专家委员会（以下简称"专家委员会"）专家为主。

时至今日，助听器仍然是帮助绝大部分听力障碍群体提高生活质量的最主要辅具。虽然助听器的科技含量日益增加，民众的经济支付能力大幅提高，我国政府助残、爱耳的支持力度进一步加大，但实际生活中对验配的助听器佩戴效果满意的听障者在确实需要助听器者中所占比例仍然很小。这种现象与我国强大的经济实力和文化基础很不一致，其主要原因之一是我国极其缺乏培训合格的验配师。此次编写充分体现了数以万计听障者对高质量验配的渴望，从另一个侧面也显示了助听器验配师正规培训的巨大市场需求。

此次编写，专家委员会首先根据国家卫生健康委员会和人力资源和社会保障部的要求，重新修订《助听器验配师国家职业标准（试行）》和培训大纲，既保持了原有文件的系统性，又根据新要求进行了重要增减，并充分体现了助听器技术的进展和对验配师的高标准要求。在此基础上，编委会根据新的标准和大纲，对教材第1版进行了认真审核对照，以及修改。此次编写过程中，编委会分别召开了目录审定会议、编写安排会议和审核定稿会议，从整体安排、具体章节、图表等方面都进行了认真的书写核对。专家的认真负责、细致审校促成了此版的质量提高和在较快时间内完成。

虽然此次编写各方竭尽努力，但难免有不当之处，敬请各培训单位和读者提出宝贵意见，让我们一起在不断修订中帮助我国助听器验配师队伍不断壮大。

张 华

2021年9月

目 录

第一章 职业道德

助听器验配师是服务于听力言语障碍患者的专业人员,除了具备扎实的理论基础和积累丰富的临床经验以外,具备高素质的职业道德是必须的,这与其他所有职业是一致的。

第一节 职业道德基本知识

一、道德的定义

道德,就是一定社会、一定阶级向人们提出的处理个人和个人之间、个人和社会之间、个人与自然之间各种关系的一种特殊的行为规范。由社会舆论、传统习惯、所受教育和信念来维持。既渗透各个方面,又在各个方面显现出来,如思维、言论、行为等,最终成为我们行为的准则和评判标准。

道德是社会意识形态之一,是人们逐渐形成一定的信念、习惯、传统,从而调整人们之间相互关系的行为规范的总和。道德首先是一种社会意识形态,它通过各种形式的教育和社会舆论的力量,使人们具有善和恶、荣誉和耻辱、正义和非正义的想法,并逐渐形成一定的意识和传统,以指导或控制自己的行为。例如:社会主义社会在处理公共道德关系时,要求人们文明礼貌、助人为乐、爱护公物、遵纪守法、保护环境;在处理家庭关系时,要求人们尊老爱幼、男女平等、夫妻和睦、勤俭持家、邻里团结等。从某种意义上可以说,道德就是规范人的行为"应该"怎样和"不应该"怎样的问题。

职业特点对道德的要求,包括道德准则、道德情操、道德品质。是从事这一行业的行为标准和要求,也是对社会承担的责任和应尽的义务。

二、职业道德的定义

所谓职业道德,是指从事一定职业劳动的人们,在特定的工作和劳动中以其内心信念和特殊社会手段来维系的,以善恶进行评价的心理知识、行为原则和行为规范的总和。它是人们在从事职业的过程中形成的一种内在的、非强制性的约束机制,同时又是职业对社会所负的道德责任与义务。

职业道德有三方面的特征:①范围上的有限性。任何职业道德的适用范围都不是普遍的,而是特定的、有限的。一方面,它主要适用于走上社会岗位的成年人;另一方面,尽管职业道德有一些共同性的要求,但某一特定行业的职业道德只适用于专门从事本职业的人。②内容上的稳定性和连续性。由于职业分工有其相对的稳定性,与其相适应的职业道德也就有较强的稳定性和连续性。③形式上的多样性。职业道德的形式,因行业而异。一般来说,有多少种不同的行业,就有多少种不同的职业道德。

三、社会主义职业道德

社会主义职业道德建立在以公有制为主体的经济基础之上。在这种社会条件下,人与人之间、职业与职业之间建立了同志式的团结平等、互助合作的关系。各种职业都是社会主义事业的一部分,只是分工不同,担负的社会责任不同;从事不同职业的人都是具有社会平等权利的一员,政治和人格上没有高低贵贱之分,是社会主义道德的组成部分,并在社会实践中不断地发展、总结、完善。

1. **基本体征** 建立在公有制为主的经济基础之上;贯穿着为人民服务的思想。
2. **客观要求** 社会主义职业道德是个人、集体、社会利益基本一致的保障;并以此来调整、平衡各行业间、职业间的关系。
3. **发展** 社会主义职业道德是历史上劳动人民优秀道德品质的继承和发展,也批判继承了西方职业道德的精华,以后也将会与各种腐朽、落后的道德思想作斗争,在斗争中发展完善。

四、职业道德的作用

职业道德是社会道德体系的重要组成部分,它一方面具有社会道德的一般作用,另一方面它又具有自身的特殊作用,具体表现如下:

(一)调节职业交往中从业人员内部及从业人员与服务对象间的关系

职业道德的基本职能是调节职能。它一方面可以调节从业人员内部的关系,即运用职业道德规范约束职业内部人员的行为,促进职业内部人员的团结与合作。另一方面,职业道德又可以调节从业人员和服务对象之间的关系,即在职业道德规范的框架下要求从业人员必须有责任、有义务不折不扣、全心全意地对待服务对象,从而得到服务对象的信任与满意。

(二)有助于维护和提高本行业的信誉

行业的信誉,即形象、信用和声誉,是指行业及其产品与服务在社会公众中的信任程度。提高行业的信誉主要靠产品的质量和服务质量,而从业人员职业道德水平,是产品质量和服务质量的有效保证。若从业人员职业道德水平不高,很难生产出优质的产品和提供优质的服务。

(三)促进本行业的发展

一个行业、一个企业的发展有赖于高的经济效益,而高的经济效益源于高的员工素质。员工素质主要包含知识、能力、责任心三个方面,其中责任心是最重要的。而职业道德水平高的从业人员,其责任心是极强的。因此,职业道德能促进本行业的发展。

(四)有助于提高全社会的道德水平

职业道德是整个社会道德的主要内容。一方面,涉及每个从业人员如何对待职业、如何对待工作,同时也是从业人员生活态度、价值观念的表现;是一个人的道德意识、道德行为发展的成熟阶段,具有较强的稳定性和连续性。另一方面,职业道德是职业集体,甚至是行业全体人员的行为表现。如果每个行业、每个职业集体都具备优良的道德,那么对整个社会道德水平的提高会发挥重要作用。

五、职业道德的特点

通过个人的道德规范，调节、提高从业人员间的素质，并用自己的行为服务于社会，以促进整个社会的道德水准。

（一）稳定性和连续性

职业道德的特点，在于每种职业都有其道德的特殊内容。职业道德的内容往往表现为某一职业所特有的道德传统和道德准则。一般来说，职业道德所反映的是本职业的特殊利益和要求，而这些要求是在长期、反复的特定职业社会实践中形成的。有些独具特色、代代相传。不同民族有各具特色的生活方式，从事特定职业也有其特定的职业生活方式。这种由不同职业、不同生活方式长期积累逐渐形成的相对稳定的职业心理、道德传统、道德观念，以及道德规范、道德品质，形成了职业道德相对的连续性和稳定性。例如：医生的宗旨是救死扶伤、军人是服从命令、商人则要诚信无欺、教师要为人师表、领导应以身作则等，这些均是约定俗称的社会共识，已流传上千年。一般来说进入某个行业、从事某一职业，首先要学习掌握这一职业的道德，要遵守行约、行规。只有认真、模范地实现这一职业道德的人，才是这一职业中的优秀人才。

（二）职业道德的专业性和有限性

道德是调节人与人之间关系的价值体系。鉴于职业的特点，职业道德调节的范围主要限于本职业的成员，而对于从事其他职业的人不一定适用。这就是说，职业道德的调节作用，主要是：①从事同一职业人员的内部关系；②本行业从业人员同其服务对象之间的关系。

（三）职业道德的多样性和适用性

由于职业道德是依据本职业的业务内容、活动条件、交往范围，以及从业人员的承受能力而制定的行为规范和道德准则，所以职业道德就是多种多样的，有多少种职业就有多少种职业道德。但是，每种职业道德又必须具有具体、灵活、多样、明确的特点，以便职工记忆、接受和执行，并逐渐形成为习惯。

（四）职业道德兼有强烈的纪律性

纪律也是一种行为规范，但它是介于法律和道德之间的一种特殊的规范。它既要求人们能自觉遵守，又带有一定的强制性。就前者而言，它具有道德色彩；就后者而言，又带有一定的法律色彩。就是说，一方面遵守纪律是一种美德，另一方面，遵守纪律又带有强制性，具有法令的要求。例如：工人必须执行操作规程和安全规定；军人要有严明的纪律等。因此，职业道德有时又以制度、章程、条例的形式表达，让从业人员认识到职业道德具有纪律的规范性。

六、职业道德的核心

职业道德的核心是爱岗敬业、诚实守信、办事公道、服务群众、奉献社会、素质修养。职业道德是一种职业规范，受社会普遍的认可；是长期以来自然形成的；是没有确定形式，通常体现为观念、习惯、信念等；是依靠文化、内心信念和习惯，通过员工的自律实现；大多没有实质的约束力和强制力；主要内容是对员工义务的要求；标准多元化，代表了不同行业可能具有的不同价值观；承载着行业文化和凝聚力，影响深远。

每个从业人员，无论是从事何种职业，在职业活动中都要遵守道德规范。理解职业道德需要掌握以下四点。

（一）在内容方面

职业道德总是要鲜明地表达职业义务、职业责任及职业行为上的道德准则。它不是一般地反映社会道德和阶级道德的要求，而是要反映职业、行业，以至产业特殊利益的要求。它不是在一般意义上的社会实践基础上形成的，而是在特定的职业实践的基础上形成的。因而，它往往表现为某一职业特有的道德传统和道德习惯，表现为从事某一职业的人们所特有道德心理和道德品质，甚至造成了从事不同职业的人们在道德品貌上的差异。

（二）在表现形式方面

职业道德往往比较具体、灵活、多样。它总是从本职业交流活动的实际出发，采用制度、守则、公约、承诺、誓言、条例，以至标语口号等形式。这些灵活的形式既易于被从业人员所接受和实行，又易于形成一种职业的道德习惯。

（三）从调节的范围来看

职业道德一方面是用来调节从业人员内部关系，加强职业、行业内部人员的凝聚力；另一方面，它也是用来调节从业人员与其服务对象之间的关系，用来塑造本职业从业人员的形象。

（四）从产生的效果来看

职业道德既能使一定的社会或阶级的道德原则和规范"职业化"，又能使个人道德品质"成熟化"。职业道德虽然是在特定的职业生活中形成的，但它绝不是离开阶级道德或社会道德而独立存在的道德类型。在阶级社会里，职业道德始终是在阶级道德和社会道德的制约和影响下存在和发展的；职业道德和阶级道德或社会道德之间的关系，就是一般与特殊、共性与个性之间的关系。

七、职业道德的基本原则

（一）热爱本职工作，忠于职守，乐于奉献

尊职敬业，是从业人员应该具备的一种崇高精神，是做到求真务实、优质服务、勤奋奉献的前提和基础。从业人员，首先要安心工作、热爱工作、献身所从的行业，把自己远大的理想和追求落到工作实处，在平凡的工作岗位上做出非凡的贡献。从业人员有了尊职敬业的精神，就能在实际工作中积极进取、忘我工作、把好工作质量关。对工作认真负责，把工作中所得出的成果，作为自己莫大的荣幸；同时认真分析工作的不足，并积累经验。

敬业奉献是从业人员职业道德的内在要求。随着市场经济市场的发展，社会大众对从业人员的职业观念、态度、技能、纪律和作风都提出了新的更高的要求。从业人员要勤勤恳恳、任劳任怨、乐于奉献；要适应新形势的变化，刻苦钻研；要加强个人的道德修养，处理好个人、集体、国家三者的关系；要树立正确的世界观、人生观和价值观。从业人员应把继承中华民族传统美德与弘扬时代精神结合起来，坚持解放思想、实事求是、与时俱进、勇于创新、淡泊名利、无私奉献。

（二）掌握职业道德知识，加强职业道德修养

在社会主义市场经济条件下，不讲道德、损人利己的人终将会被淘汰。所谓职业道德修养，是指从事各种职业活动的人员，按照职业道德基本原则和规范，在职业活动中所进行的自我教育、自我锻炼、自我改造和自我完善，使自己形成良好的职业道德品质和达到一定的职业道德境界。因此,每一个从业人员必须认真学习职业道德原则和规范,掌握职业道德基本知识,从理论上明确职业道德规范的基本要求和应该怎样做、不应该怎样做的道理,明确职业道德修养所要达到的目标,把握职业道德修养的标准。以此来提高进行职业道德修养的自觉性,增强职业道德修养的针对性。

每个人在成长过程中,学习科学知识和专业技能也是进行职业道德修养的一个重要方面。它能帮助人们准确理解职业道德修养在职场中的重要作用,准确理解职业道德建设在社会主义市场经济中的重大意义。一个人也只有准确理解了职业道德在现实社会中的重要作用,才能更好地去学习职业道德规范,才能更自觉地进行职业道德修养,努力提高自己的道德水平和思想境界。

(三)学习现代科学文化,提高专业技能水平

一个人若具有高度的主人翁责任感、高度的敬业精神,一心想为企业的发展做出自己的贡献,就会有强有力的学习欲望和创新动力。努力学习现代科学文化知识和提高专业技能,也需要崇高的职业道德的支撑。摈弃旧观点更换新理念,跟上时代科学文化发展的潮流,是做好本职工作的基本条件。只有勤奋努力学习,善于观察,善于思考,善于总结,善于应用,才能掌握更多的前沿科学文化知识和新专业技能,从而提高本专业工作的质量与效益,促进行业的进步和推动行业的发展。

(四)增强自律性,提高精神境界

我们要经常进行自我反思、检查自己,并自觉使自己的言行符合职业道德标准的要求。古人有"吾日三省吾身"的修养方法,这种方法是说一个人每天3次检查自己的行为,看是否有不符合道德要求之处。我们应借鉴古人的修养方法,经常用职业道德标准对照检查自己的言行,要敢于正视自身存在的缺点。人只有能正确客观地认识自己,发现自身的缺点,才能改正缺点,不断进步。

提高精神境界,努力做到"慎独"。作为一种道德修养的境界,"慎独"强调道德修养必须达到在无人监督时,仍能坚持道德信念,能严格按照道德规范的要求做事。这样做不是出于勉强,也不是为了博得众人的好感或拥护,而是发自内心的要求,是自己坚定的道德信念在行动上的具体表现,是自觉按照道德规范的要求去做事的一种道德品格和道德境界。

第二节　职 业 守 则

一、守则定义

守则是国家机关、人民团体、企事业单位为了维护公共利益,向所属成员发布的一种要求自觉遵守的约束性公文。是指某一社会组织或行业的所有成员,在自觉自愿的基础上,经过充分的讨论,达成一致的意见而制定的行为准则,具有概括性、针对性、准确性、可行性、通俗性。

二、守则内容

对于不同的行业和情况,其守则是不同的,大体分为基本守则、职业道德守则、日常行为守则。

（一）基本守则

遵守国家的法律、法规、法令。遵守单位的规章制度，严守纪律，服从领导，不越权行事。部门之间、员工之间应相互尊重，团结合作，构建和谐氛围。顾大局，识大体，自觉维护公司的声誉和权益。

（二）职业道德守则

崇尚敬业精神，工作尽职尽责，积极进取且努力不懈，不断学习，增广知识，以求进步，做一个称职的员工。对所从事的业务，应以专业标准为尺度，从严要求，高质量完成本职工作。一切从公司利益出发，做好本职工作，切忌因个人原因影响工作。为人诚信、正直。对公司各方面的工作，应主动通过正常途径及时提出意见、建议；对有损公司形象等消极行为，应予以制止。在工作交往中，不索取或收受对方的酬金、礼品。工作中出现失误，应勇于承认错误，承担责任，不诿过于人。尊重客户、尊重同行。保守公司商业秘密和工作秘密，妥善保管公司文件、合同及内部资料。辞职者须提前一个月向公司人事主管部门提出申请，妥善交代工作，处理好善后事宜。

（三）日常行为守则

遵守劳动纪律；不迟到，不早退，不擅离职守。上班时间仪表整洁，态度严肃；着装大方、得体。工作时间不串岗、不聊天、不做与工作无关的事，不上与工作学习无关的网站。文明办公，禁止在办公室内外喧哗、打闹，自觉做到语言文明，举止得体。保持桌面、地面干净，不摆放与办公无关的用品，垃圾日清。爱护办公设施。办公设施在固定位置摆放，如有移动及时复位。下班后要整理办公桌面，各类文件归类摆放整齐。最后离开办公室的员工，应关闭窗户，检查电脑、电灯、电扇、空调等用电设备的电源是否关好，无遗留问题后，锁好门，方可离去。厉行节约，节约用电、用水、用油、用纸等。因事请假，按规定办理请假手续，事后及时销假。

三、守则作用

守则对其所涉及的成员有约束作用，但守则从整体上说属于职业道德范畴，不是法律和法规，不具有强制力和法律效应。也就是说，如果有人不按守则办事，可能并不违法，但至少是违背了道德准则，会受到人们的批评和谴责。守则旨在培养成员按道德规范办事的自觉性，对本系统、本单位、本部门的工作、学习、生活也能起到一定的保证、督促作用。

四、守则特点

守则有三个依据：一是党和国家的方针、政策；二是有关法律、法规；三是全社会共同遵守的道德规范。遵守守则，实际上也就是遵纪守法，就是讲文明、讲道德。以下内容涉及思想、工作、学习、生活、社会行为等方面，是基本的思想原则和道德规范，是社会主义核心价值观的具体表现。

（一）热爱祖国，热爱中国共产党，热爱社会主义。

（二）热爱集体，勤俭节约，爱护公物，积极参与管理。

（三）热爱本职，学赶先进，提高质量，讲究效率。

（四）努力学习，提高政治、文化、科技、业务水平。

（五）遵守纪律，廉洁奉公，严格执行各种规章制度。

（六）关心同事，尊师爱徒，和睦家庭，团结邻里。

（七）文明礼貌，整洁卫生，讲究社会公德。

（八）扶植正气，抵制歪风，拒腐蚀，永不沾。

五、企业（公司）员工职业守则

（一）员工守则一般内容

员工的道德规范，维护公司信誉、严谨操守、爱护公物、不得泄露公司机密等行为规范。员工的考勤制度。员工加班值班制度。休假请假制度。

（二）职业道德要求

1. **敬业爱岗** 勤奋敬业，积极肯干，热爱本职岗位，乐于为本职工作奉献。

2. **遵守纪律** 认真遵守国家政策、法规、法令，遵守公司规章制度和劳动纪律。

3. **认真学习** 努力学习新的科学文化知识，不断提高业务技术水平，努力提高服务质量。

4. **公私分明** 爱护公物，不谋私利，自觉地维护公司的利益和声誉。

5. **勤俭节约** 具有良好的节约意识，勤俭办公，节约能源。

6. **团结合作** 严于律己，宽以待人，正确处理好个人与集体、同事的工作关系，具有良好的协作精神，易与他人相处。

7. **严守秘密** 未经批准，不向外界传播或提供有关公司的任何资料。

（三）服务意识要求

1. **文明礼貌** 做到语言规范、谈吐文雅、衣冠整洁、举止端庄。

2. **主动热情** 以真诚的笑容，主动热情地为客户服务，主动了解用户需要，努力为用户排忧解难。

3. **服务周到** 对用户的服务要耐心周到，问多不烦、事多不烦，虚心听取用户意见、耐心解答用户问题，服务体贴入微、有求必应、面面俱到、尽善尽美。

（四）仪容仪表、行为举止要求

保持衣冠整洁，按规定要求着装，将工作卡端正地佩戴在左胸前。工作场所不穿短裤、背心、拖鞋。男、女员工发式、指甲符合工作性质的要求。工作中站、坐、行、举止的表情及形态要得体。

（五）接听电话要求

所有来电，在铃声三响之内接答。拿起电话后，先致简单问候，自报公司部门，语气亲切柔和。认真倾听对方讲话，需要时应详细记录对方通知或留言的事由、时间、地点、姓名，并向对方复述一遍。通话完毕后，向对方表示感谢，等对方放下电话后，再轻轻放下电话。打电话时，应预先整理好电话内容，语言简练、明了。上班时间，一般不得打（传）私人电话，如有急事，通话时间不宜超过 3 分钟。

六、助听器验配师职业守则

（一）助听器验配师职业定义与职能

助听器验配师是根据听力障碍者的听力损失状况和心理需求，使用助听器验配专用设备和软件，为其选择和调试适合的助听器，并进行效果评估和后续听力康复服务的人员。

(二)职业分级

本职业共设四个等级,分别为四级助听器验配师(国家职业资格四级)、三级助听器验配师(国家职业资格三级)、二级助听器验配师(国家职业资格二级)、一级助听器验配师(国家职业资格一级)。对助听器验配师的能力要求依次递增,高级别涵盖低级别的要求。根据新的国家职业技能标准,通过低级验配师的资格考试方可进行高级别验配师资格考试申请。

(三)助听器验配师职业守则

1. 爱岗敬业,遵守职业道德 爱岗敬业,热爱祖国,热爱自己的工作岗位,热爱本职工作,正确树立社会主义核心价值观,用一种恭敬严肃的态度对待自己的工作。对工作注入无限热爱,专心致志,做好与本职工作相关联的每一件事,"把有限的生命投入到无限的为人民服务之中去"作为爱岗敬业的最高要求。

遵守职业道德,遵纪守法,遵守各项规章制度,加强职业道德修养。按照职业道德基本原则和规范,在职业活动中,养成从我做起、从现在做起、从小事做起的习惯,进行自我教育、自我锻炼、自我改造和自我完善,弘扬正气,拒腐倡廉,以先进人物为榜样,使自己做任何工作均体现出良好的职业道德品质和职业道德境界。

2. 不断学习,提高专业技能 助听器验配师是集医学知识、听力学知识、电子学知识为一体的专业性较强的技术工种。不断勤奋努力学习,吸收、更新、掌握新的科学知识和专业技术,是做好本职工作的基本条件。学习中要有笔记、有研讨、有实践、有总结,并能熟练地运用到专业工作中去,不断地在学习与工作中提高自身的理论和技能水平,高质量地为听力障碍者服务。

3. 热情待人,工作认真负责 助听器验配师的工作是面对听力障碍者,应满腔热情地对待每一位验配助听器的听力障碍者的咨询,回答问题细致、易懂、全面、有条理性,百问不厌、不烦,语气和蔼。电话咨询有登记(时间、姓名、电话号码、所提问题、解答内容)。

工作中以高度的责任心,按操作规程一丝不苟、精心、准确地做好每一个环节、每一个步骤。例如:外耳道检查、清理、听力计测试、助听器验配、试听试戴;耳模取样、制作;听力康复训练等工作。

听力障碍者所购助听器、电池、导线、耳模、干燥器等,均应讲清使用方法、注意事项。做好客户档案、随访、跟踪服务工作,出现问题及时解决。

4. 团结互助,有凝聚力精神 为人做事从大局出发,光明磊落,相互谅解,相互宽容,相互谦让,勇于开展批评与自我批评,团结互助,共同协作,不意气用事、不互相逞能,不互相拆台、不勾心斗角,同事间保持和谐、默契的关系,有较高的职业道德觉悟。凡事要从整体利益大局出发,认真履行自己的工作责任,严于律己,宽以待人,具有凝聚力和团队合作精神,共同齐心协力以愉悦的心情高质量完成工作。

5. 勤俭节约,工作环境整洁 勤俭节约是中华民族美德,是社会主义建设中创业守业必不可少的品德。在现代社会飞速发展的今天,我国提倡节约型社会,力求做到反对铺张浪费和大手大脚的行为,节约从一点一滴做起。工作中力求注意节约一滴水、一度电、一个棉球、一张表格、一张复印纸、一点耳模材料等,都是对本单位、对社会的一种贡献,同时也反映了一个人的思想品质。

保持工作环境清洁有序是文明社会进步的一种要求和体现。其既提升了整体形象,又给人以信任感和可信度。面对听力障碍者,为他们创造舒适良好的就诊环境,给他们带来轻松愉悦的心情,是分内工作。保持良好的工作状态,增强其信心和力量,有利于服务工作的顺利进行。具体到个人所在科室的柜橱、工作台,物品、设备、工具摆放有序。不随便丢弃杂物,如清理耳道、检测、耳模制作、助听器维修、设备维护等所产生的废弃物。保持桌面地面清洁卫生,养成讲卫生、有条理性的好习惯。

6. **爱护设备,严守规章制度** 在各行各业中,设备工具是创造财富、发展事业的硬件设施,其为生存的根基,被视为生命线。爱护设备工具是每一个员工最具体、最根本的要求。助听器验配师的工作设备工具是比较高档的精密仪器,对仪器的保护爱惜是对工作认真负责的一部分。在设备的使用中应经常检查、擦拭,及时更换损坏的部件,保证设备的正常运转和延长使用寿命。

严格执行工作程序和工作规范。按照工作程序使工作条理化、标准化和规范化,以求得最佳工作秩序、工作质量和工作效率。按照工作规范使工作有详细、科学、严谨、高效的操作标准,以保证工作高质量完成。根据各部门的工作性质制定的工作程序和工作规范,要不折不扣地严格执行,保质保量完成任务,达到所预定的效果,实现最终目标。

助听器验配是技术性较强的工作,应严格遵守工作程序和工作规范的高标准要求。借鉴海尔"OEC"管理法,提高工作效率和服务质量(海尔"OEC"管理法:每天对每人、每件事进行全方位的控制和清理。O为全方位,E为每人、每天、每件事,C为控制、清理。"OEC"管理法的主要目的是:"日事日毕、日清日高",当天的工作要当天完成,每一天要比前一天提高1%)。

7. **发生争议,妥善解决问题** 工作中与客户在检测、治疗、验配、取耳样、产品销售等发生争议时,应细心、耐心、完整地聆听客户的倾诉与投诉,让客户畅所欲言,并有详细记录。在处理争议时,首先自查本身有无过错或不足之处,实事求是,不推诿、不护短,敢于批评与自我批评,态度诚恳、解释合理,尽量满足客户提出的要求,力争以圆满与和谐的原则处理好争议。

在与客户解决争议中有分歧而不能达到一致时,则按照《中华人民共和国消费者权益保护法》《中华人民共和国残疾人保障法》及相关法律文件规定,或相关部门解决争议。

七、爱国守法的定义

在基本道德规范中,摆在首位的是"爱国守法"四个字。这意味着爱国守法是每个公民都应履行的首要道德责任。

"爱国"作为一种道德责任,就是要求公民发扬爱国主义精神,为了维护民族自尊心、自信心和自豪感,为了维护和争取祖国的独立、统一、富强和荣誉而奉献。中国人是最懂得爱国的民族群体,深知个人命运和国家命运紧密相连,没有国家的昌盛就没有个人的尊严和幸福可言。

"守法"作为道德责任,就是要求公民不仅有知法、懂法、遵法的法律意识,还要把法律意识转化为自觉依法行使权利、履行义务的法律行为,使自己的言行合乎法律的规范。"守法"之所以和"爱国"并列为基本道德规范的第一条,是因为两者同为道德的底线,是每个公民必备的最重要的道德品质和最起码的道德水准。

爱国守法虽然是道德的底线,却是崇高而又重要的。公民无论其社会地位、政治立场、思想信仰等有何不同,都不妨碍其成为爱国者和守法者。

八、爱岗敬业的内容

(一) 爱岗敬业指的是忠于职守的事业精神, 这是职业道德的基础

1. 爱岗敬业是一种精神 每个人都有追求荣誉的天性, 都希望最大限度地实现人生价值。而要把这种意愿变成现实, 靠的是什么? 靠的就是在自己平凡岗位上的爱岗敬业。歌德曾经说过: 你要欣赏自己的价值, 就得给世界增加价值。无论在哪一个岗位上, 工作内容是否枯燥繁琐, 我们都应该满腔激情地工作, 应该像热爱自己的家庭一样去爱岗敬业。

2. 爱岗敬业也是一种态度 现实中很多人尽管才华横溢, 但总是怀疑环境、批评环境, 而不知, 就是因为所持有的这种态度, 才对他的进步和成长打了一个很大的折扣。有句话说的好: 只要你依然是某一机构的一部分, 就不要诽谤它, 不要伤害它——轻视自己所就职的机构就等于轻视你自己。用心做好每件事, 让爱岗敬业成为一种职业习惯。把平凡的工作在你的聪明才智下变成神圣的使命。

3. 爱岗敬业更是一种境界 有句话说得好: 思想有多远, 我们就能走多远。当我们将爱岗敬业当作人生追求的一种境界时, 我们就会在工作上少一些计较, 多一些奉献; 少一些抱怨, 多一些责任; 少一些懒惰, 多一些上进心。有了这种境界, 我们就会倍加珍惜自己的工作, 并抱着知足、感恩、努力的态度, 把工作做得尽善尽美, 从而赢得别人的尊重, 取得岗位上的竞争优势。

(二) 爱岗敬业是爱岗与敬业的总称

"爱岗"和"敬业", 互为前提, 相互支持, 相辅相成。"爱岗"是"敬业"的基石, "敬业"是"爱岗"的升华。爱岗就是人员应该热爱自己的本职工作, 安心于本职岗位, 稳定、持久耕耘, 恪尽职守, 做好本职工作。敬业就是人员应该充分认识本职工作在社会经济活动中的地位和作用, 认识本职工作的社会意义和道德价值, 具有职业的荣誉感和自豪感, 在职业活动中具有高度的劳动热情和创造性, 以强烈的事业心、责任感, 从事工作。

正确认识本行业的本质, 明确在本行业工作中的地位和重要性, 树立职业荣誉感, 才有可能爱岗敬业, 这是做到爱岗敬业的前提, 也是首要要求。基本内容如下:

1. 正确认识职业, 树立职业荣誉感。
2. 热爱工作, 敬重职业。
3. 安心工作, 任劳任怨。
4. 严肃认真, 一丝不苟。
5. 忠于职守, 尽职尽责。

(梁 涛)

思 考 题

1. 什么是职业道德?
2. 简述职业道德的核心和基本原则。
3. 爱岗敬业的具体体现有哪些?

第二章　听觉系统解剖生理和疾病

第一节　听觉应用解剖

听觉系统是对声音收集、传导、处理和综合的感觉系统,分为外周部分和中枢部分。外周部分包括外耳、中耳、内耳和听神经;中枢部分指听神经以上的听觉结构,由神经核、传导束及脑组成。本节主要介绍外周听觉系统,其组成及毗邻见图2-1。

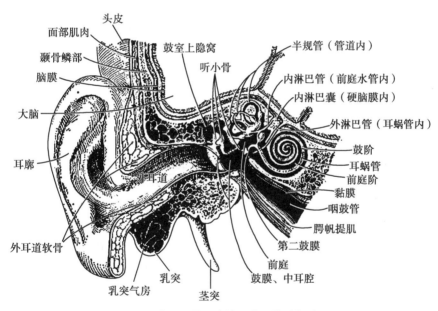

图2-1　外周听觉系统的组成及其毗邻关系

一、颞骨应用解剖

颞骨位于颅骨的两侧,由鳞部、乳突部、岩部、鼓部和茎突组成,外耳的骨部、中耳和内耳位于颞骨内。

(一)外耳

外耳包括耳廓和外耳道。

1. **耳廓(auricle)**　耳廓形似贝壳,分成前外侧面和后内侧面。前外侧面凹陷且不平,后内侧面凸起。左右各一,与头颅约成30°夹角,除耳垂部分由脂肪与结缔组织构成而无软

11

骨外,其余均以软骨为支架,外覆盖软骨膜和皮肤。耳廓借韧带、肌肉、软骨和皮肤附着于头颅侧面。其结构如图 2-2。

耳廓的皮肤与软骨粘连较紧,前外侧面更紧。由于皮下组织少,若出现炎症发生肿胀时,感觉神经易受压而产生剧痛;有血肿或渗出物时极难吸收;软骨膜感染,容易发生软骨坏死,愈合后可遗留耳廓变形。耳廓血管位置表浅、皮肤薄,容易发生冻伤。

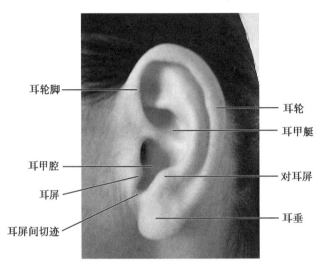

图 2-2　耳廓的外形

2. **外耳道**(external acoustic meatus)　外耳道外侧端为耳甲腔底的外耳道口,内侧端为鼓膜,成人外耳道长 2.5～3.5cm,由软骨部和骨部组成。软骨部约占其外 1/3,骨部约占其内 2/3。成人的外耳道呈"S"形弯曲,外段向内前向微向上,中段向内向后向下,内段向内前微向下,检查外耳道深部或鼓膜时,需将耳廓向后上方提起,使外耳道的骨部和软骨部呈一条直线方容易窥见。成人的外耳道有两处较狭窄,一处为软骨部与骨部交界处,另一处为骨部距鼓膜约 0.5cm 处,后者也称为外耳道峡(isthmus)。外耳道最狭窄的部位在骨性外耳道的中段。在为听力损失患者取耳印模时,可以接近,但不要超过外耳道峡。新生儿的骨性和软骨性外耳道未发育完全,一般由纤维组织构成,所以较狭窄且容易塌陷,往往呈裂隙状。

外耳道皮下的软骨后上方有一缺口,为结缔组织所代替。其前壁有 2～3 个垂直的、由结缔组织填充的裂隙,它可增加耳廓的可动性,是外耳道疖与腮腺脓肿等之间相互感染的途径。外耳道骨部的顶壁由颞骨鳞部组成,其深部与颅中窝仅隔一层骨板,此处骨折时可累及颅中窝。外耳道骨部的前下壁由颞骨鼓部构成,其内端形成鼓沟,是鼓膜紧张部的附着处。鼓沟并非完整的环,其上部有缺口,名鼓切迹(tympanic incisure)。

外耳道皮下组织甚少,皮肤与软骨膜和骨膜附着较紧,故出现炎症肿胀时易致神经末梢受压而引起剧烈疼痛。外耳道骨部皮肤很薄,软骨部皮肤稍厚,富有皮脂腺、毛囊和耵聍腺,外耳道疖多发生于此。

(二)中耳

中耳包括鼓室、咽鼓管、鼓窦及乳突 4 部分。

1. **鼓室**　鼓室（trmpanic cavity）位于颞骨岩部内，鼓膜与内耳外侧壁之间，为近似六面体的不规则含气空腔，向前经咽鼓管与鼻咽部相通，向后与鼓窦及乳突气房相通。以鼓膜紧张部的上、下缘水平为界，将鼓室分为 3 部：鼓膜紧张部上缘水平以上为上鼓室（epitympanum），鼓膜紧张部下缘水平以下为下鼓室（hypotympanum），位于鼓膜紧张部上、下缘水平之间的为中鼓室（mesotympanum），即鼓膜与鼓室内壁之间的鼓室腔。听小骨和黏膜皱襞将上鼓室和中鼓室隔开，形成鼓室隔，其上仅有 2 个小孔使上、中鼓室相交通。当出现黏膜肿胀时，该通道易被堵塞，影响上鼓室、乳突气房与中鼓室之间的气体交换。鼓室的容积为 1～2ml，上下径约 15mm；前后径约 13mm；内外径各处不同，在上鼓室约 6mm，平鼓膜脐部约 2mm，下鼓室约 4mm。所以在行鼓膜穿刺时，因进针部位一般在中鼓室，深度不宜超过 2mm。鼓室内有听小骨、肌肉及韧带等。腔内均被黏膜所覆盖，覆于鼓膜、鼓岬后部、听骨、上鼓室、鼓窦及乳突气房者黏膜为无纤毛扁平上皮或立方上皮组织，余为纤毛柱状上皮。中耳黏膜的上皮细胞为真正的呼吸上皮细胞。

（1）鼓室各壁的结构：鼓室近似一立方体，有外、内、前、后、上、下 6 个壁。

1）外侧壁：由骨部及膜部构成。骨部是鼓膜以上的上鼓室外侧壁，面积较小；膜部即鼓膜，面积较大。

鼓膜（tympanic membrane）为半透明的薄膜，高约 9mm、宽约 8mm、厚约 0.1mm 的类圆形，介于鼓室与外耳道之间。鼓膜的前下方向外倾斜，与外耳道底约成 45° 角，故外耳道的前下壁较后上壁长。新生儿鼓膜的倾斜度更加明显，约成 35° 角。

鼓膜边缘略厚，大部分借纤维软骨环嵌附于鼓沟内，这部分是鼓膜的紧张部（pars tensa）；鼓膜的松弛部（pars flaccida）则是在鼓沟缺如的切迹处，直接附着于颞骨鳞部。鼓膜分为 3 层：外为上皮层，是与外耳道皮肤连续的复层鳞状上皮；中间为纤维组织层，含有浅层放射形纤维和深层环形纤维，锤骨柄附着于纤维层中间，松弛部无此层；内为黏膜层，与鼓室黏膜相连续。

鼓膜为类似 135° 角的锥形漏斗，凹面朝向外耳道，凸面向鼓室，鼓膜中心部最凹点为鼓膜脐（umbo），锤骨柄的末端附在鼓室脐的内面。自脐向上稍向前达紧张部上缘，有一灰白色小突起，名为锤凸，即锤骨短突顶起鼓膜的部分，亦称锤骨短突（short process of malleus）。在脐与锤凸之间，有一白色条纹，称锤纹，为锤骨柄透过鼓膜表面的映影。自锤凸向前至鼓切迹前端有锤骨前襞（anterior malleolar fold），向后至鼓切迹后端有锤骨后襞（posterior malleolar fold），二者均由锤骨短突挺起鼓膜所致，为紧张部与松弛部的分界线。自脐向前下达鼓膜边缘有一个三角形反光区，名为光锥（cone of light），是外来光线被鼓膜的凹面集中反射而成。

2）内侧壁：即内耳的外侧壁，有多个凸起和小凹。中央明显隆起处为鼓岬（promontory），是耳蜗底周所在处。鼓岬后上方有前庭窗（vestibular window），又名卵圆窗（oval window），面积约 3.2mm²，为镫骨底板及其周围的环韧带所封闭，其深面是内耳的前庭。鼓岬后下方有蜗窗（cochlear window），又名圆窗（round window），位于岬下脚下方的小凹内，为圆窗膜所封闭，此膜又称第二鼓膜，面积约 2mm²，内通耳蜗螺旋管的鼓阶起始部。在前庭窗上方有一横行隆起，为面神经管凸，即面神经管的水平部，管内有面神经通过。此处骨壁很薄，常存在缺口，在此部位手术操作时应避免损伤面神经。紧邻面神经管凸的上后方是外半规管凸，是迷路瘘管好发部位。匙突（cochleariform process）位于前庭窗之前稍上方，为一突起的骨片,因鼓膜张肌管的鼓室端弯曲向外所形成。鼓膜张肌腱过匙突弯向外侧,止于锤骨柄。

3)前壁:前壁的下部是颈动脉管的管壁,以极薄的骨板与颈内动脉相邻。前壁的上部有2个管口,即上方是鼓膜张肌半管的开口,下方为咽鼓管的鼓室口。

4)后壁:又名乳突壁。上宽下窄,面神经垂直段经过此壁的内侧。上部则为鼓窦入口(aditus),上鼓室借此与鼓窦相通,鼓窦入口的上界即为鼓室盖。鼓窦入口的内侧有外半规管凸。后壁内侧下方,平前庭窗的高度,有锥隆起(pyramidal eminence),内有小管。镫骨肌腱由锥隆起顶部穿出,止于镫骨颈后方。在锥隆起的外侧、鼓沟的内侧有鼓索神经穿出,进入鼓室。在鼓索神经穿入鼓室处与锥隆起之间的隐窝,为面神经隐窝,是中耳手术的重要标志,即中耳乳突手术后鼓室径路的途径。通过面神经隐窝切开的后鼓室径路探查手术,可以观察到锥隆起、镫骨上结构、前庭窗、蜗窗、砧骨和锤骨,以及咽鼓管鼓口等。

5)上壁:又名鼓室盖(tegmen tympani)。鼓室借此壁与颅中窝的大脑颞叶分隔。鼓室盖的厚度,个体差异较大,一般约厚2mm,少数人薄如纸。在婴幼儿时鼓室盖常未闭合,有岩鳞裂(fissura petrosquamosa),位于此壁的硬脑膜小血管经此裂与鼓室相通,也是中耳感染入颅的途径之一。

6)下壁:为较上壁狭小的薄骨板,其下方是颈静脉球,其前方为颈动脉管的后壁。此壁若有缺损,颈静脉的蓝色即可透过鼓膜下部隐约可见,表现为蓝鼓膜。下壁的内侧有一小孔,为舌咽神经鼓室支所通过。

(2)鼓室内容:

1)听小骨:有锤骨(malleus)、砧骨(incus)和镫骨(stapes),它们相连而成听骨链(ossicular chain),为人体中最小的一组小骨(图2-3)。

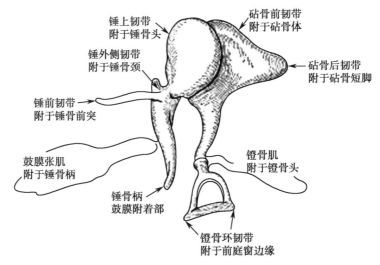

图2-3 听骨链及其肌肉、韧带示意图

锤骨:锤骨由小头、颈、短突(外侧突)、长突(前突)和柄组成。锤骨头部位于上鼓室,锤骨柄包埋在鼓膜黏膜层与纤维层之间,其末端附于鼓膜脐。锤骨小头的后内方有凹面,与砧骨体形成关节。鼓索由后向前行经锤骨柄内侧的上部。

砧骨:砧骨分为体、长脚和短脚。砧骨体占大部分,它位于鼓室后方,前与锤骨小头形成砧锤关节。短脚位于鼓窦入口底部的砧骨窝内。砧骨长脚末端向内侧稍膨大，名为豆状突（lenticular process），与镫骨小头形成砧镫关节。

镫骨：镫骨分为头、颈、前脚、后脚和底板（footplate）。镫骨头与砧骨长脚的豆状突相接构成砧镫关节。镫骨颈较短，后面有镫骨肌腱附着。底板呈椭圆形，借环状韧带（annular ligament）附于前庭窗。

2）听小骨韧带：有锤上韧带、锤前韧带、锤外侧韧带、砧骨上韧带、砧骨后韧带和镫骨环韧带等，将听骨固定于鼓室内。

3）鼓室肌肉：有鼓膜张肌（tensor tympani muscle）和镫骨肌（stapedius muscle）。鼓膜张肌位于鼓膜张肌管内，起自咽鼓管软骨部、蝶骨大翼和鼓膜张肌管壁，肌腱在匙突呈直角转向外侧，止于锤骨柄的内侧面。此肌的作用是收缩时牵拉锤骨柄向内，增加鼓膜张力，以免突然的大声使鼓膜震破或伤及内耳。鼓膜张肌由三叉神经分出的下颌神经支配。镫骨肌起自锥隆起内的鼓室后壁，自锥隆起穿出后，向前下止于镫骨颈后方。镫骨肌收缩时可牵拉镫骨小头向后，镫骨以镫骨底板后缘为支点向外侧移动，以减少内耳压力。此肌肉由面神经支配。

2. **咽鼓管** 咽鼓管（pharyngotympanic tube）是沟通鼓室与鼻咽的管道，成人全长约36mm。自鼓室口向内、向前、向下达咽口，咽鼓管鼓室口比咽口高15～25mm，在成人咽鼓管与水平面成30°～40°角，在幼儿约为10°角，且幼儿的咽鼓管管腔较短，内径较宽，所以幼儿咽部感染较成人容易蔓延到鼓室。咽鼓管分为骨部和软骨部。外1/3为骨部，是咽鼓管的后外侧部，上方仅有薄骨板与鼓膜张肌相隔，下壁常有气化，内侧为颈内动脉管，鼓室口位于鼓室前壁上部。骨部咽鼓管保持开放状态，内径最宽处为鼓室口，越向内越窄。内2/3为软骨部，由软骨和纤维膜所构成，内侧端的咽口位于鼻咽侧壁，在下鼻甲后端的后下方。咽鼓管咽口和咽鼓管软骨部经常是闭合的，呈一条裂隙，正常时只在吞咽、张口、打哈欠等动作下才开放，借此调节鼓室内压力，从而保持鼓膜内、外压力的平衡。咽鼓管骨部与软骨部交界处管腔最狭窄，内径为1～2mm，此处向咽口又逐渐增宽。咽鼓管黏膜上皮为假复层纤毛柱状上皮，向前与鼻咽部黏膜相延续，纤毛运动方向朝向鼻咽部，因此可使鼓室的分泌物经咽鼓管排出；同时由于软骨部黏膜呈皱襞样，起到活瓣作用，能防止咽部液体进入鼓室。

3. **乳突** 在颞骨发育过程中，乳突（mastoid process）内的骨质逐渐被含气的蜂窝状空腔取代，这个过程称为乳突气化。新生儿时乳突尚未发育，多自2岁后始由鼓窦向乳突部逐渐发展，6岁时气化过程完成。乳突气化后一般形成许多大小形状不一、相互连通的气房，其内覆盖无纤毛的黏膜上皮。乳突气房分布范围因人而异，根据气房发育程度，乳突可分为4种类型：①气化型（pneumatic type），约80%的人属于此类型；②板障型（diploetic type），此类型乳突仅部分气化，气房小而多，气房之间为松质骨和骨髓，如同头颅骨的板障；③硬化型（sclerotic type），此类型的乳突没有气化，乳突内为密质骨，多由于在胎儿或者婴幼儿时期鼓室受羊水刺激、细菌感染或营养不良所致；④混合型（mixed type），上述3型中有其中2型同时存在或3型均存在者。

（三）内耳

内耳（inner ear）结构复杂而精细，又称迷路（labyrinth），由骨迷路（osseous labyrinth）和膜迷路（membranous labyritnth）构成，位于颞骨岩部内，含有听觉和平衡系统的感觉终器。

骨迷路和膜迷路形状相似,膜迷路位于骨迷路之内。膜迷路含有内淋巴(endolymph),膜迷路与骨迷路之间充满外淋巴(perilymph),内外淋巴互不相通。

1. **骨迷路** 包括耳蜗、前庭和骨半规管,由致密的骨质构成。迷路骨壁厚 2～3mm,分别由骨外膜层、中层和骨内膜层 3 层组成。内、外层较薄,中层为较厚的内生软骨层。骨迷路容易遗留软骨和骨质缺损。

(1)耳蜗(cochlea):形似蜗牛壳,位于前庭的前内方,是骨迷路最前部分。耳蜗主要由中央的蜗轴(modiolus)和周围的骨蜗管(osseous cochlear duct)组成,人类的骨蜗管旋绕蜗轴 2.5～2.75 周。从蜗底到蜗顶,依次为第 1、2、3 周,第 1 周起始部隆起突向鼓室,形成鼓岬。蜗底向后内侧,构成内耳道底的一部分。第 1 周起始部有蜗窗和耳蜗小管内口的开口。蜗顶向前外方,靠近咽鼓管鼓室口。

蜗轴呈圆锥形,有在蜗轴上伸出的骨螺旋板环绕。骨螺旋板与骨蜗管外壁之间为基底膜,由骨螺旋板连续至骨蜗管外壁,将骨蜗管分成上下 2 腔。上腔又由前庭膜再分为 2 腔,故骨蜗管内共有前庭阶、中阶和鼓阶 3 个管腔。前庭阶(scala vestibuli)起自前庭的前庭窗;中阶(scala media)为膜迷路;鼓阶(scala tympani)起自蜗窗(圆窗),被蜗窗膜(第二鼓膜)所封闭。螺旋板钩、蜗轴板和蜗管顶盲端共围成蜗孔(helicotrema)。前庭阶和鼓阶的外淋巴经蜗孔相通。蜗小管和鼓阶相通,蜗小管外口位于岩部下、颈动脉外口与颈静脉窝之间的三角形凹陷内,脑膜由蜗小管外口突入蜗小管,因此,鼓阶的外淋巴经蜗小管与蛛网膜下腔是相连通的。蜗神经纤维通过蜗轴和骨螺旋相接处的许多小孔到达螺旋神经节。

(2)前庭器(vestibular apparatus):由前庭和 3 个半规管组成,3 个半规管分别为前半规管(上半规管)、水平半规管(外半规管)、后半规管(下半规管)。

2. **膜迷路(membranous labyrinth)** 由膜管和膜囊组成,借纤维束固定于骨迷路内。在形态上,除前庭部分的膜迷路与骨迷路不同外,其他部分两者的形态非常相似。膜迷路分为椭圆囊、球囊、膜半规管及膜蜗管,各部分互相连通。膜迷路及其感受器见图 2-4。

(1)椭圆囊(utricle):位于前庭后上部的椭圆囊隐窝中。囊壁上有椭圆囊斑(macula utriculi),分布有前庭神经椭圆囊支的纤维,感受位觉,亦称位觉斑(macula acoustica)。后壁有 5 孔,与 3 个半规管相通。

(2)球囊(saccule):位于前庭下方的球囊隐窝中,较椭圆囊小。

(3)膜半规管(membranous semicircular canal):附着于骨半规管的外侧壁,约占骨半规管腔隙的 1/4。借 5 孔与椭圆囊相通。

(4)膜蜗管(membranous cochlear duct):又名中阶,位于骨螺旋板与骨蜗管外壁之间,亦在前庭阶与鼓阶之间,内含内淋巴。此为螺旋形的膜性盲管,两端均为盲端;顶部称顶盲端,前庭部称前庭盲端。膜蜗管的横切面呈三角形,有上、下、外 3 壁:上壁为前庭膜(vestibular membrane),外壁为螺旋韧带(spiral ligament),下壁由螺旋缘和基底膜组成(图 2-5)。前庭膜起自骨螺旋板,向外上止于骨蜗管的外侧壁,将蜗管与前庭阶分开。螺旋韧带上由假复层上皮覆盖,含有丰富的血管,即血管纹(stria vascularis),主要由边缘细胞、基底细胞和中间细胞构成,是参与 K^+ 再循环的重要结构。

基底膜(basilar membrane)起自骨螺旋板的游离缘,位于蜗管下壁的外侧部分,向外止于骨蜗管外壁的基底膜嵴。位于基底膜上的螺旋器(spiral organ)又名 Corti 器(图 2-6),是由内、外毛细胞(inner and outer hair cells)、支持细胞和盖膜等组成,其中支持细胞包括柱细

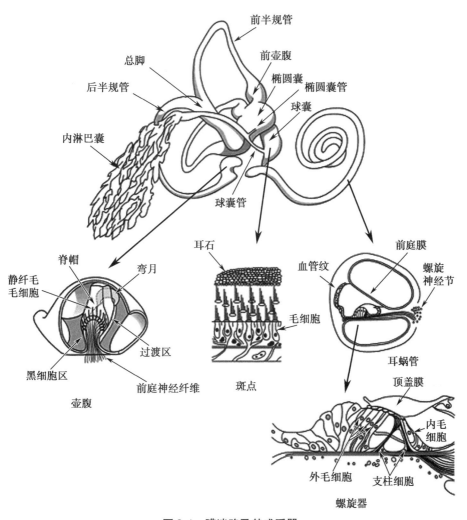

图 2-4 膜迷路及其感受器

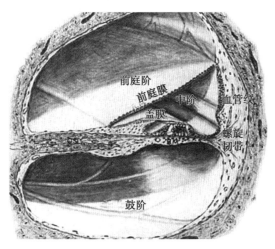

图 2-5 膜蜗管的横截面示意图

胞、外指细胞[又称戴特斯细胞(Deiters 细胞)]、汉森细胞(Hensen 细胞)、外沟细胞[又称克劳迪乌斯细胞(Claudius 细胞)]、内指细胞、伯特歇尔细胞(Boettcher 细胞)、缘细胞等,是听觉的末梢感受器。毛细胞借助支持细胞来维持结构的稳定,内、外毛细胞的区别见表 2-1。基底膜纤维在蜗底者为长,亦即基底膜的宽度由蜗底向蜗顶逐渐增宽,而骨螺旋板及其相对的基底膜嵴则逐渐变窄,这与基底膜的不同部位具有不同声音的固有频率有关。

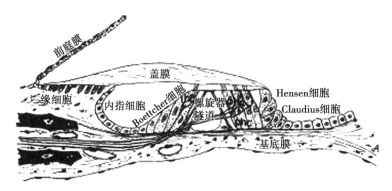

图 2-6　螺旋器示意图

Boettcher 细胞. 伯特歇尔细胞;Hensen 细胞. 汉森细胞;Claudius 细胞. 外沟细胞。

在螺旋器中的螺旋器隧道(Corti's tunnel)Nuel 间隙及外隧道等间隙中,充满着外淋巴性质相仿的液体,称 Corti 淋巴,通过骨螺旋板下层中的小孔及蜗神经纤维穿过的细孔与鼓阶的外淋巴相交通。膜迷路的其他间隙均充满内淋巴。因此,除螺旋器毛细胞的营养来自 Corti 淋巴(其离子成分与外淋巴相似)外,囊斑及壶腹嵴感觉细胞的营养均来自内淋巴。

表 2-1　耳蜗内、外毛细胞的解剖学区别

项目	内毛细胞	外毛细胞
细胞数量	3 000～3 500 个	10 000～14 000 个
细胞排列排数	1	3
细胞形状	烧瓶状	柱状
与支持细胞关系	紧密,靠近内指细胞和内柱细胞	只在顶部与底部由支持细胞固定,细胞浸在 Nuel 间隙的淋巴液中
静纤毛	呈浅凹形纵向排列,不与盖膜接触	呈"V"形放射状排列,与盖膜接触
细胞核位置	细胞中部	细胞底部
细胞器	与其他系统的毛细胞相似	细胞膜上有大量平行分布的线粒体和汉森(Hensen)小体,膜下有丰富的内质网
传入神经支配	经放射纤维汇聚; 95% 的蜗神经纤维分布于内毛细胞; 神经末梢丰富,形态学上有典型的化学突触	经螺旋纤维分散; 可能有 5% 的蜗神经纤维分布于外毛细胞; 神经末梢相对稀少,形态学上不同于化学突触
传出神经支配	由外侧上橄榄核的小神经元发出; 传出神经末梢较小,与传入神经末梢构成突触; 沿耳蜗均匀分布	由内侧上橄榄核的大神经元发出; 传出神经末梢较大,与外毛细胞底部构成突触; 主要分布于耳蜗的中部和底部

二、听神经及其传导径路

听神经（acoustic nerve）在内听道内前庭蜗神经分成前、后两支，前支为蜗神经，后支为前庭神经。耳蜗神经在蜗轴内形成螺旋神经节。听神经协同面神经进入内耳道，经内耳门入颅，在延髓和脑桥之间入脑干。

1. **耳蜗神经**　耳蜗神经是指支配耳蜗毛细胞的神经纤维，汇聚到位于蜗轴与骨螺旋板相连处的螺旋神经节（spiral ganglion）。其中绝大部分由有髓鞘的双极神经元（Ⅰ型神经元）组成，髓鞘是在缰孔处开始形成，这是蜗神经的一级神经元，其轴突汇入蜗轴的中心管道组成蜗神经（cochlear nerve），在延髓脑桥沟外侧端入脑，终止于蜗神经背侧核和腹侧核。螺旋神经节中约95%的纤维与3 000个左右的内毛细胞相连，其余5%的神经纤维与约9 000个外毛细胞相连。

2. **传入神经通路**　传入神经通路是指听觉上行通路，将声信息从外周或者低位的听觉中枢传到大脑皮层或者高位听觉中枢的路径。上行通路的起始部位是支配毛细胞的传入神经纤维。听觉神经系统传入神经通路如图2-7所示。

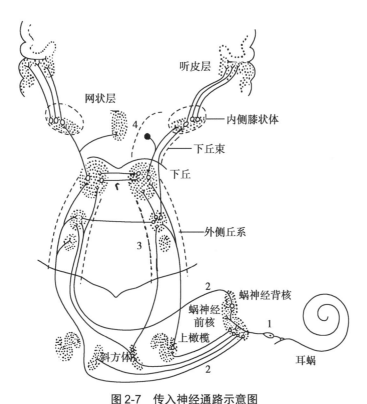

图 2-7　传入神经通路示意图

1. 第Ⅰ级神经元；2. 第Ⅱ级神经元；3. 第Ⅲ级神经元；4. 第Ⅳ级神经元。

自耳蜗至蜗核的神经纤维为听觉的第Ⅰ级神经元，其胞体位于螺旋神经节。在蜗神经背核和腹核的第Ⅱ级神经元发出传入纤维有部分交叉，形成斜方体和对侧的外侧丘系，止于对侧的上橄榄核；还有部分纤维终止于同侧上橄榄核。自上橄榄核第Ⅲ级神经元发出传入纤维沿外侧丘系上行而止于下丘,外侧丘系的大部分纤维经下丘核中继后止于内侧膝状体,有少部分纤维直接终止于内侧膝状体。内侧膝状体发出听辐射,即第Ⅳ级神经元,经内囊后份上行,止于颞横回的听皮质。在第Ⅱ、Ⅲ级神经元有交叉及不交叉的纤维,当一侧外侧丘系至听皮层受损时,可导致两侧听觉感知功能减退,且对侧较重;当一侧蜗神经或蜗神经核损坏时,可引起同侧全聋。

3. **传出神经通路**　传出神经通路是指下行通路,指将信号转达到外周听觉器官或者低位的听觉中枢的路径。耳蜗传出神经元起源于脑干的上橄榄核,受高位听觉中枢的下行纤维的控制。耳蜗传出神经元的胞体与耳蜗腹核的传出纤维相联系,其中大部分纤维下行到耳蜗毛细胞,少部分纤维分布到耳蜗神经核。听觉神经系统传出神经通路如图2-8所示。

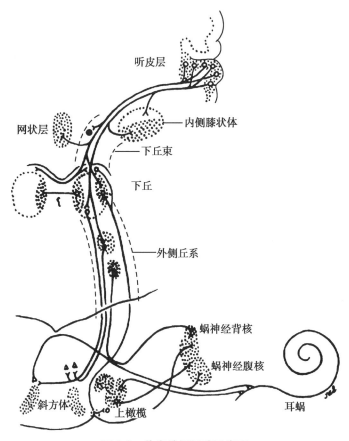

图2-8　传出神经通路示意图

按照神经元的起源和路径,将耳蜗传出神经系统分为内侧橄榄耳蜗传出神经系统和外侧橄榄耳蜗传出神经系统。内侧橄榄耳蜗传出神经元的胞体位于上橄榄复合体内侧的上橄榄核,它的大部分纤维于第四脑室交叉到对侧,少部分纤维分布到同侧耳蜗,极少数纤维投射到双侧耳蜗。内橄榄耳蜗神经纤维末梢与外毛细胞的传入纤维形成突触联系。外侧橄榄耳蜗传出神经元则大部分投射到同侧耳蜗,少部分投射到对侧,与内毛细胞的传入纤维形成突触联系。

第二节 听 觉 生 理

一、传声生理

（一）声音传入耳的两种途径

1. **空气传导机制** 空气传导机制即气导，通过空气传导，是在正常情况下的主要传导方式。振动的声波被耳廓收集，经外耳道到达鼓膜，引起鼓膜听骨链的机械运动，其中前庭窗镫骨底板的振动运动而将能量传入内耳外淋巴（图 2-9）。

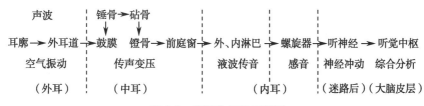

图 2-9 声波传导的示意图

2. **骨传导机制** 骨传导机制即骨导，指声波沿颅骨传至内耳，使内耳淋巴液振动而引起基底膜的相应振动，其后的传导路径和机制与气导相同。骨导的方式包括移动式骨导、压缩性骨导，声波是经颅骨直接传导到内耳。

（二）外耳的生理

1. **对声波的增压作用** 主要是因为外耳道的共振特性。头颅可通过对声波的反射作用而产生声压增益效应，反射波在头的声源侧集聚而产生更强的声场，该现象称障碍效应（baffle effect）。声压增益的大小既与头围和波长的比值有关，又与声波入射方位角有关。

耳廓不仅可收集声波到外耳道，它还对声压有增益效应。实验表明，耳甲腔可使频谱峰压点在 5 500Hz 的纯音提高 10dB HL 的增益。耳廓边缘部亦对较宽频谱范围的声波有 1～3dB HL 的增益效应。

外耳道是声波传导的通道，其一端被鼓膜所封闭。根据物理学原理，一端封闭的圆柱形管腔对波长为其管长 4 倍的声波起最佳共振作用。人的外耳道长 2.5～3.5cm，其共振频率的波长为 10cm，按空气中声速 340m/s 计算，人的外耳道共振频率理论值为 3 000Hz。由于外耳道的内侧端为具有弹性的鼓膜封闭，并非坚硬的界面；外耳道实为呈"S"形的弯曲管道，而非圆柱形直管；加之耳廓的共振效应及头颅和耳甲等部位对声波的反射、绕射等效应，因此，外耳道的实际共振频率尚需进行修正。Shaw 利用模型分析了头、颈部和外耳不同部位的作用。图 2-10 显示了这种经典分析，外耳的大多数部位都有增益效应，从而导致从 2 000～7 000Hz 声音的声压显著增加，这正是言语感知最重要的频率范围，其中当整体叠加后，在 2 500Hz 处大约有 20dB HL 的增益。

2. **对声源定位作用** 耳廓通过改变了的不同频率声波传播特性，提取声音定位信息，声源定位最主要的信号是声波到达双耳的强度差和时间差。当声音从右侧传来时先抵达右耳，再抵达左耳，由于传输距离不同，声音抵达左耳的强度低于右耳。另外，耳廓尚可通过对耳后声源的阻挡和耳前声源的集音帮助声源定位。

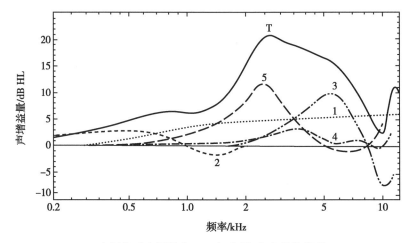

T. 声源位于头颅前方 45° 时不同部位为整体增益；

1. 头颅；2. 躯干和颈部；3. 耳甲；4. 耳廓；5. 外耳道和鼓膜。

图 2-10　头颈部不同部位的声增益

（三）中耳的生理

1. 中耳的阻抗匹配作用及原理　中耳的主要作用是将空气的低阻抗和耳蜗的高阻抗匹配起来。中耳的增压作用约为 30dB HL，基本弥补了声波从空气传入内耳淋巴液过程中，因两种介质之间阻抗不同所造成的声能量衰减（图 2-11）。其主要通过以下 3 个因素。

（1）鼓膜面积与前庭窗面积比：由于鼓膜的面积大大超过镫骨足板的面积，故作用于镫骨足板（前庭窗）单位面积上的压力大大超过作用于鼓膜上的压力。研究发现，实际的有效比为 17 : 1，即作用于鼓膜的声压传至前庭窗时，单位面积压力增加了 17 倍。也就是说，在不考虑弧形鼓膜杠杆作用的前提下，鼓膜通过力学原理可使传至前庭窗的声压提高 17 倍。此外，由于鼓膜振幅与锤骨柄振幅之比为 2 : 1，有研究表明鼓膜的弧形杠杆作用可使声压提高 1 倍。

（2）听骨链杠杆效应：锤骨的长度与砧骨长突的长度，两者比值约为 1.3 : 1。

（3）鼓膜的形状：鼓膜以脐部为顶点呈凹陷形（接近角度为 135° 的圆锥），呈圆锥形运动方式，在减低速度的同时使传导的声能量达到最大效率，提高约 4 倍。

2. 听骨链的保护作用　当声压达到 150dB SPL 时，听骨链的振动模式发生变化，即在声强较低时镫骨底板围绕它的短轴旋转，声强较高时则围绕长轴转动。这种变化通过中耳强声传输的效能降低，可以起到一种保护作用。

3. 中耳肌肉的调控作用　中耳肌肉包括鼓膜张肌和镫骨肌。从解剖学角度来看，两者收缩时作用力的方向相拮抗：鼓膜张肌收缩时向前向内，使鼓膜向内运动；而镫骨肌收缩时向后向外，使镫骨足板以后缘为支点，前部向外翘起而离开前庭窗。在受外界声或其他种类刺激时，可诱发中耳肌肉的反射性收缩，由声刺激引起的该反射活动称为中耳肌肉的声反射，习惯上仅指镫骨肌反射。耳内肌声反射被认为可通过对声强的衰减作用而保护内耳结构免受损伤的下调系统。

4. 咽鼓管的生理功能　咽鼓管为连接鼓室和咽部的通道，它的主要功能如下。

（1）保持中耳腔压力平衡：保持鼓室内气压与外界大气压平衡，有利于鼓膜及中耳听骨

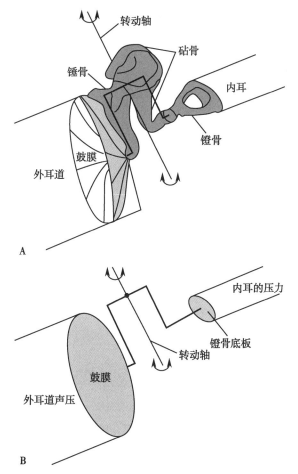

A. 听骨链沿轴做转动,而鼓膜呈圆锥形运动; B. 鼓膜与镫骨底板的面积比值约为17。

图 2-11　中耳阻抗匹配原理模式图

链的振动,维持正常听力。当吞咽、打哈欠及偶尔在咀嚼与打喷嚏时,通过腭帆张肌、腭帆提肌及咽鼓管咽肌的收缩作用瞬间开放。当鼓室内气压大于外界气压时,气体通过咽鼓管向外排出比较容易;而外界气压大于鼓室内压时,气体的进入则比较困难。不同条件下咽鼓管开放所需的压力有异。

(2) 引流中耳分泌物:鼓室黏膜及咽鼓管黏膜的杯状细胞与黏液腺所产生的黏液,可借咽鼓管黏膜上皮的纤毛运动,被不断地向鼻咽部排出。

(3) 防止逆行性感染:正常人咽鼓管平时处于闭合状态,仅在吞咽的瞬间才开放。咽鼓管软骨部黏膜较厚,黏膜下层中有疏松结缔组织,使黏膜表面产生皱襞,后者具有活瓣作用,加上黏膜上皮的纤毛运动,可防止鼻咽部的液体、异物等进入鼓室。

(4) 阻声和消声:在正常情况下,咽鼓管的闭合状态可阻隔说话、呼吸、心搏等自体声响的声波经鼻咽腔、咽鼓管而直接传入鼓室。在咽鼓管异常开放的患者,咽鼓管在说话时不能处于关闭状态,这种阻隔作用消失,声波经异常开放的咽鼓管直接传入中耳腔,产生自听过响症状。此外,呼吸时引起的空气流动尚可通过开放的咽鼓管自由进入中耳腔而产生一种呼吸声，这种呼吸声还可掩蔽经外耳道传导的外界声响。此外，正常的咽鼓管呈逐渐向内（软骨部）变窄的漏斗形，且表面被覆部分呈皱襞状的黏膜，这些解剖结构特征有利于吸收因蜗窗膜及鼓膜振动所引起的鼓室内的声波。

二、耳蜗

（一）耳蜗的感音功能及原理

1. 当声音作用于鼓膜上时，声波的机械振动通过听小骨传递到前庭窗，这种振动随即引起耳蜗外淋巴液及耳蜗隔膜的振动（图 2-12）。耳蜗隔膜（cochlear partition）是指耳蜗中将前庭阶与鼓阶分开的结构，由前庭膜和基底膜构成其边界，其间有螺旋器及黏性液体，主要为内淋巴。上述由前庭窗传入内耳的声波所引起的耳蜗外淋巴液及耳蜗隔膜的振动使耳蜗液体向蜗窗位移，它导致在基底膜产生一个位移波，这种位移波由耳蜗底部向顶部运行。

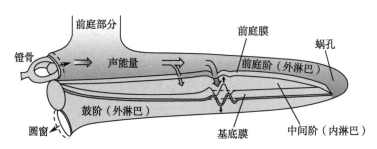

图 2-12　耳蜗外淋巴液及耳蜗隔膜的振动图

2. **行波学说**（travelling wave theory） Békésy（1942，1943，1960）在人和豚鼠尸体上进行了一系列的实验后绘出耳蜗隔膜行波形式的振动图（图 2-12）。①当某种频率的声波刺激耳蜗时，耳蜗隔膜随声波的刺激以行波的形式振动。②行波起始于镫骨处并向着耳蜗顶部的方向传导。③行波的振幅向耳蜗顶部移行的过程中逐渐增大，振幅在相应频率区达最大后，随之迅速衰减。行波的速度向耳蜗顶部移行的过程中逐渐减慢，故行波的相位随着传导距离的增加而改变，其波长也逐渐减小，但在耳蜗隔膜上任何点的振动频率都与刺激声波的频率相同。④高频声在耳蜗内传播的距离较短，仅引起耳蜗底部基底膜的振动，而低频声沿基底膜向耳蜗顶部传播，其最大振幅峰值接近耳蜗顶端。这与耳蜗基底膜的结构特点相匹配，耳蜗底部基底膜较窄、劲度较大，而顶部基底膜较宽、劲度较小（图 2-13）。基底膜的频率特性起到了对声音的过滤作用，特定部位只对特定频率声音反应，换言之，基底膜对不同频率的声音进行了频率编码（tonotopical tuning）。

（二）毛细胞的转导

当声音刺激引起耳蜗隔膜产生上下振动时，盖膜和基底膜分别以骨螺旋板前庭唇和鼓唇为轴上下位移。这样，盖膜和螺旋器表面的网状层之间产生一种相对的辐射状位移，即剪切运动（shearing motion）。盖膜与网状层之间的剪切运动可引起外毛细胞静纤毛弯曲。而内毛细胞的静纤毛则可随着盖膜与网状层之间的淋巴液流动而弯曲。毛细胞纤毛的弯曲可引起毛细胞兴奋，从而诱发机械能与电能的换能过程。

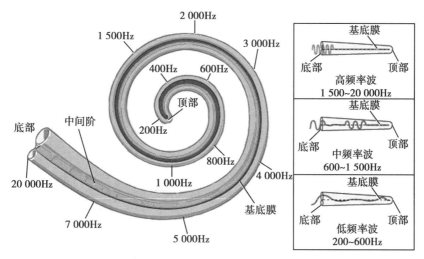

图2-13 基底膜的频率特性，不同部位对应不同的频率区域

（三）听神经生理及耳蜗内编码

毛细胞发出的电信号被听觉传入神经纤维传播，进而在听觉各级神经元和听觉通路中进一步加工。传入神经为双极神经元，外周突与毛细胞形成突触连接，中枢突进入听觉脑干。其胞体被称为螺旋神经节细胞，位于蜗轴。人类有大约 30 000 螺旋神经节细胞。当声压足够大时传入神经元的放电速率会明显高于自发状态，该声压被称为"阈值"。声压越大，放电速率越快，但是并非线性关系。当达到一定强度后放电速率会呈"饱和"状态。

耳蜗必须将声音的特征编码成神经活动的性质。被编码的主要声学参数包括频率、强度、时间模式等，目前对频率调谐的研究较多。不同频率的刺激产生的行波波形导致耳蜗隔膜上特定部位的振动，而通过描绘单个耳蜗隔膜位置点在不同频率声刺激后的振幅则得到耳蜗机械调谐曲线，使该位置点产生最大振幅的频率被称为特征频率（characteristic frequency）或最佳频率（best frequency）。耳蜗隔膜的所有位置点的机械协调曲线形状大致相同，即在特性频率时振幅最大，其他频率对应振幅逐渐减低。耳蜗调谐的特征在于：①过滤发生迅速，不允许有神经系统的延迟；②生理上易受外界因素干扰，如缺氧、耳毒性药物、局部机械损伤和声创伤等都能使调谐曲线失谐，特性频率带变宽。特性频率带的锐度和耳蜗的生理相关。

因为毛细胞位于基底膜的顶端，可以推理特定位置点的毛细胞也会对特定的频率进行调谐。在豚鼠记录的内毛细胞和外毛细胞对不同频率的频率调制曲线，基底膜不同位置点的毛细胞频率调谐的频率是和基底膜的特性频率相对应的（图2-14）。这种频率特性对于处理听觉信息非常关键，而且在整个听觉通路中都存在。

（四）耳声发射现象

耳科学领域近 20 年来重大的研究进展之一是对耳声发射现象的探讨。Gold（1948）曾提出耳蜗能产生声能的假设。而 Kemp（1978）则首次从外耳道检测到由耳蜗产生的声信号。凡起源于耳蜗并可在外耳道记录到的声能皆称耳声发射（oto acoustic emissions，OAEs）。根据刺激声的有无可将耳声发射分为自发性耳声发射（spontaneous OAEs，SOAEs）和诱发性耳声

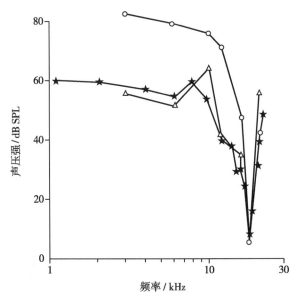

图 2-14 豚鼠耳蜗基底膜的某一部位记录到的基底膜、内毛细胞、外毛细胞的调制曲线
纵坐标表示引起基底膜特定位置的特定反应所需要的声压强度；当声刺激的频率恰为
该位置的特性频率（接近 20 000Hz）时，所需要的声强最小；3 条曲线的形状非常接近，
提示基底膜的频率特性也存在于内毛细胞和外毛细胞中。

发射（evoked OAEs, EOAEs）。前者指在不给声刺激的情况下，外耳道内记录到的单频或多频、窄带频谱、极似纯音的稳态声信号（stationary signals）。在听力正常人群中，50%～70%可测得 SOAEs。耳声发射的产生机制尚未彻底阐明。许多实验结果表明，OAEs 起源于耳蜗，与耳蜗外毛细胞的功能状态密切相关。OAEs 的产生可能是一个主动的耗能过程，是耳蜗主动力学过程的一个现象。

诱发性耳声发射按刺激声的种类，可进一步分为 3 类。①瞬态诱发性耳声发射（transiently evoked OAE, TEOAE）：由短声或短音等短时程刺激声诱发。它早先被 Kemp 报道，因为具有 5～10ms 的潜伏期，也被称为延迟性诱发性耳声发射。②刺激频率性耳声发射（stimulus-frequency OAE, SFOAE）：指由单个低强度的持续性纯音刺激所诱发，在外耳道记录到频率与刺激频率相同的耳声发射信号。③畸变产物耳声发射（distortion production OAEs, DPOAEs）：是由两个不同频率但相互间呈一定频比关系的持续性纯音刺激，所诱发的、频率与刺激频率不同的耳声发射信号，其频率与两个刺激音的频率呈数学表达关系。目前研究得比较多，它被较广泛地应用于临床检查，以了解耳蜗功能状态。

（五）耳蜗生物电现象

除细胞内电位以外，耳蜗尚可以引导出如下 4 种电位：①蜗内电位；②耳蜗微音电位；③总和电位；④听神经动作电位。此 4 种耳蜗生物电位除蜗内电位以外，后几种皆由声波刺激所引起。

1. 蜗内电位（endocochlear potential, EP） Békésy（1952）首先从蜗管内淋巴记录到＋50～＋80mV 的静息电位（以前庭阶的外淋巴为参考零电位），即蜗内电位（图 2-15）。实验证明，该电位是由血管纹细胞的主动分泌过程所形成，它有赖于血管纹细胞的钠—钾泵的

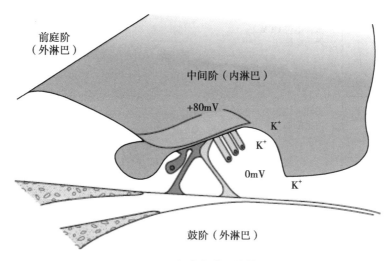

图 2-15　耳蜗电化学环境模式图

前庭阶和鼓阶充满外淋巴液,钾离子浓度低。而中间阶为钾离子浓度高的内
淋巴液,离子组成差别形成了电化学梯度,构成相对于外淋巴的蜗内电位。

作用。它是毛细胞跨膜电位差的组成成分,在毛细胞转导过程中有重要的意义。哺乳类动
物蜗内电位对缺氧敏感。

2. **耳蜗微音电位**(cochlear microphonic potential 或 cochlear microphonics,CM)　基
底膜振动经螺旋器盖膜和表皮板之间的剪切运动,导致毛细胞纤毛交替性弯曲与复位,调
制毛细胞顶部膜电阻呈交替性下降和增加,产生交流性质的毛细胞感受器电位,这就是耳
蜗微音电位。耳蜗微音电位响应速度极快,潜伏期<0.1ms,无不应期,在人和动物语言频
率范围内可复重刺激声的频率。

3. **总和电位**(summating potential,SP)　总和电位也是感受器电位。它是在中等或较
强声波刺激时,由毛细胞产生的一种直流性质的电位变化。总和电位包括正 SP(positive
summating potential,+SP)以及负 SP(negative summating potential,-SP)两种成分。声刺激
强度较低时 +SP 较明显,随着刺激强度增加,-SP 渐占优势。Davis 等认为外毛细胞受声音
刺激后产生 +SP,而 -SP 由内毛细胞产生,与耳蜗隔膜的不对称性有关。实验和临床研究
表明,膜迷路积水的情况下,-SP 的幅值相对增加。

4. **听神经动作电位**(action potential,AP)　是耳蜗对声音刺激所发生的一系列反应
中的最后一个反应。是耳蜗换能后所产生的电信号,它的作用是向中枢传递声音信息。从
听神经干,或从耳蜗附近(如蜗窗电极)引导出的电位是许多听神经纤维同步排放的电能,
通过容积导体传导到电极部位的电位变化,称听神经复合动作电位(compound whole-nerve
action potential,CAP)。它是一个先负后正的双相脉冲波。有短声刺激时,可获得听神经纤
维同步排放较好的 CAP。典型的 CAP 由 2 个或 2 个以上的负相波峰组成,它们分别被称为
N_1、N_2、N_3……。CAP 对缺氧、代谢抑制剂等药物比较敏感。由于 CAP 容易引导记录,它早
已被广泛地应用于动物实验,并被列为临床听力学检查内容之一(图 2-16)。

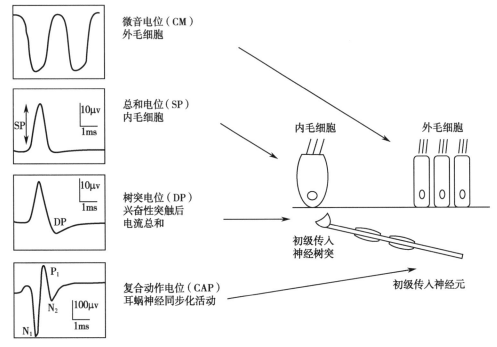

微音电位（CM）
外毛细胞

总和电位（SP）
内毛细胞

树突电位（DP）
兴奋性突触后
电流总和

复合动作电位（CAP）
耳蜗神经同步化活动

内毛细胞

外毛细胞

初级传入
神经树突

初级传入神经元

图 2-16　耳蜗内各种不同来源的电位

三、听觉中枢

与听觉中枢有关的传导通路的组成结构，除螺旋神经节及听神经外，尚包括蜗神经核、上橄榄核复合体、外侧丘系核、下丘、内侧膝状体和听觉皮层等。

1. **蜗神经核（cochlear nucleus）**　Pfeiffer（1966）根据神经元对短纯音刺激的反应类型，将蜗神经核的神经元分为四型：①初始样细胞（primary-like cell）；②"给声"反应细胞（onset response cell）；③"斩波"细胞（"chopper"cell）；④暂停和建立反应细胞（pause and build-up responses cell）。

蜗神经核神经元的调谐曲线在频率选择性方面与听神经类似，仅后腹核的"给声"反应细胞的调谐曲线较宽。蜗神经核神经元对单音刺激可表现为兴奋和抑制两种不同的效应，故调谐曲线既可为兴奋反应的阈值，又可为抑制反应的阈值。

2. **上橄榄核复合体（superior olivary complex，SOC）**　上橄榄核复合体由4个亚核组成。实验表明，上橄榄内侧核及外侧核细胞可识别双耳传来的声信号中的强度差和时间差。提示上橄榄核复合体可对声音信息进行处理，在声源定位方面起着重要的作用。

3. **外侧丘系核（nucleus of the lateral lemniscus）**　外侧丘系核区域的细胞反应类型与上橄榄核内冲动传入区域细胞的反应特性类似。

4. **下丘（inferior colliculus）**　下丘神经元的排列有明显的频率分布特征，并可分辨声信号的耳间时间差和强度差。故在处理声音信息及进行声源定位方面也起着非常重要的作用。

5. **内侧膝状体（medial geniculate body）**　在听觉传导通路中，内侧膝状体是大脑听觉皮层以下最高的一个神经核团，它的神经元投射到听觉皮层。内侧膝状体多数神经元为双耳敏感性,对双耳间声信息的时间差和强度差敏感。内侧膝状体神经元调谐曲线的宽窄变化较大,某些神经元对单个纯音成分不反应,但对复杂声较敏感。

6. **大脑听觉皮层**　与听觉传导通路中其他神经核团的神经元一样,听觉皮层神经元对双耳传入冲动的反应可表现为双耳兴奋性;或一耳兴奋性,而另一耳呈抑制性。这些神经元在处理传入信息、进行声源定位方面可能起重要的作用。

四、听觉传出神经

听觉脑干不仅投射神经纤维到高位的听觉处理中枢,同时还通过下行系统传出纤维到耳。

(一) 橄榄耳蜗反射通路

两条橄榄耳蜗反射通路(olivocochlear reflex pathways):内侧橄榄耳蜗(medial olivocochlear,MOC)通路和外侧橄榄耳蜗(lateral olivocochlear,LOC)通路。橄榄耳蜗传出途径的主要功能(特别是 MOC)在于:①保护耳对抗声损伤;②从背景噪声中辨别出短暂的声音。MOC 起源于上橄榄复合体的内侧,沿着前庭神经到达耳蜗支配耳蜗毛细胞,外侧橄榄耳蜗通路起源于上橄榄复合体的外侧,沿着前庭神经到达耳蜗支配耳蜗内毛细胞。MOC 的纤维粗大髓鞘化,而 LOC 纤维纤细无髓鞘。MOC、LOC 神经元都接受来自耳蜗核的听觉信号输入,MOC 神经元对低频更为敏感,LOC 神经元对高频信号敏感。同侧 MOC 反射还牵涉以下的反射:①声音激活传入听神经纤维,支配同侧的耳蜗后腹核的中间神经元;②耳蜗核的中间神经元支配对侧的 MOC 神经元;③对侧 MOC 神经元向同侧的耳蜗发出纤维(图 2-17)。

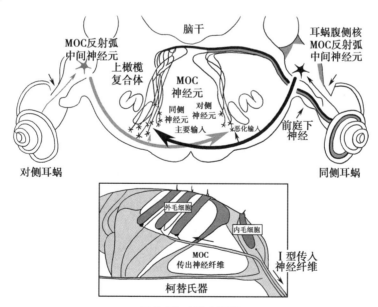

图 2-17　MOC 通路

MOC. 内侧橄榄耳蜗。
MOC 通路源于声音对耳的刺激,终止于耳蜗外毛细胞。图例中仅显示了左侧耳、同侧耳蜗。声音激活了螺旋器的内外毛细胞,刺激了耳蜗腹侧核的多极神经。其中一些神经与同侧MOC 通路的中间神经元形成突触连接,另一些神经的树突越过中线,终止于对侧的 MOC 神经元(加粗黑箭头),这些神经元继续发出轴突返回左侧耳的外毛细胞(细黑线)。MOC 通路也可以被右侧声音激活(灰色线),越过中线激活左侧神经元,最终投射到左侧耳的外毛细胞。

MOC 通路的主要功能是通过减少耳蜗放大的增益来降低耳蜗的反应，减少强声所产生的刺激。MOC 神经元通过乙酰胆碱介导的方式触发外毛细胞的去极化，在 MOC 刺激下耳蜗增益减少，导致听神经激活所需阈值升高（阈移），典型频率的调节曲线钝化。在有背景噪声的情况下，MOC 途径可以提高对于一过性声响的反应，而对背景噪声的反应下降，更多的神经递质被储存用于一过性的声响。这种效应被称为 MOC 去掩蔽。另外，神经元电生理研究显示，MOC 的神经元被严格地按照频率顺序排列和调控，这种频率调节方式从 MOC 神经元延续到听神经和耳蜗基底膜，MOC 神经元支配的耳蜗区域对应类似的频率特点。

（二）中耳肌肉反射通路

中耳肌肉反射通路（middle ear muscle reflex pathways）是一个对外周听力器官主要的反馈系统。镫骨肌和鼓膜张肌是中耳肌肉反射的靶器官，由起源于三叉神经核的传出运动神经纤维支配，激活这些神经通路导致中耳肌肉对于特定的声刺激产生收缩反应、对于镫骨和鼓膜张肌产生垂直的压力而增加听骨链的阻抗。中耳肌肉反射途径的功能为保护性；中耳肌肉的收缩导致在强声音刺激的情况下，频率相关的声音弱化，在低频尤为明显。声反射途径以及皮质输入都有助于调节两种中耳肌肉的反应。

从鼓膜张肌记录到的活动与引起惊吓反应的声刺激相关，该肌收缩牵拉镫骨向内，使鼓膜和听骨链紧张，增加声阻抗。鼓膜张肌的肌电检查显示其对声刺激的电反应很弱。而且研究发现，镫骨肌麻痹或手术致镫骨肌腱受损而鼓膜张肌完好的患者的中耳肌肉反射缺失，说明鼓膜张肌在人体对强声的中耳肌肉反射途径中作用不大。

声阻抗测量也表明镫骨肌是主要的声诱发中耳肌肉。任何一只耳的声刺激均激活两只耳的镫骨肌收缩，类似于瞳孔的交感光反射（图 2-18）。镫骨肌附着于镫骨小头，收缩会导致镫骨上结构的僵化增加中耳阻抗。镫骨肌反射的两种主要功能是：①调节中耳的阻抗，弱化到达耳蜗的声能量；②对于低频的声音（背景噪声）起到高通过滤的作用，阻止其对言语频率的掩蔽。镫骨肌反射对于内源的或自体的发声产生收缩反应，避免了刺激自体内耳。镫骨肌反射的反射弧分为同侧声反射弧和对侧声反射弧两条径路。

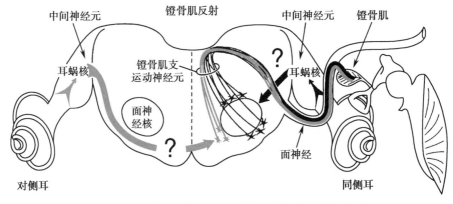

图 2-18 镫骨肌反射通路（以引起左侧镫骨肌收缩为例）

低频高强度的声音被同侧（黑色）或对侧（灰色）耳接受，声信号被毛细胞转化后，所形成的动作电位沿着听神经传递，激活耳蜗腹侧核内的中间神经元，这些神经元直接或者间接地投射到支配镫骨肌的运动神经元。同侧或者对侧耳蜗核的中间神经元的投射与运动神经元形成突触连接，后者的突触终止于同侧镫骨肌。

1. **同侧声反射弧** 声刺激经中耳达耳蜗，耳蜗毛细胞兴奋性信号经由螺旋神经节双极细胞（1级神经元）的中枢突传至耳蜗腹核（2级神经元），耳蜗腹核神经元轴突投射至同侧面神经运动核（部分经斜方体至面神经运动核的内侧部、部分经斜方体至同侧内上橄榄核再传至面神经运动核内侧部），这些运动神经元轴突形成面神经镫骨肌支，支配同侧镫骨肌。

2. **对侧声反射弧** 第1、2级神经元传导径路与同侧反射弧相同，同侧耳蜗腹核神经元轴突投射至对侧面神经运动核，再经对侧面神经镫骨肌支支配对侧的镫骨肌。因此，声刺激一侧耳可引起双侧耳的声反射。

3. **镫骨肌反射阈值** 正常人健康耳的镫骨肌反射阈值为70～80dB HL 感觉级（SPL），而且同侧耳镫骨肌反射阈值平均比对侧耳低5～12dB HL。此外，双耳给声比单耳给声刺激诱发声反射的反射阈值低。鼓膜张肌的声反射阈一般比镫骨肌反射阈高15～20dB HL。在有重振的感音性聋患者中，声反射阈提高的幅度比听阈上升的幅度要小，即诱发声反射所需的声音强度感觉级比正常人要小，故根据听阈与反射阈值之间的差值可以判断有无重振及其程度。两者阈值差＜60dB HL 者，表示有重振现象（Metz 重振试验）。此外，耳蜗以上部位病变者，其声反射阈值提高，有时声反射丧失。

耳科正常人及感音性聋患者，500～1 000Hz 持续强声所引起的镫骨肌反射，在刺激开始后的10s 收缩强度无明显衰减；而蜗后病变的耳聋患者因有病理性适应现象，镫骨肌收缩的强度衰减很快。衰减到开始收缩时幅值的一半所需的时间称半衰期，蜗后病变患者的镫骨肌反射半衰期在6s 以内。故镫骨肌反射的强度与持续时间对听神经病变的早期诊断有一定价值。

第三节 耳科常见症状和疾病

一、耳科常见症状

（一）听力损失

听力损失是指听觉径路发生病变，听功能出现障碍，造成不同程度的听力下降，总称为听力损失，临床上将各种听力损失习惯称为耳聋。WHO（1997）对听力损失的分级做如下推荐：以较好耳气导的 500、1 000、2 000 和 4 000Hz 4 个频率计算平均听阈级，以此划分程度。轻度为26～40dB HL；中度为41～60dB HL；重度为61～80dB HL；极重度为≥81dB HL。

听力残疾是因听力减退、听力残障所导致的生活能力下降，因听不清言语声而导致语言发育障碍、交流障碍和心理社会障碍。其定义为：成人较好耳 500、1 000、2 000 和 4 000Hz 频率永久性非助听平均听阈级≥41dB HL；儿童（15 岁以下）较好耳 500、1 000、2 000 和 4 000Hz 频率永久性非助听平均听阈级≥31dB HL。

听力损失（耳聋）的分类：听力下降按病变性质，可分为器质性聋和功能性聋。器质性聋中，按病变的发生部位又可分为传导性聋、感音神经性聋和混合性聋。

1. **传导性聋** 发生在外耳、中耳或内耳声音传导径路的任何结构或功能障碍，导致不同程度的听力减退，称为传导性聋。

（1）临床常见病因：①外耳道的阻塞性病变，如先天性和后天性外耳道闭锁、外耳道异物、肿瘤、炎性疾病、耵聍栓塞等；②中耳病变，如先天性中耳畸形、不同类型的中耳炎、耳硬化症、外伤性听骨链中断、中耳肿瘤、各种特异性感染等；③内耳疾病，如上半规管裂综合征等。

（2）临床特征：①临床表现为听敏度降低，可伴有低频耳鸣、谈话低沉，不同传导径路的病变，听敏度下降的程度不同；②纯音测听中骨导听阈基本正常，气导听阈提高，气导、骨导差＞10dB，气导损失一般不超过 60dB；③声导抗测试可因不同的病变而表现出不同的结果，鼓室图曲线、静态声顺值及声反射出现异常；④言语测听中言语识别阈值提高，最大言语识别率基本不受影响，言语听力曲线与正常听力相似，但平行右移；⑤无重振现象；⑥听性脑干反应（ABR）可出现 I 波潜伏期延长，气导反应阈升高。

2. 感音神经性聋 是由于耳蜗毛细胞、听神经、听觉传导径路或听中枢等部位受损伤，导致声音感受或神经冲动传导发生障碍的听力损失，称为感音神经性聋。

（1）临床常见病因：①耳蜗性聋，病变发生在耳蜗，可由遗传因素、病毒或细菌性感染、噪声、耳毒性药物、创伤、突发性聋、梅尼埃病、老年性、自身免疫性等引起；②蜗后性聋，可由听神经瘤、听神经病、多发性硬化等引起。

（2）临床特征：①听力损失程度不一，严重者可全聋。有重振现象，常诉小声听不见、稍大声就怕吵，可伴发高音调耳鸣。②纯音测听。气骨导阈值一致性增高，无气骨导差，听力曲线多为缓降型或陡降型，不同原因的感音神经性聋的纯音听力曲线亦不同。③言语测听。言语识别阈提高，言语识别率下降。④响度重振试验。阳性。⑤声导抗测试。鼓室图为 A 型，镫骨肌声反射测定及声反射衰减试验，可以鉴别传导性聋和感音神经性聋、判断耳蜗性聋或蜗后性聋。⑥耳声发射（OAE）。听力损失＞40dB HL 时，诱发性耳声发射反应几乎消失，如感音神经性聋者能检测出耳声发射，说明病变位于蜗后。⑦耳蜗电图。耳蜗微音电位（CM）消失，CM 正常，动作电位（AP）异常，提示病变在蜗神经。⑧ ABR 明显异常。

3. 混合性聋 是由于传音系统和感音神经系统同时受损，根据病变部位不同及受损程度不同，可以表现以传音为主或以感音为主的混合性聋。

（1）临床常见病因：晚期的耳硬化症、病程较长的慢性化脓性中耳炎、慢性中耳炎合并老年性聋、噪声性聋或其他全身疾病所引起的听力损失等。

（2）临床特征：①纯音测听，气导及骨导听阈均提高，气导、骨导之间出现差值并大于10dB HL；②言语测听及阈上功能试验结果，决定于各受损部位的病变程度。

（二）耳鸣

耳鸣是指在没有外源声音或电刺激情况下，患者耳内或颅内有声音的一种主观感觉。耳鸣是一种常见症状，许多全身和耳部疾病均可以引起耳鸣。根据耳鸣是否能够被外人感知或记录到，分为主观性耳鸣和客观性耳鸣，临床上所指的耳鸣多为主观性耳鸣，下面所介绍的内容是主观性耳鸣。

1. 耳鸣的特点

（1）耳鸣的音调：依据频率的不同，可分为低、中、高调耳鸣。常见的描述有：嗡嗡声、轰鸣声、汽笛声、蝉鸣声、铃声或音乐声等。感音神经性聋患者常伴有高音调耳鸣，中耳疾病常引起低调或中调耳鸣。单一或复合音调；稳定不变的音调，可变的音调。

（2）耳鸣的时间特征：根据病程可分为急性（3 个多月内）、亚急性（4 个月至 1 年）、慢性（＞1 年）。根据时间性质可分为间断性、持续性、波动性。耳鸣持续不足 5min 者可见于许多正常人；间断性耳鸣提示听觉系统发生了短暂的功能失调，可以恢复；梅尼埃病的耳鸣常随病情波动。

（3）耳鸣的声音定位：单耳、双耳、颅内或无法确定。

2. 耳鸣的常见病因

（1）外耳病变：外耳道耵聍栓塞、炎症、肿物或异物等。

（2）中耳病变：外伤性鼓膜穿孔、咽鼓管功能不良、各种类型的中耳炎及耳硬化症等。

（3）内耳病变：梅尼埃病、噪声性聋、突发性聋、药物中毒性聋和老年性聋、自身免疫性内耳病等。

（4）蜗后及中枢听觉径路病变：听神经病、听神经瘤、脑肿瘤、颅脑外伤等。

（5）相关的全身性疾病：其中包括颈椎病、贫血、甲状腺功能亢进或减退、高血压、糖尿病、颞下颌关节功能障碍等。

（6）精神因素：自主神经功能紊乱、精神紧张、抑郁等神经精神疾病。

（7）其他：偶见体位变化、饮用咖啡及酒精饮料后、吸烟等。

二、常见的耳科疾病

（一）外耳疾病

1. 先天性外耳道闭锁　先天性外耳道闭锁是第一鳃沟发育异常所致，常合并耳廓及中耳畸形，这些畸形可以单独存在，也可同时出现。外耳道发育不全常常合并中耳畸形，而且两者的畸形程度有一定的相关性。目前有数种分型法，本文介绍 Altmann 分型。

Ⅰ型：（轻度）外耳道狭窄，鼓部发育不全，小鼓膜、鼓室正常或发育不良。

Ⅱ型：（中度）外耳道闭锁，鼓室狭小，有闭锁板，听小骨畸形。

Ⅲ型：（重度）外耳道闭锁，鼓室狭小或严重发育不全，听小骨缺如或严重畸形。

2. 外耳道炎　外耳道炎是由细菌感染所引起的外耳道皮肤或皮下组织广泛的急、慢性炎症，是耳科较为常见的疾病。

常见病因：多因挖耳或其他原因损伤外耳道皮肤；环境及局部因素导致其防御能力降低；化脓性中耳炎脓液刺激、浸泡；游泳、洗澡或洗头时，污水进入外耳道，引起的继发感染；全身性疾病使机体抵抗力下降，如糖尿病、慢性肾炎等亦会造成外耳道的感染，且不易治愈。常见致病菌以溶血性链球菌和金黄色葡萄球菌多见，还有变形杆菌、大肠埃希菌、铜绿假单胞菌或真菌等。

临床表现：耳痛，耳阻塞感，可有分泌物流出，小儿可伴有发热，外耳道呈弥漫性充血、肿胀、表皮糜烂，牵拉耳廓及压耳屏明显疼痛，耳周淋巴结肿大、压痛。慢性外耳道炎常见耳痒感，不适，外耳道皮肤脱屑，有少许稀薄分泌物流出；病程较长者，可见外耳道皮肤增厚，甚至发生外耳道狭窄而致听力减退。

3. 外耳道耵聍栓塞　外耳道耵聍栓塞是指外耳道内耵聍集聚过多，形成较硬的团块，阻塞外耳道，称外耳道耵聍栓塞。

常见病因：正常情况下，耵聍干燥呈片状，可自行脱落。若外耳道因各种刺激导致耵聍分泌过多，如外耳道的狭窄、异物、肿瘤、畸形、颞下颌关节运动无力等因素，可造成耵聍排出障碍，形成耵聍栓塞。

临床表现：外耳道未完全阻塞者，多无症状。如果耵聍过多，积聚成团，堵塞外耳道，可使听力下降。个别患者可有眩晕、耳鸣，可因刺激迷走神经耳支而引起反射性咳嗽。此外，当外耳道进水，耵聍膨胀，会引发外耳道皮肤糜烂、肿胀、肉芽形成。

治疗原则：较小的耵聍可直接用镊子或耵聍钩取出，大而坚硬的，应先软化再行取出。合并外耳道感染者，先抗感染治疗，症状缓解后再取出耵聍。

4. 外耳道异物

病因：多见于儿童，常见的异物为各种圆珠类小物件或植物的种子。成人的外耳道异物多见挖耳时遗留在耳道内的纸条、火柴棍、棉花球等；其他还有作业时小石块、木屑、铁屑等也会因意外飞入耳内，治疗中偶有将耳印模材料或棉片、纱条遗留在耳内，飞蛾、蟑螂、蚂蟥、蚊虫等昆虫会误入人耳内，这些均可造成外耳道异物。

临床表现：外耳道内可见异物，较小且无刺激性的异物，可长期存留而无任何症状。较大或活动性异物，如昆虫翅膀的扑动，可有耳内的轰鸣，亦可引起剧烈耳痛，甚至造成鼓膜及中耳的损伤；植物性异物遇水膨胀后，刺激外耳道皮肤，引起胀痛。异物存留时间过长，可引起继发感染或被耵聍包裹形成耵聍栓塞。

治疗方法：根据异物种类的性质，选择合适的器械取出异物，幼儿不能合作者，宜在全身麻醉下进行。有继发感染者，对植物性异物可酌情先取出异物再抗感染治疗，其他如非植物类异物可先抗感染治疗，待炎症消退后再取异物。

（二）中耳疾病

1. 分泌性中耳炎 分泌性中耳炎是以中耳负压、鼓室积液及听力下降为主要特征的中耳非化脓性炎性疾病。本病常见，儿童发病率高于成人，是引起儿童听力下降的重要原因之一。按病程的长短不同，可将本病分为急性和慢性两种，病程达 8 周以上者即为慢性分泌性中耳炎。

2. 急性化脓性中耳炎 急性化脓性中耳炎是中耳黏膜的急性化脓性炎症。病变主要位于鼓室，但中耳其他各部也会受到波及。本病较为常见，好发于儿童，常继发于上呼吸道感染，主要感染途径为咽鼓管。

3. 慢性化脓性中耳炎 慢性化脓性中耳炎是中耳黏膜、骨膜或骨质的慢性化脓性炎症，多是由于急性化脓性中耳炎病程迁延 8 周以上，经久不愈而成为慢性，常与慢性乳突炎合并存在。本病极为常见，临床上以耳内长期或间歇流脓、鼓膜穿孔及听力下降为特点，可引起严重的颅内、外并发症。

4. 耳硬化症 耳硬化症是原发于骨迷路的病变，在骨迷路包囊内形成一个或数个局灶性吸收，并被富含细胞和血管的海绵状新生骨所替代而产生的疾病，也称耳海绵化。白种人发病率较黄种人高，女性与男性发病率之比为 2∶1，高发年龄 20～40 岁。

病因：本病发病原因不明，认为与遗传、内分泌障碍、骨迷路成骨不全、病毒感染及自身免疫因素等有关。

临床表现及检查方法：

（1）临床表现：无明显诱因出现同时或先后双耳缓慢进行性、传导性听力减退，多在青春期后发病，女性患者在妊娠或哺乳期时病情进展加快，有的伴有耳鸣，少数发生眩晕。一些患者表现听觉倒错，在嘈杂的环境中，言语识别率反而有所改善，即威利斯误听，一旦耳蜗受损，此现象消失。

（2）检查方法：外耳道宽大，鼓膜正常，有时可见 Schwartz 征阳性，为鼓岬活动病灶区黏膜充血的反映。①音叉试验。韦伯试验：偏向听力差。林纳试验：阴性，骨导比气导长4～5 倍。施瓦巴赫试验：骨导延长。盖莱试验：阴性，提示镫骨固定。②纯音测听。呈典型的轻到中度的传导性听力损失,气骨导差>30~45dB HL。部分患者骨导曲线在500~4 000Hz间常呈"V"形下降,以2 000Hz处下降最多,称卡哈切迹(Carhart notch)。若病变累及耳蜗,则显示为混合性聋。③声导抗测试。鼓室导抗图为低峰型(As)曲线或正常,镫骨肌反应阈值早期升高,后期消失。④颞骨高分辨CT。耳硬化症病变细小,CT检查应采用高分辨薄层扫描,可显示镫骨板增厚、两窗区及半规管有病灶而显示迷路骨影欠规则。

(三)内耳疾病

1. **药物中毒性聋**　药物中毒性聋主要是指某些药物和化学物质,对听觉感受器或听觉神经径路有毒性作用,或者长期接触某些化学物质所导致的听力损失。这些损伤有的是长期接触使用某些药物和化学物,超过一定累积剂量;有的是某些个体对这类药物或化学物质有易感性,尽管在安全范围之内也会造成听觉损伤。

常见的耳毒性药物:已知的耳毒性药物及化学物质有百余种,常见的氨基糖苷类抗生素(如链霉素、双氢链霉素、庆大霉素、新霉素、卡那霉素、奈替米星、阿米卡星等),大环内酯类抗生素(如红霉素、阿奇霉素、克拉霉素)长期大量应用也可出现耳毒性作用。其他类抗生素(如氯霉素、多黏菌素、万古霉素等),抗真菌药物,祥利尿药(如依他尼酸、呋塞米等)、水杨酸类药物、抗疟药(如奎宁、氯喹)、非甾体消炎药(如布洛芬、吲哚美辛等),抗肿瘤药(如氮芥、顺铂、卡铂、长春新碱等)、重金属(如铅、汞、镉、砷),消毒剂和防腐剂。

临床表现及听力学特征:

(1)临床表现:为双耳对称性、慢性、进行性听力下降,首先由高频开始,逐渐加重,甚至在停药后一年或一年以后听力仍继续下降,有重振和听觉疲劳现象。可见延迟发病者,少数敏感个体,可出现听力急剧下降,甚至全聋。听力损失为不可逆性,有的患者首发症状为眩晕、耳鸣或者步态不稳,耳鸣会逐渐转为持续性。

(2)听力学特征:早期听力损失为4 000Hz以上高频听力下降,随着病情发展,听力曲线逐渐由下降型变为平坦型或缓降型,声导抗图A型,有重振现象,耳声发射和扩展高频听力检查(10 000~20 000Hz)可以发现更早期的听力损失,对早期监测耳蜗毛细胞的损伤有临床价值。ABR检查表现为阈值提高,Ⅰ、Ⅲ、Ⅴ波潜伏期延长或Ⅰ、Ⅲ波消失,严重听力损失耳Ⅴ波消失。

预防:药物性耳聋一旦发生,难以逆转,所以预防至关重要。①严格掌握使用药物的适应证,慎用耳毒性药物,妊娠期间尤为谨慎。②应详细询问病史,了解患者及家族中是否有药物致聋史,有明显耳毒性听力损失家族史者为易感个体,少量药物即可导致严重的听力损失,应禁止使用耳毒性药物。③如必须使用此类药物时,严格掌握药物剂量,尽量使用最小的有效治疗剂量,并将药量分次使用,降低血清高峰浓度,尽可能短期使用。给药途径,建议能外用或口服的药物,尽量避免静脉给药,一旦达到用药目的,应及时停药。④必须使用耳毒性药物时,可考虑同时应用保护内耳、拮抗耳毒性的一些药物。⑤对耳毒性药物使用者要进行定期的听力监测,密切观察早期毒副作用的表现,定期做肾功能和血清药物浓度的测定,如发现听力损失的征兆,应立即停止用药。⑥避免联合应用耳毒性药物。⑦对老年人、幼儿、肝肾疾病患者和已有听力损失的患者更要慎用或禁用。⑧噪声作业人员也应慎用耳毒性药物。⑨加强防聋的宣传力度,普及预防药物耳中毒性的知识,提高医务人员对耳毒性药物的认识与了解,提高对耳毒性药物高危人群合理用药,规范用药的意识。

2. **突发性聋**　突发性聋是指突然发生的、原因不明的感音神经性听力损失,通常在数分钟、数小时或 72 小时内，听力骤降。发病的高峰年龄 50～60 岁，大多数为单耳发病，双耳患病者罕见，本病有自愈倾向。

病因：突发性聋的病因不明，仅有少数患者可找到明确病因，目前认为本病的发生与下列因素有关。①病毒感染，如腮腺炎病毒、巨细胞病毒、疱疹病毒、流感病毒及水痘带状疱疹病毒等；②内耳供血障碍，内耳血管痉挛、血流障碍、血液呈高凝状态及微血栓的形成是造成突发性聋的主要原因；③免疫因素，许多患自身免疫疾病患者可发生感音神经性聋，推测自身免疫反应因素参与了突发性聋的发病；④肿瘤或瘤样病变，约 10.2% 的听神经瘤患者和 20% 的前庭神经鞘膜瘤患者以突发性聋为首发症状；⑤精神心理因素，如焦虑、抑郁、失眠等；⑥其他因素，如先天发育异常、颅脑外伤等。

临床表现及听力学特征：

（1）临床表现：以单侧耳发病较多见，偶有两耳同时或先后受累者。主要表现为短期内发生听力损失，其程度可为轻度，多呈中重度，少数可全聋，发病前往往无先兆。多数有诱因，如过度劳累、情绪紧张、饮烈性酒等，耳鸣可为始发症状，患者突然觉患耳耳鸣、耳阻塞感，继之听力突然下降。近半数患者有眩晕、恶心、呕吐及耳周围沉重、麻木感，少数患者以眩晕为首发症状而就诊。

（2）听力学特征：纯音测听显示感音神经性听力损失，听力曲线形式多样，可见有低中频下降型、中高频下降型、高频陡降型、平坦型和全聋型等。声导抗检测，鼓室图正常，声反射阈与纯音测听的差在 60dB HL 以下提示重振。耳蜗电图及耳声发射示耳蜗受损，ABR 患耳反应阈值提高。

突发性聋的诊断依据（2015）：

（1）在 72h 内突然发生的，至少在相邻的两个频率听力下降≥20dB HL 的感音神经性听力损失，多为单侧，少数可双侧同时或先后发生。

（2）未发现明确病因（包括全身或局部因素）。

（3）可伴耳鸣、耳闷胀感、耳周皮肤感觉异常等。

（4）可伴眩晕、恶心、呕吐。

突发性聋的治疗原则：早期综合治疗，积极寻找病因。一般治疗，注意休息，适当镇静。积极治疗相关病因，如高血压、糖尿病等。根据临床分型选择应用改善内耳微循环、糖皮质激素类、降低血液黏稠度和抗凝血及神经营养类药物。配合混合氧、高压氧等治疗。

3. 老年性聋 老年性聋是指随着年龄增长，因听觉器官衰老、退变而出现的双耳对称、缓慢进行的感音神经性听力损失，是老年人群中第三个最常见的慢性病。

病因：老年性聋的病因复杂，可能与遗传因素、环境噪声的影响、耳毒性药物的使用、感染性疾病、饮食、精神情绪因素、代谢异常等有关。一些老年性疾病，如高血压、冠状动脉粥样硬化性心脏病、高脂血症、糖尿病等是加速老年性听力损失的重要因素。

分型：老年性聋的内耳病变比较突出，Schuknecht 将老年性聋的病理变化分为四型。①感音性聋，萎缩变性始于小儿或中年，慢性发展，以螺旋器外毛细胞损失为主；②神经性聋，听神经系统神经元随着年龄的增长而逐渐减少，变性；③血管性聋，耳蜗血管纹萎缩，进行性退变，引起内淋巴代谢紊乱；④耳蜗传导性聋，基底膜物理结构和特性改变，以底周末端基底膜最狭窄处尤为明显。

临床表现及听力学特征：

（1）临床表现：60 岁以上的老年人出现原因不明的双耳对称性高频听力下降，起病隐匿，进展缓慢，逐渐加重，随着高频听力的下降，对言语分辨的能力降低，这一现象在嘈杂环境中尤为明显，常伴有听觉重振现象，听力障碍者常抱怨，"小声听不到，大声又觉吵"。多数老年聋患者伴有高频耳鸣，初期可为间歇性，渐发展为持续性，在安静或夜晚时会更加明显。由于伴随前庭器官的退化，也有部分患者出现眩晕。由于长期听觉障碍的影响，与家人及朋友言语沟通困难，可能导致老年人产生心理障碍，如心情郁闷、沉默寡言、离群独处、多疑猜忌、烦躁易怒等。

（2）听力学特征：①纯音听力的特征，是以高频听阈提高为主的感音神经性听力损失，听力曲线多为陡降型或缓降型，也可见到平坦型曲线，早期以高频下降为主，后逐渐延伸至中、低频，可利用高频听力计发现更早期的 10 000～20 000Hz 听阈损失。②阈上功能测试，可有半数以上的老年性聋患者呈现重振试验阳性。③言语测听，言语识别率可有不同程度的减退，可降至 80% 或 50%。老年性聋的言语听力减退要比纯音听力减退明显，即言语接受阈得分与纯音听阈不成比例，尤其噪声干扰下言语测试得分更低。④声导抗测听，鼓室图以 A 型最为常见，重度听力下降者，由于听阈提高，镫骨肌反射可引不出。⑤耳声发射，检出率明显降低，利用耳声发射作为监测手段，可以发现老化过程中耳蜗的早期损害。⑥ ABR，发现各波潜伏期随着年龄及耳聋程度加重而逐渐延长，双耳Ⅴ波潜伏期差在正常范围内，各波间期可稍延长，但双侧基本对称。

4. 噪声性聋 噪声性聋是由于长期接触噪声刺激而引起的一种缓慢的、进行性感音神经性听觉损伤，损伤部位主要在内耳，又称慢性声损伤。噪声性聋的发生具有一定的隐匿性，在对生活交流能力发生显著的影响之前，人们很难意识到自己的听力下降，一旦察觉，则难以逆转。

影响因素：

（1）噪声强度：噪声强度是造成听力损失的主要因素，暴露噪声强度越大，听力损失出现的越早，损伤越严重。

（2）噪声的频率及频谱：在相同的噪声强度下，高频噪声及窄带噪声比低频噪声和宽带噪声更容易损伤听觉器官，不同频谱的噪声对听觉器官各频率听阈的影响也各不相同，如 2 400～4 800Hz 的噪声主要影响 4 000Hz 左右的听力。

（3）暴露噪声的时间：在强度超过 85dB（A）的噪声中暴露时间越长，导致听力永久性阈移的危险性越大，噪声暴露的时间（以年为单位）与听力损失程度之间有明显的关系。研究表明，单纯由噪声所导致的听力损失存在平台效应，噪声导致的最大阈移一般发生在噪声暴露后的 10～15 年内。各频率听觉的损伤和发展有所不同，如 4 000Hz 左右的听力损失出现早、发展快，随着噪声暴露累及时间的增加，4 000Hz 以外频率的听力也会逐渐受到损伤。

（4）个体的易感性：人们对噪声刺激存在易感性，在同样噪声暴露条件下，其损失程度和速度在个体间存在很大的差异。噪声易感者约占人群 5%，他们不仅在接触噪声后引起的暂时性阈移比一般人明显，而且恢复也相当慢。

（5）其他因素：如年龄、既往的耳疾病史，是否应用个人防护用品等。

临床表现及听力学特征：

（1）临床表现：噪声主要损伤耳蜗的毛细胞，听力损失为双侧对称性、进行性的听力下降,耳鸣可是首发症状,双侧、高调、间歇性。其他可伴随头痛、头晕、烦躁、失眠等非听觉系统的症状。

(2)听力学特征:①纯音听阈测试。听力曲线的下降常为双耳对称性,气导与骨导相平行。早期听力曲线典型特征是出现4 000Hz呈"V"形下降,切迹的位置也会出现在3 000Hz或6 000Hz,8 000Hz则不受影响。随着连续噪声的暴露,损失程度的加重,会影响相邻的频率,以高频下降为主,其曲线呈陡降型、"U"形,严重者所有频率均下降,但高频区仍甚于低频区,发展为全聋者罕见。最新研究发现,扩展高频纯音测听有助于发现耳蜗的早期损伤。②言语测试。听力损失严重的患者,言语识别率下降。③声导抗检查。鼓室曲线正常,可引出声反射,部分患者可检测到重振现象。④耳声发射。畸变产物耳声发射(DPOAE)所反应听力损失的频率与纯音听阈有良好的对应关系。研究认为耳声发射对耳蜗功能状态的反映比纯音测听的灵敏度更高,而且更客观,DPOAE的变化甚至早于听神经动作电位和微音器电位的变化。⑤ABR:噪声性聋主要是由于耳蜗及听神经受累,如损伤局限于外毛细胞,ABR可正常,双耳ABR各波潜伏期和峰间潜伏期基本对称。随着听力损失程度的加重,对刺激声强的反应减弱,ABR各波的波形出现异常或缺失。

治疗与预防:对噪声性聋目前尚无有效的治疗方法,早期出现临床症状后,应及时停止噪声刺激,促其自然恢复,可执行感音神经性聋的治疗方案。对于永久性听力损失,治疗多无效果,可佩戴助听器。

预防噪声性聋是至关重要的,其预防措施主要有以下几个方面。

(1)国家有关部门相继出台了防治噪声危害的有关法律、法规和标准,为噪声的治理和噪声性聋的预防提供了法律和技术方面的保证。如我国发布的国家职业卫生标准《工作场所物理因素测量(GBZ/T 189.8—2007)》中制定了噪声暴露的安全限值(或卫生标准),《国家声环境质量标准(GB 3096—2008)》中制定了环境中的噪声排放标准等,具体标准见附录1、附录2。

(2)控制噪声源、治理噪声源、改善环境,是降低噪声最积极、最根本的方法。

(3)个人听力保护,应加强对个人防护措施的监督与落实,噪声作业人员接触噪声环境应佩戴护耳器。例如:各种防声耳塞、耳罩或防声帽,高质量的护耳器不但有良好的隔声效果,还具有通话性能。

(4)对从事噪声作业的人员进行健康监护,建立职业档案,定期听力检查,早期发现噪声敏感者和听力损失者,及早提供医学干预。要重视上岗前噪声作业人员的体格检查,排除职业禁忌证。

(5)对噪声易感者和已发现有早期听力下降者,应及早调离噪声作业环境,并给予对症治疗。

(6)对于喜爱摇滚乐及长时间戴耳机者,应注意听取距离、听取时间长短、音量大小,应当注意适当休息,防止娱乐音乐损伤听力。

(7)老年人、小儿等特殊人群,应特别注意远离噪声环境,尽量缩短在一些娱乐场所及减少使用个人娱乐设备的时间。

5. 梅尼埃病 梅尼埃病是病因不明的,以膜迷路积水为基本病理特征,以反复发作性眩晕,波动性、进行性听力下降,耳鸣和耳胀满感为主要症状的内耳疾病。该病发病率差异较大,多发于青壮年,一般以单耳患病为主,亦可累及双耳。

6. **自身免疫性内耳病** 内耳具有免疫应答、免疫防御和免疫调节能力。在某些病理情况下，内耳组织可成为自身抗原，激发内耳免疫反应，造成内耳组织损伤，称为自身免疫性内耳病。其损害可为器官特异性（局限于内耳），也可以为系统性自身免疫疾病在内耳的表现。

7. **大前庭水管综合征（large vestibular aqueduct syndrome，LVAS）** 大前庭水管综合征是指前庭水管扩大，并伴有感音神经性听力损失等症状，而无内耳其他畸形者，属于内耳的一种先天性畸形。

病因：本病应属于常染色体隐性遗传，与PDS（*SLC26A4*）基因突变有关。

临床表现及检查：

（1）临床表现：本病的主要症状是感音神经性聋，双耳受累较多见，亦有单侧发病，听力下降可从出生至青春期中的任何时期开始发病，发病突然或隐匿，听力下降呈进行性或波动性，听力受损以高频为主，可见以突发性聋为首诊，其诱发原因可能是头部轻微外伤或周围环境压力的急剧变化，如乘飞机、吹奏乐器、潜水、擤鼻、屏气等，少数可出现发作性眩晕、平衡障碍或共济失调。

（2）检查：纯音听力曲线多呈下降型，少数为平坦型，低中频常有气骨导差存在。影像学检查包括颞骨高分辨CT、螺旋CT扫描、内耳MRI等，其中CT检查结果是诊断大前庭水管综合征的金标准，其特点为岩骨后缘的前庭水管外口扩大，出现深大的三角形骨质缺损区，边缘清晰锐利，内端多与前庭或总脚直接相通，前庭水管中点最大前后径均>1.5mm。MRI可清晰显示扩大的内淋巴囊和内淋巴管。

（3）治疗原则：目前对大前庭水管综合征尚无有效的治疗方法，推荐以下几种方法。①该病的诊断一旦确立，应明确告知家属及患者本人，尽可能预防患耳听力的突然下降，如避免剧烈运动、头部外伤，甚至擤鼻、屏气等轻微拍打和碰撞，防止情绪的过分激动；②发生突然听力下降，治疗方法同突发性聋相同；③手术治疗，因其疗效不一，目前尚无理想的手术方法；④对双耳极重度感音神经性聋且佩戴助听器效果不佳者，可行人工耳蜗植入术。

（四）蜗后疾病

1. **听神经病** 是不明原因的、由听神经病变引起的、具有特殊临床表现与听力学特征的感音神经性听力损失。它有别于一般感音神经性聋，其特征包括诱发性耳声发射和耳蜗微音器电位正常、ABR缺失或严重异常、言语识别率不成比例地差于纯音听阈。目前关于该病的命名、病变部位和病因尚有争议。

临床表现及听力学特征：

（1）临床表现：在各个年龄段均可发生，青少年多发，性别差异不明显。起病隐匿，双耳缓慢、渐进性听力下降，最明显的特点是辨音不清，听不清对方的说话声，存在不同程度的言语交流困难，在嘈杂环境中尤其明显。少数病例伴有耳鸣、头晕等，可有听力损失家族史。

（2）听力学特征：①纯音测听。听神经病变的纯音听阈大多呈轻、中度感音神经性聋，少数表现为重度、极重度感音神经性聋，听力图曲线为双耳对称性低频下降型的感音神经性听力损失，各频率的双耳听阈升高程度基本一致，上升型多见，有的为平坦型和"鞍"型，少数为高频听力下降型。②言语测听。言语识别率低，与患者的纯音听力下降程度不成比例，是听神经病的一个重要特点。③声导抗测试。鼓室导抗图均为"A"型，镫骨肌反射引不出。④诱发性耳声发射（TEOAE）和畸变产物耳声发射（DPOAE）均正常。即使是重度听力下降，OAE 仍可引出，耳声发射对侧抑制现象消失。⑤ ABR。ABR 引不出反应或严重异常是所有听神经病患者重要的特征之一。⑥耳蜗电图。耳蜗微音器电位（CM）正常，−SP/AP 大多 > 1。

2. **听处理病**　中枢听处理（central auditory processing，CAP）能力通常是指中枢神经系统从第Ⅷ脑神经起传送信息至听皮层的能力，它具有对传入的大量声信息进行搜索、处理和利用，并作出正确的解释、启动及适当反应的能力。中枢听处理病（CAPD）就是中枢神经系统功能的缺陷。1996 年，美国言语听力协会（American Speech-language Hearing Association，ASHA）将听处理病定义为：在有竞争的声信号及减弱的声信号中对声音的定位分辨、声音形式的识别，听觉方面对声信号时间的感受（包括对时间的分辨、掩蔽、整合和排序）等听觉功能出现的一个或多个障碍。但目前对该疾病的定义仍存在争议。

成年人的听处理病一般由器质性病变引起。包括：①外周和中枢听神经系统的肿瘤、脑血管疾病、代谢方面疾病、颅内感染性疾病、头部外伤等神经病变，引起的胼胝体后部萎缩，使大脑两半球的听觉处理失去联系。②脑功能的模糊改变，通常是指老龄化改变。儿童听处理病的病因尚不明确，往往没有器质性病变，可能与神经周围的髓鞘发育不良有关。低体重的早产儿、出生时钩端螺旋体感染引起的 Lyme 病、儿童体内重金属超标、孕妇接触烟酒、缺氧等可能是听处理病的病因。

听处理病在中枢神经系统功能上损害的主要表现为声特征提取不足、词汇解码不足和听注意力不足。听处理病的诊断方法以此特征为依据，分为主观测试和客观测试。

主观测试是最常用的测试手段。测试声可分为：非言语声和言语声，言语声又可分为单音节词、扬扬格词、语句。给声法可分为：单耳给声、双耳给声和双耳分听给声。单耳测试方法有敏化言语测试、时间压缩言语测试、合成句识别测试等；双耳测试方法有掩蔽级差测试、声源的定位和偏侧测试、双耳听觉整合测试等；双耳分听分测试方法有双耳两分试验（dichotic test）、双耳两分辅元音检查、交错扬扬格词测试、竞争句试验、双耳两分合成句识别试验等。由于没有一项测试可对所有类型的听处理病均敏感，同时听处理病是听觉功能中某一个方面的功能出现障碍，其表现可以一样但病变部位却不一样，因此选择测试方法时，宜进行配套组合测试，尽量选择测试不同功能的亚测试，不重复选择两个测试同一功能的亚测试，从而较全面地反映患者的听觉功能，提高测试的敏感性，提高诊断的有效性。

客观测试分为：①电生理和电声学测试；②神经影像学研究。电生理测试可以直接通过比较训练前后电生理的变化，为训练效果的评价提供客观依据。常用的电生理测试有中潜伏期电反应（MLR）、失匹配负反应（MMN）、事件相关性电位（P300）。

听处理病的治疗通过 3 个方面：①改善环境，提高信噪比；②利用多个感官获取信息来补偿听觉功能的缺陷；③通过训练直接干预，一般推荐直接改善患者听觉功能的训练方法。训练分为从下到上和从上到下，以及两种方法联合使用。

目前对听处理病的本质没有完全了解，诊断上也没有一个公认的诊断标准，因此目前尚没有关于听处理病的流行病学调查报告。听处理病的诊断绝不仅仅依靠听力学家，它需要听力学专家、语言学专家、儿科专家、神经科专家、心理学专家等多个领域的合作来共同诊断治疗。

（曹永茂　林　颖　王　越）

思 考 题

1. 简述听觉系统结构的组成部分。

2. 简述耳廓的解剖特点。

3. 简述外耳道的解剖特点。

4. 简述鼓膜的特点。

5. 简述鼓室的分部。

6. 简述听骨链的解剖和功能。

7. 简述咽鼓管的解剖和功能。

8. 简述耳蜗的解剖和功能。

9. 简述听神经的功能。

10. 声音传递入耳的基本途径是什么？

11. 外耳道的共振频率范围是什么？有怎样的意义？

12. 中耳的增压作用主要通过哪些方面体现？

13. 听觉传出系统的主要作用是什么？

14. 简述传导性聋的临床特征。

15. 感音神经性聋的常见病因是什么？

16. 简述老年性聋的听力学特征。

17. 简述听神经病的听力学特征。

18. 简述噪声性聋的预防及保健。

附录1　国家声环境质量标准（GB 3096—2008）

环境噪声限值　　　　　　　　　　　　　　　　　　　　　　　　　　　　单位：dB（A）

声环境功能区类	昼间	夜间
0 类（康复疗养区等特别需要安静的区域）	50	40
1 类（以居民住宅、医疗卫生、文化教育、科研设计、行政办公为主要功能，需要保持安静的区域）	55	45
2 类（以商业金融、集市贸易为主要功能，或者居住、商业、工业混杂，需要维护住宅安静的区域）	60	50
3 类（以工业生产、仓储物流为主要功能，需要防止工业噪声对周围环境产生严重影响的区域）	65	55
4a 类（高速公路、一级公路、二级公路、城市快速路、主干路、次干路、轨道地面段交通，内河航道两侧区域）	70	55
4b 类（铁路干线两侧区域）	70	60

附录2　工作场所物理因素测量（GBZ/T 189.8—2007）

工作场所的噪声标准

工作场所噪声等效声级接触限值

日接触时间 /h	接触限值 /dB（A）	日接触时间 /h	接触限值 /dB（A）
8	85	1	94
4	88	0.5	97
2	91		

第三章　听力学相关的物理声学基础知识

一切有关声音的科学研究形成了一门学科——声学。声学是物理学的一个分支，内容涉及声音的产生、传播、接收和利用，以及存在于这些现象之中的数学规则。

听力学是一门交叉学科，它应用生理声学、心理声学和语言声学的研究成果，研究听力疾患的预防、诊断、治疗、干预和康复，掌握一定的声学知识对于学好听力学是必须的。

第一节　机械振动与波

声波是一种机械波。机械波是机械振动在弹性媒质中传播所形成的波，是能量传递的一种形式。而机械振动是指物体沿直线或曲线经过其平衡位置附近连续地、有规律地来回重复的运动形式，如钟摆、音叉等的运动。

一、机械振动

力作用于物体，可能产生几种不同后果，这取决于物体的质量、弹性和摩擦力。机械振动是一种特殊形式的机械运动，是系统在某一位置附近所做的往复运动，其成因是物体形变时所产生的回复力和物体运动所具有的惯性。

1. **简谐振动**　简谐振动是最简单的振动形式，任何复杂的振动都可分解为若干项的简谐振动之和。简谐振动的一个经典例子就是弹簧振子的振动。弹簧振子是一个由质量可以忽略的弹簧和一个刚性小球（称为振子）所组成的振动系统。从其静止位置将振子牵拉开一定距离后松手，振子会在弹簧的回复力作用下，在其原静止位置左右往复振动。振子完成一次完整振动所需的时间称为振动的周期，记为 T。在单位时间（1s）内完成振动的次数称为振动的频率，记为 f，单位以德国物理学家 Hertz（赫兹）命名，简写为 Hz。

由于振子往复振动的位移轨迹，可与一个以相同频率在圆周上做匀速圆周运动的点在直径上的投影相吻合，其位移函数可表达为单一正弦函数（图 3-1），故而称为简谐振动，或谐振动。

2. **自由振动和阻尼振动**　在弹簧振子这一振动系统中，振子在外力作用下离开平衡位置，当外力撤除后，虽然并没有引入任何振动频率，但振子总是按照其特定的频率进行振动。只要不受摩擦力或其他任何阻力，能量始终守恒，弹簧将保持一定的振幅永远振动下去。这种理想的振动叫作无阻尼自由振动。

物体做无阻尼自由振动时的频率是由振动系统内部的弹性和质量决定的，它们都是由系统本身的性质所决定的量，所以这一频率叫作系统的固有频率。

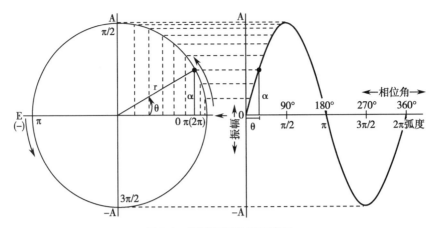

图 3-1 弹簧振子轨迹示意图

现实中，自由振动并不存在。由于摩擦力和其他阻力无法避免，振动物体因克服摩擦力和其他阻力做功，能量或振幅要逐渐减小，振动表现为阻尼振动。

3. **受迫振动与共振** 受迫振动是物体在受到周期性变化的外力（策动力）作用下所产生的振动。只要策动力连续提供足够的能量，振动物体就可以保持恒定的振幅。受迫振动的频率，依赖于策动力本身的频率特性，振动的频率可以不同于振动系统的固有频率。

振动系统对不同的策动力频率，表现出不同的阻抗。以秋千为例，要使秋千越荡越高，秋千上的人须掌握好加力的节奏，否则即使花很大力气也不能使其荡高。

当策动力的频率等于振动物体的固有频率时，受迫振动的振幅才可能达到最大值，这就发生了共振现象。共振是受迫振动的一种特殊形式。

二、波

下面要讨论振动体对周围弹性媒质的影响。图 3-2 所示的音叉振动过程，很好地说明了声波在空气媒质中的产生过程。

图 3-2 音叉振动过程示意图

音叉的持续振动使得周围的空气媒质出现"时而密集、时而稀疏"的状态，这一振动形式逐渐传递到更远处的空气媒质。

一个音叉被撞击后开始振动，处于运动状态中，音叉的振臂来回振动，反复地推拉周围的空气分子。由于空气媒质的弹性，空气分子之间也互相形成推拉，每个分子都在其相邻分子离开原来位置后，占据该位置。于是在空气中产生了密集区与稀疏区，交替出现并向前传播。音叉振动在空气中的传播形式如同麦浪一样。

1. **波的定义** 在空气、水、钢铁、骨骼等一切弹性媒质中，任何一组分离开平衡位置时，在其附近将产生使它回到平衡位置的弹性力，因而这一组分将在其平衡位置附近振动起来。与此同时，这一组分又将对其周围部分产生力的作用，振动就会传到它的周围各部。周围各组分的振动又使较远的各组分跟着振动,这样就会越传越远,传播到媒质的全部。振动在弹性媒质中的传播过程就叫作波,波是能量传递的一种形式。波的定义中有以下要点:

(1)媒质质点只在平衡位置附近振动,传播的是凸起、凹下或密集、稀疏的状态,质点本身并不随波动而迁移。

往平静的水池中投一石子,以石子落下去的地方为中心,会出现凸凹两种圆环交替传播到整个水池。如果在水面上漂有树叶,它并不随着波的传播而漂向远处,只是在原位置上下振动(图3-3),严格讲,水波的这种性质是近似的。

图 3-3 水面波与空气中声波的传播形式

石头撞击石板时,击动附近的空气,使空气一会儿密集、一会儿稀疏,石头附近空气的密集和稀疏又产生弹性力,引起附近部分空气的振动。如此,在空气中密集状态和稀疏状态相间出现,并向远处传播,形成声波。

(2)机械波不能脱离弹性媒质而独立存在:若把钟放在一个大玻璃罩中,人们仍可以清晰地听到钟的滴答声;然而若通过罩子上的抽气孔往外抽气时,则滴答声逐渐变弱;当罩内的空气被抽得十分稀薄时,钟声就几乎听不见了。

(3)波的传播伴随能量的传递:一处质点振动引起周围质点振动,振动质点具有能量。因此,波的传播伴随能量的传递,要想维持振动的传播,必须有提供能量的来源——波源。举例而言,一根绳子一端固定,另一端用手上下抖动一次,一个凸起和凹下的状态就通过绳子传到固定端。要使绳子持续出现凸起和凹下的状态,手就必须始终进行抖动。

2. **波与媒质** 媒质分子的振动方向和波传播方向相垂直的波,称为横波;媒质分子的振动方向和波传播方向一致的波,称为纵波。横波只能在固体中产生,而纵波则可在固体、液体、气体3种物质形态中产生。

波的传播速度,简称"波速",记为 c,仅决定于媒质的密度和弹性。波在空气、水和钢铁中的速度比值大约为 $1:4:12$。

第二节 声 波

尽管声波能够通过一切具有弹性的介质,包括空气、水和骨组织进行传播,但通常意义上的声音,多局限于在空气中传播的、能为人耳所接收的声波,因此我们以声音在空气中传播为例来介绍声波。在空气中,声音可被视为空气分子的振荡。由于空气分子之间具有的弹性,这种振荡能够通过空气压强(气压)的改变而被观测到。气压的这一变化量也被称之为"声压",被耳朵感知后即为声音。

一、声波的基本特性

1. **波的基本参数** 当以数学语言来描述某一频率的纯音时,常常采用正弦函数来描述波形(图3-4)。位于 x 轴正向的数值代表空气分子处于密集区,而 x 轴负向的数值则表示为稀疏区。通过这种方式,正弦函数既可用以显示声压在某一处随时间的变化情况,也可显示某一时刻在波的传播方向上的传播图样。

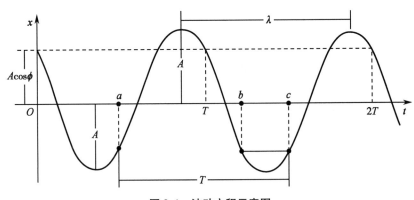

图3-4 波动方程示意图

图 3-4 的横坐标既可以是时间(t),也可以表示传播方向上的长度(L)。T 为波的周期,其倒数即为频率;A 为波的振幅;λ 为波长;Φ 为初始相位角。

以正弦函数描述某一频率的纯音,声波的特性可以通过以下4个方面来描述:频率、波长、振幅和相位。

(1)频率:在传播过程中,波的波形图样重复出现一次所需的时间,称为波的周期,记为 T;而波的波形图样在1s内重复呈现的次数,称为波的频率,记为 f。两者互为倒数。与振动的频率一样,波的频率也以赫兹(Hz)为单位。

(2)波长:波长是指波在一个完整的波动周期内向前传播的距离。可表示为在传播方向上相邻的两个相同的波形图样之间的距离。例如:两个相邻波峰之间的距离(图3-4)。它常用希腊字母 λ 来表示,单位为米(m)。

对于纯音,在声波的频率与波长之间存在着一个数学公式,波长等于声音的速度除以其频率,相应地,频率等于声音的速度除以其波长。

$$\lambda = cT = c/f$$

式中:λ——波长,m

c——声速,m/s

T——周期,s

f——频率,Hz

相关链接

声速、波长与频率的关系

　　声音的速度取决于空气的压力、温度和湿度。在地球的表面，声速通常为 340m/s。在前面音叉的示例中，音叉产生声波的频率为 440Hz，意味着其波长等于 340 除以 440，为 0.773m（77.3cm）。

　　在空气中，低音具有长达几米的波长，而高音的波长只有数厘米。人耳能够感觉的最低与最高频率在 20～20 000Hz 范围内，相应的波长为 17～0.017m（1.7cm）。

　　听力正常的人能够听到的频率跨度接近 20 000Hz。频率间隔通常用倍频程与 10 倍频程来表示。这两个术语均是用以表示两个频率间的关系。如果一个频率是另一个频率的两倍，则两者的频率间隔为一个倍频程。例如：从 100Hz 到 200Hz 的频率间隔是一个倍频程。然而，500Hz 到 1 000Hz 也是一个倍频程，尽管后者两个频率间的差值是前者的 5 倍。同样地，一个 10 倍频程的频率间隔则表示最高的频率是最低的频率的 10 倍，如 200Hz 到 2 000Hz。

　　（3）振幅：正弦函数上的最大幅值称为振幅。它是声波传播过程中空气分子中的密集区或稀疏区的气压与正常气压相比所产生的最大的压强变化量值。振幅代表了波的声压大小。两条波长与频率上都相同，但在振幅上有差异的正弦波，表示它们具有不同的声压值。振幅越大，声压越大（图 3-5）。

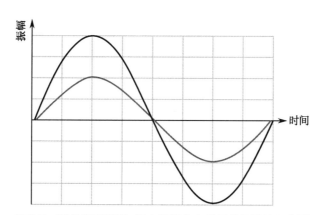

图 3-5　两条频率相同，但在振幅上有差异的正弦波示意图

　　（4）相位：相位显示了波形的起始点。由于媒质中任一组分的简谐振动，都可以由在圆周上做匀速圆周运动的点在直径上的投影来描述，所以，相位可用圆周上的不同角度来度量，从 0°～360°，称为相位角。相位角最典型的应用是描述两个具有相同频率与振幅但在初始相位上有差别的两个纯音。这个相位差影响了两个纯音总的振幅（图 3-6）。

　　两个纯音之间不同的相位差，影响其合成后的声波振幅。

　　如果相位差是 0°，两个波形的初相为 0°，总的振幅等于两者之和。

　　如果相位差为 90°，其中一个波形初相为 90°，另一个波形的初相为 0°。这种情况下，总的振幅由相位决定，声压也相应改变。

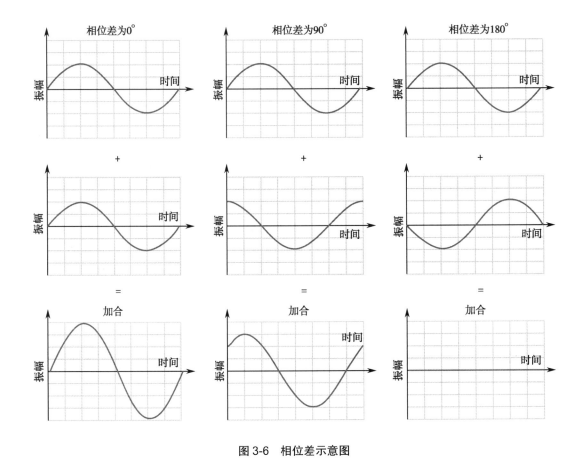

图 3-6 相位差示意图

如果相位差为 180°，第一个波形的初相为 0°，另一个波形的初相为 180°。这种情况时，两者的振幅相互抵消，总的声压可降低为 0。

相位差意味着，假如两个扬声器发出完全一样的纯音，它们合并产生的总声压在房间内的不同位置会存在差异，范围从 2 倍于单一声压值到声压值为 0。

2. 声压与声强 为了描述声波在媒质中各点振动的强弱，常用声压和声强两个物理量。

（1）声压：声波在空气中的传播表现为疏密波的形式，媒质分子时而稀疏，压强暂时小于静态大气压；时而稠密，压强又暂时高于静态大气压。媒质中由于有声波传播而产生的压强的动态变化，即实际压强与大气静压强之差，称为声压，记为 P。声压的单位为帕斯卡（Pascal），简称"帕"，用 Pa 表示，$1Pa = 1N/m^2$。人耳对 1 000Hz 纯音所能听到的最小声压约为 $20\mu Pa$。

（2）声强：声强就是声波的能流密度，即单位时间内通过垂直于声波传播方向的单位面积的声波能量，记为 I，单位是 W/m^2。声强与声压的关系为：

$$I = p^2/\rho c,$$

式中：I —— 声强

ρ —— 媒质的密度

c —— 波速

据此可计算人耳所能听到的最小声强约为 $(20\mu Pa)^2/415 = (400 \times 10^{-12})/415 \approx 10^{-12}W/m^2$。

二、声源的属性

声音产生于机械振动。物理学中把正在发声的物体叫作声源。声源和声波密不可分。声源的振幅、频率、周期等特性，与传播出去的声波的振幅、频率、周期一致。人的听觉系统可接收的频率范围是 20~20 000Hz。声源不能脱离其周围的弹性介质而孤立存在。只有当人耳能感知到的音频振动能量从振动源通过弹性介质传播出去时，该振动源才被称为声源。声源的类型，按照几何形状特点可分为点声源、线声源和平面声源等。

1. 点声源 点声源指在空间上仅有明确位置而无范围的声源。理想状态下，点声源是空间中一个发声的点，其能量在均匀而各向同性的介质中以球面波向外辐射。球面波指的是波阵面平行于与传播方向垂直的平面的波，也就是各波阵面形成一系列同心球面（图 3-7）。球面波的波阵面随着传播距离增大而增大，单位面积通过的声能以与传播距离成平方反比的规律衰减。距离增加 1 倍，声压级衰减 6dB HL。实际中，当声源尺寸相对于声波的波长或传播距离比较小且声源的指向性不强时，可近似视为点声源，声能衰减也遵循距离增加 1 倍，声压级衰减 6dB HL 的规律。

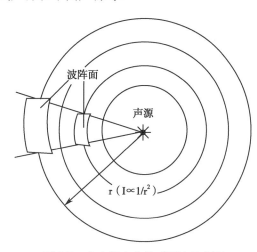

图 3-7　点声源产生的球面波示意图

2. 线声源 多个点声源成现状排列时，远场分析时可看作线声源。例如：火车行驶产生的噪声、公路上大量机动车辆行驶的噪声，或者输送管道辐射的噪声等。这些线声源以近似柱面波形式向外辐射噪声。柱面波指的是波阵面为同轴柱面的波。柱面波的衰减规律为与声源距离增加 1 倍，声压级衰减 3dB HL。

3. 平面声源 平面声源也叫面声源，是指在辐射平面上具有相等的辐射声能作用的声源。其形成的平面波的波阵面与传播方向垂直，平面上辐射声能的作用处处相等。

三、声波的传播

当一颗石头被扔进水中，水面的波纹以同心圆的形式向外传播。声波在空气中的传播类似于水波在水面的传播。只不过，声波在空气中的传播是整个三维空间的，像一个膨胀的球体。声音传播主要有以下几种不同方式。

1. 声波在自由声场中的传播 在自由声场中，声波在所有方向都可自由传播，声能在球形波阵面上辐射出去。离声源越远，波阵面越大，通过单位面积的声能减少，声强表现为衰减。

2. 声波的反射 现实生活中，自由声场很少，声波通常会碰到一些物体或边界的阻碍。当声波遇到一个物体（如墙）时，部分声波能量会从墙面反射回来。这种现象如同光遇到镜面一样，叫作反射。

反射的程度取决于物体的表面状况。一堵墙反射的能量比较多，相比而言，一块毛毯则会吸收掉不少的声波能量，从而减少反射量。一小部分能量还会穿过墙壁继续传播，如常常能够听到相邻房间的声音。

有关反射的一个典型的例子是，在峡谷的一边对着另一边大声呼喊时能够听到回声。当离反射物体的位置比较远时，就有足够的时间让我们的大脑识别出原声与反射声的时间差，使我们听出回声。

另外一个例子是，在一间大屋子说话时产生的回音。当一个字发音完不久，这个声音从墙壁反射回来，会以较短的间隔追随着刚才的发音，人们很容易就感觉到语音的迟滞，字与字之间存在一定的混叠。这种现象称为混响。

相关链接

混响

混响时间用以描述某一个空间内的混响特性，其定义为：声音自空间内的某一点发出后，声能衰减60dB HL所需的时间。混响时间决定于声波能量被吸收的程度，以及这个空间内是否存在着人、墙壁、家具、地毯或者其他能够进一步削弱反射的物体。

一个房间的声学特性常常需要根据其功能而调整。音乐厅一般要设计成具有长达数秒混响时间，以使声音变得更加响亮。而教室里的混响时间则应适中，以使得在教室中的任何一个位置，老师与学生的声音都能够听得清楚。起居室中的混响时间通常都非常短，一般小于1s。

---

3. **声波的衍射** 声波在传播过程中经过障碍物或孔隙时，传播方向发生变化而绕过障碍物的现象，叫作波的衍射。这在生活中十分常见，如当一辆救护车未到十字路口的转弯处，却已经能够听到它的声音。

衍射的产生是由于空气分子具有推动相邻分子的能力。空气由许多气体分子组成，当一组空气分子被传播中的声波振动时，空气分子的振动向其相邻分子传递。不仅是在声波传播的方向上，在与传播方向相邻的方向上也有传递。波所达到的每一点都可看作是新的波源，从这些点发射子波。通过这种方式，声音能够绕过声场中的物体或墙上的小孔而传播（图3-8）。

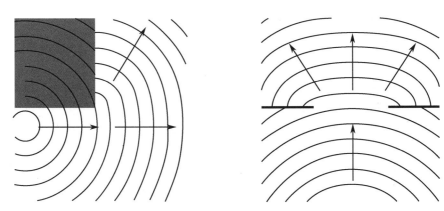

图3-8 衍射原理
媒质中波动传到的各点都可看作是发射子波的波源，在其后的任一时刻，这些子波的包迹就决定了新的波阵面。

衍射效应取决于波长与障碍物尺寸的相对大小。如果物体的尺寸明显小于波长，那么波将不受干扰地在物体的另一面继续传播。如果物体的尺寸明显大于波长，那么多数情况下，波将被反射回去，在物体的背面将产生声影（图3-9）。

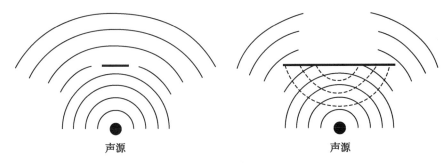

声源　　　　　　　　　　　　　声源

图 3-9　衍射的发生取决于波长与障碍物尺寸的相对关系

衍射现象的一个例子是头影效应。当声波（如高频）的波长小于头部的直径时，由于头部的反射作用，声波在从一只耳朵到另一只耳朵传递的过程中将受到削弱。当声波（如低频）的波长大于头部的直径时，此时声波在两耳之间不会有变化。

听觉系统正是利用声音在两耳间的低频的相位差与高频的声压差来对声音进行定位。

4. **声波的散射**　当声波在均匀媒质中传播时，它的行进方向不会改变。但是，若传播方向上有比声波波长小的刚体障碍物，或当媒质中存在弹性与密度不同的障碍物时，就会有一部分声波偏离原来的方向。声波朝许多方向的不规则反射、折射或衍射的现象，就称为声波的散射。

5. **驻波**　两列具有相同频率与振幅的波，相向传播时会产生驻波。当一列波在房子的墙壁之间反射时，入射波与反射波的叠加即有可能产生驻波。驻波的特点是，在房间的某些空间点上，空气分子看似"驻扎"在那里，没有波动，这些点称为波节。该点的压强也因空气分子的聚集而表现为高的声压。在房间中的其他点，有大量的气体分子运动着，运动幅度最大的点叫作波腹。在这些点上气体分子是散开的，因此声压低。理论上可以证明，波节出现在两列声波的相位差恰为180°的位置，而波腹则出现于那些相位差为0°的位置。

在一个具有驻波的房间里，声压从一个位置到另一个位置可能会有明显的改变。通常声压在房间的角落及靠近墙壁的位置最大，在这些地方声音能量都以波节的形式聚焦起来。

在一些经过声学处理的房间内，如测听室，驻波产生的程度不大，但是通常会在播放低频信号时产生驻波。原因则可能是铺在墙上的吸声材料对低频处理得不好。

四、声能的衰减

声波自一恒定声源向四周传播，能量会以两种形式逐渐减少。

1. **声能辐射**　理想状态下，媒质不吸收声波的能量，声能在波阵面上辐射出去。随着距离的增加，波阵面扩大，声音的能量被平均地分散到波阵面上，通过单位面积的声能减少，声强表现为衰减。

点声源的辐射遵循反平方定律。如图 3-7 所示，点声源在均匀、各向同性的媒质中，波阵面为球面。声源辐射的总能量 E 均匀分布在球面上，故距离声源 r 处的声强为：

$$I_r = E/4\pi r^2$$

式中　I_r ——声强

　　　E ——声源辐射的总能量

　　　π ——圆周率

　　　r ——半径（与声源的距离）

与声源的距离每增加1倍时，声强就变为原来的1/4（换算成声强级表述，则为衰减6dB HL）。这就是所谓的反平方定律。

2. 声能的吸收　声波在媒质中传播，由于媒质分子的黏滞性，媒质质点运动时产生摩擦，一部分能量在摩擦时转化为其他形式的能量（如媒质的内能），这种现象叫作媒质对声能的吸收。媒质的声阻抗率就反映了媒质对声能吸收的本领。声能在空气中的吸收，与空气温度和相对湿度的协同作用有关。

虽然媒质的阻抗率只表现为阻碍的性质，媒质对各频率声波的阻滞作用是一致的，但声能在空气中的吸收仍随着频率的增加而增加，高频声比低频声衰减得快。这是由于空气分子中存在着许多悬浮颗粒（如气体中的尘埃、烟雾等），引起波的散射。随着频率的增加，声波波长逐渐变小，散射作用逐渐增强，使得沿原来方向行进的波的强度有所减弱。

相对而言，声波传播过程中由于空气媒质的吸收而造成的声能衰减是很小的。所以，上文对声波特性的描述中，是针对理想的无声能吸收的情况。

五、共鸣

一个弱的声源可在一特定的空间中产生较高的声强，这个现象被称为共鸣。共鸣发生的条件是：空间（如山洞或房间）的几何形状与在此空间中传播的声波的关系达到特定的要求，即声源的频率与该空间空气媒质构成的声振动系统的固有频率一致。

一些乐器正是利用了共鸣的效果。例如：当演奏笛子时，演员堵住不同的孔眼来变化音调，实际是靠改变笛子共鸣腔的长度来实现的；在一间小浴室中也能体验共鸣，当以某一频率唱歌时，歌声可能在整个浴室中回响。

1. 亥姆霍兹（Helmholtz）共鸣腔　在电声技术成熟之前，人们利用共鸣现象来分析复合音的组成或给乐器定音，所使用的是德国物理学家亥姆霍兹发明的一套用黄铜制成的球形共鸣器，每个球有大小两个开口的管。大管接收外来的声源，声源频率与球体的固有频率一致时，就会产生共鸣，小管插入音乐家的耳中用来听辨定音。

亥姆霍兹共鸣器可以看作是弹簧振子在声学中的翻版。封闭在球体中的气体就像一个弹簧，大管内的空气可以看作振子。当外来声波传入大管时，其产生的气压波动会挤压（或拉拽）大管内的空气向下（或向上）运动，相应地改变了球体内的压强。由于球内的空气具有弹性，被压缩的气体会向上反弹，被拉拽的气体会向下回复。空气柱上下振动，从而产生一个共鸣音。

相关链接

亥姆霍兹共鸣在助听器耳模声学中是一个非常有名的现象。使用助听器时，耳模会将一定容积的气体堵塞在耳道内。有时为了缓解患者的堵耳效应，会在耳模上开一个小的通气孔，将耳道内的腔体与耳模外的大气直接相连。这样，通气孔和耳道内的腔体就构成了一个亥姆霍兹共鸣器，对耳道中的某一频段的声音进行小幅放大。

共鸣的频率大约在500Hz,频率主要由耳模通气孔的尺寸决定,见图3-10。

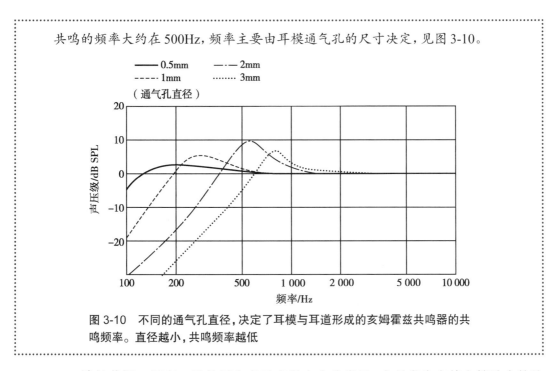

图3-10　不同的通气孔直径,决定了耳模与耳道形成的亥姆霍兹共鸣器的共鸣频率。直径越小,共鸣频率越低

2. 1/4波长共振　还有一类共振在音乐声学中十分常见,它是发生在特定管腔中的驻波现象。

以一端开口而另一端封闭的管腔或通道为例,入射波在管腔封闭端被反射后与其自身叠加,从而形成一个驻波。在管腔封闭端,入射波与反射波存在180°的相位差,故为波节;而在开口端,空气分子的振动最大,故为波腹。因而,管腔的长度应为共振频率所对应的声波波长的1/4。在管腔开放处(波腹)较小的声压,在封闭端(波节)则被放大至一较大的声压。这就是听力学中特别重要的1/4波长共振。

成人的外耳道长度近似3cm,它一端开放,而另一端密闭在鼓膜处。这意味着共振声波的波长应为耳道长度的4倍,即12cm。波长为12cm的波,其频率大约为2 800Hz。在其邻近较宽的频率范围内,声音信号可在鼓膜处放大10~15dB HL,这种效应被称为外耳道共振(图3-11)。

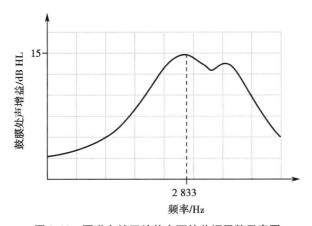

图3-11　耳道自然开放状态下的共振函数示意图

新生儿的外耳道更短，且比成人外耳道共振提供的放大量要小。相应地，外耳道共振更多地偏向高频，可至 5 000～6 000Hz。在 5 岁时，儿童的外耳道已经发育成熟，与成人的外耳道共振几乎一致。

第三节　声测量的方法及应用

一、强度测量

压强被定义为施加于单位面积上的力的大小，用帕斯卡（Pa）来表示。因为声波产生的压强变量值用帕斯卡表示起来通常都很小，所以，声压会以微帕（μPa）来表示，如用 20μPa 来表示 0.000 02Pa。相比较而言，一个静态大气压约为 $1.01×10^{11}μPa$。

人耳所能听到的声音的声压范围极其广泛。对于频率为 1 000Hz 左右的纯音，人耳能够听到的最小声压约为 20μPa；而使人耳产生不舒适感的声压，大约为 20 000 000μPa。两者相差 100 万倍。如此巨大的声压之差，使得用微帕来描述声压变得非常困难，因此，引入分贝这个单位。

1. 分贝刻度　在电话普及的过程中，人们迫切需要一个评定声压的单位，便于书写运算且又符合人耳对声级的响度感知。由于人耳对声音响度的感受遵循对数变化的规律，于是引进了对数刻度。

将两个声压的比值转换成以 10 为底的对数，再乘以 2，可以从 20μPa 到 20 000 000μPa 之间的巨大差值就转换为差值仅为 12 的对数刻度，单位为贝尔（Bell），以电话的发明者 Alexander Graham Bell 的姓氏命名。但以贝尔为计数单位又嫌分级过粗，因此，以 1/10 贝尔，即分贝（dB）为计量单位。这样，在将比值取以 10 为底的对数之后，就应将结果乘以 20，12 贝尔的声压跨度就可以表达成更便于运算的 120dB。

相关链接

分贝运算举例

两个声压值：20 000μPa 与 200μPa 之间的比值是 100∶1，而 100 取以 10 为底的对数为 2，因此，两个声压值的差值即为 20×2＝40dB；一个声音比另一个声音大 40dB。

---

2. 声压级和声强级

（1）声压级：分贝反映的是两个声压之间的相对差值。只有规定了作为基准的声压数值，才能表达声压的绝对值，称为声压级（sound pressure level，SPL），记为 L_P。数值以分贝（dB）表示，并加后缀 SPL 表示声压的绝对值。

在空气媒质中，取人耳在 1 000Hz 所能听到的最小声压约 20μPa 作为基准声压，因此，0dB SPL 即代表 20μPa 的声压，而 40dB SPL 则代表其比 20μPa 的声压值大 40dB。一般说来，轻声耳语的声压级约在 40dB SPL。

在周围的声学环境中，声压级范围从 0dB SPL 到 120～140dB SPL。表 3-1 提供了不同类型声源的声压级。

表 3-1 不同类型声源的声压级　　　　　　　　　单位: dB SPL

声源	典型的声压级
树叶的沙沙声	约 20
客厅	50
正常的说话声	65～70
工业噪声	约 85
摇滚音乐会	约 100
人耳的痛阈	约 120
喷气式飞机	130～140

在听力学与声学测量中,除了声压级,还有其他一些概念也使用分贝做单位。这些将在本书的其他章节内描述。

(2)声强级:声场中某点的声强级,是指该点的声强 I 与基准声强 I_0 的比值,取以 10 为底的对数再乘以 10 的值。I_0 为基准声强,在空气中为 $10\sim12W/m^2$。声强级记为 L_I,数值以分贝(dB)表示:

$$L_I = 10\lg(I/I_0)$$

式中　L_I——声强级

　　　I——声强

　　　I_0——基准声强

I_0 的取值可由公式 $I=P^2/\rho c$ 推算而来,$I_0 = p_0^2/\rho c = (20\mu Pa)^2/415 = (400\times10^{-12})/415 \approx 10^{-12}W/m^2$,所以可以推导 $L_I = 10\lg(I/I_0) = 10\lg[(p^2/\rho c)/(p_0^2/\rho c)] = 10\lg(p^2/p_0^2) = 20\lg(p/p_0) = L_p$。所以尽管声压级和声强级在物理概念上是不同的,但在数值上却是一致的。在许多不太严格的情况下,对声音强度进行描述时,两者是通用的。

二、频谱分析

1. **倍频程刻度**　对频率的计数也很少采用线性刻度,而多采用对数刻度。这与人对音调的主观感受也是一致的。频率采用对数刻度后,人耳最敏感的频率 1 000Hz 也恰巧位于 20～20 000Hz 的对数坐标的中部。如同声音的强度以分贝计量,对频率的计量采用倍频程(octave)刻度。频率每增加一倍,称为一个倍频程,音乐上称为一个八度。

频带的上、下限频率相除,商为 2 的几次幂,就称为几个倍频程。如频率从 f 至 2f 为 1 个倍频程;从 f 至 4f 为 2 个倍频程;从 f 至 $2^{1/3}$f 为 1/3 个倍频程。

2. **频谱分析的原理**　纯音在日常生活中很少存在。它们仅能够通过电子设备产生,如录音师使用的调音台上的纯音发生器。人们日常所听到的声音,如乐器的声音、汽车引擎的声音、某人的说话声,多为复合声。

法国数学家 Jean-Baptiste Fourier(傅里叶)发现,任何一个复合声音都可以看作多个纯音的集合。他发明了一种能够分析某个复合声的频率成分的数学方法,这就是众所周知的傅里叶变换(Fourier transform),也称为频谱分析。

复合声可分为以下两种:周期性信号、非周期性信号。其频谱分析的方法也是不同的。

(1)周期性复合声信号:所谓周期性,是指总有一个固定波长的波形样式在不断重复。相比纯音的正弦波形样式而言,复合声的波形样式显得更加没有规则,且边缘不整齐。图 3-12 是一个由双簧管生成的周期性复合波的频谱图。

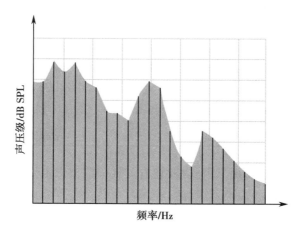

图 3-12 周期性声信号的频谱图示意图

周期性变化的信号,其各频率成分是离散的,间隔为 f_0(等于周期的倒数,$1/T$,称为基频),所以频谱为梳状谱。对于只有单一频率的纯音信号,其频谱只为一根谱线。而对于乐音、噪音等周期性复合声,频谱为若干根谱线。除了基频 f_0 谱线外,还在与基频成倍数的频率处 $2f_0$、$3f_0$、$4f_0$……有一系列谱线,称之为泛音或谐波。

周期性声信号的频谱图由一系列的梳状波组成。基频谱线出现在 f_0,谐波出现在与基频成倍数的频率处 $2f_0$、$3f_0$、$4f_0$……各梳状波的间距为 f_0。各谐波成分的特定组合方式,决定了乐器的音色。

由双簧管或小号吹奏出一个持续不变的乐音,如是以 440Hz 为基频的音调 A,那么谐波的频率则是 880Hz、1 320Hz、1 760Hz 等。

即使吹奏同一首乐曲,人们仍能区分小号与双簧管发出的乐音,这是因为这两种乐器各自的谐波组分具有不同的声级配比,这就是所谓的音色。

(2)非周期性声信号:日常生活中的大多数声音是非周期性信号,比如突然关门产生的"砰"的声音。其波形不重复,且随时间而变化。

对于非周期性声信号,同样可以通过频谱分析来测定其频率成分。其频谱不再是离散的谱线,而是连续的频带。图 3-13 显示了一种典型的非周期性信号——白噪声,随时间变化的时域波形及其频谱。

白噪声在时域上是无规则、随机波动的信号;在频域上,其各等带宽的频带所含噪声能量,在较宽的频率范围内都相等。

3. 滤波 通过频谱分析的方法,了解了信号的频率组成,也可以通过各种不同的滤波器来对声波信号进行频谱修饰,将不需要的频率成分滤除,将需要突出的频率成分抬升。滤波器按其频率响应(简称"频响")可分为高通滤波器、低通滤波器和带通滤波器等。

高通滤波器只允许某一频率以上的高频信号无衰减地通过滤波器;低通滤波器只允许某一频率以下的低频信号无衰减地通过滤波器,其临界处的频率称为截止频率(cut-off frequency)。截止频率是指滤波器输出时声音能量降低 3dB 所对应的频率。

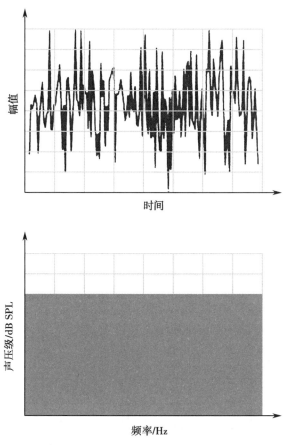

图 3-13　白噪声时域波形及频谱示意图

带通滤波器只允许特定频带的信号通过滤波器,其主要参数是中心频率 f_c 和带宽(包括上限截止频率 f_U 和下限截止频率 f_L),$f_c^2 = f_U \times f_L$。以声学测量中常用的 1/3 倍频程滤波器为例,其中心频率已形成一套国际标准化的标称值,即优选的 1/3 倍频程频率,分别是 16,20,25,31.5,40,50,63,80,100,125,160,200,250,315,400,500,630,800,1 000,1 250,1 600,2 000,2 500,3 150,4 000,5 000,6 300,8 000,10 000,12 500,16 000Hz。带宽为 1/3 倍频程,即 $f_U = 2^{1/3} f_L$。

三、声级计

1. **声级计的功能**　声级计是测量声音强度的电子仪器,但它不同于一般的客观电子仪表。它在将声信号转换成电信号时,可以模拟人耳听觉对声波反应速度的时间特性、对高低频灵敏度不同的频率特性及等响曲线组表现出的强度特性(可参考下一章的内容)。因而声级计是一台兼顾了人主观感受的电子仪器,有许多可调节的部件及其不同的组合(图 3-14)。

2. **声级计的构造**　声级计由传声器、衰减器、计权网络、放大器、检波网络和指示器等部件组成。声级计最前沿的部件是传声器(microphone,音译为麦克风),它把声能转化成电能后,送至主机的前置放大器,放大后送至衰减器(控制适当的量程范围)及计权网络以后,最后通过检波并由具有一定阻尼特性的指示表显示出声级读数。

3. **计权网络**　在听力学、噪声测量等领域，人们希望声级计测得的声级能客观反映人耳的主观响度感受。响度是人耳判别声音由弱到响的强度等级概念，它不仅取决于声音的强度，还与它的频率及波形有关。

将各频率上响度相等的纯音或噪声的声压级数值绘制成曲线族，就构成了等响曲线。依据不同的响度，可以绘制出一系列等响曲线（图 3-15）。

由等响曲线组可知，人耳听觉对不同频率有不同的敏感度，而且这种敏感度的不同随着响度的增加而变得不那么显著，100 方的等响曲线已经变得比较平坦。为了模拟人耳的这种特性，不少噪声测量仪器内都设计了一种特殊的滤波器，称为计权网络。其立意是，不同频率对总体响度的贡献不同，有着不同的权重（响度影响因子），在考察噪声对人耳产生的心理感受时，应将这种"权重"计算进去。

常见的计权网络近似地模拟了 40 方、70 方、100 方 3 条等响曲线，称为 A、B、C 计权。A 计权声级是模拟人耳对 55dB SPL 以下低强度噪声的响度感受，B 计权声级是模拟人耳对

图 3-14　高精度声级计的外观（传声器处加了一个防风罩）

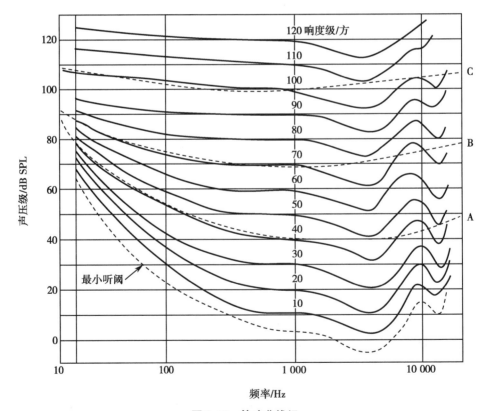

图 3-15　等响曲线组

40 方、70 方、100 方 3 条等响曲线，大致对应于声学测量中的 A、B、C 3 种计权。最下方的曲线为一组耳科正常人在声场双耳聆听时获得的最小可听阈数值。

55~85dB SPL 的中等强度噪声的响度感受，C 计权声级是模拟人耳对 85dB SPL 以上的高强度噪声的响度感受。三者的主要差别是对噪声低频成分的衰减程度，A 衰减得最多，B 次之，C 最少。

一般的声级计上均有 3 种频率计权：线性、A、C。线性表示未使用计权网络，所测声级的数值应标识为 dB SPL；而采用 A、C 计权测得的数值应标识为 dB A、dB C。

4. **使用方法**　首先，选用与声级计相互配套的传声器，安装在声级计的传声杆上，在户外有风的情况下应加罩上一个防风罩。若希望实现远距离测量，或者声源与测量者分处两室，还可使用传声器延长电缆。使用某些传声器时，声级计还需施加一定的极化电压。测试前还应使用活塞发声器对传声器进行校准。

其次，应针对所测声信号的特点确定声级计的时间响应。声级计一般都应具有 3 种时间计权：慢速 1 000ms、快速 125ms 和脉冲 35ms，分别对应于稳态信号（如纯音或持续平稳的噪声）、瞬态信号（如言语声）和脉冲信号（如枪声）的测量。

再次，应结合测试的目的选定恰当的频率计权网络。高精度的声级计大多具有 4 种频率计权模式（A 计权、C 计权、线性、全通）。A 计权、C 计权一般分别用于常规环境和高噪声环境下的噪声计量；而线性和全通模式则未对各频率成分作计权处理，多用于声学研究中对特定声信号的测量，线性模式只是比全通模式的频率范围略微收窄了一些。

最后，大致估测一下声信号的强度，选择合适的量程范围，从指针表或数字液晶屏上读取声级的数值。

第四节　听力学中常用的声信号种类及应用领域

临床听力诊断和实验研究常用的声学信号主要有以下几种：纯音、短时程信号、调制声、言语信号和噪声信号等。由于它们的声学特性不同，各自的用途也不相同。

声音兼具时域与频域特性，而耳蜗就是一个频率分辨精细、响应时间很短的频谱分析仪。从听觉研究的角度出发，理想的刺激声应是时域上极短而频域上又极窄的信号。但现实中不可能同时兼备这两个极端条件：作用时程短的声音，其频谱必定宽；而要使频率成分简单，声音的时程必然很长。常用的刺激声只能是两者的折中，按实际需要而偏重其一。纯音和短声就是临床听力学中最常用的两类声信号：纯音侧重于频率的单纯，而短声偏重于时程的短暂。

一、纯音和调制声信号

1. **纯音**　纯音信号的时域函数可表达为单一频率的正弦函数，主观听感上具有"单纯"的音调感觉，故而称为纯音。评价患者各频率听敏度的听力图就是以不同频率的纯音作为测试音。

纯音的频谱只有单——条谱线（图 3-16）。纯音的持续时间越长，其谱线越"纯"。在实际应用中，可人为设定一个时窗：时程在 1s 以上，并有数十毫秒的起始和结束时间（称为上升和下降时间），这个时窗所截取的纯音段，可近似地被认为是纯音。所以，纯音测听的规范中要求纯音的给声时间要在 1~1.5s。

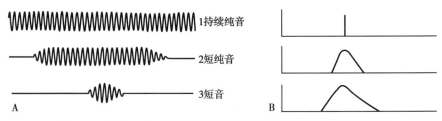

图 3-16 纯音、短纯音和短音的持续时间及其对频谱的影响示意图
A. 纯音、短纯音、短音时域图；B. 纯音、短纯音、短音频谱。

2. **调制声信号** 调制声是持续作用的声音，其某一参量（如频率、幅度、相位等）按照另一特定信号的时间模式而变化，称为调制。其原始的声信号称为载波，控制参数变化的特定信号称为调制波，调制波可以是正弦波、梯形波、语音或其他波形。无线电调幅（AM）或调频（FM）广播，即以语音信号调制电磁波的幅度或频率而实现的远距离传播（图 3-17、图 3-18）。

调制声是参数较多、但易于控制的复杂声；其持续给声的特点又保证了频谱成分的相对单纯，所以，在听觉测试中有独特的优势。记录听觉稳态反应（ASSR）时所用的刺激声就采用了调幅和调频声信号。纯音听力计也可对纯音信号进行 5% 的调频处理，转化为啭音输出，用于特定条件下的听阈测定。

Chirp 声又称线性调频脉冲声，是一种调频调制声，具有耳蜗行波延迟代偿的特性，其频率可随时间改变。它以耳蜗模型为基础，低频声音早发出，高频声音晚发出。Chirp 声能代偿耳蜗传递时间，克服耳蜗的特殊解剖结构造成的低频区行波延迟，在耳蜗中增加了实时同步性，提高听觉稳态反应（auditory steady state response，ASSR）评估听阈的效果并提高测试速率。Chirp 声在频率特异性 ABR、ASSR 测试中应用广泛。

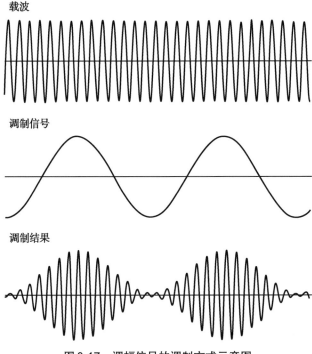

载波

调制信号

调制结果

图 3-17 调幅信号的调制方式示意图

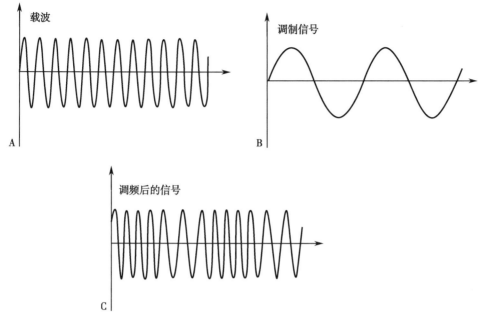

图 3-18 调频信号的调制方式示意图
A. 载波；B. 调制信号；C. 调频后的信号。

二、短时程信号

时程小于 200ms 的声信号称为短时程信号。记录听觉诱发反应、诱发性耳声发射时所用的短纯音和短声等都是短时程信号。

1. **短声** 脉宽为 50～200μs 的矩形电脉冲输出到耳机或扬声器，即为短声。脉冲冲击能量的大小决定了短声的强度。短声时程的长短取决于耳机的频响特性，而不取决于冲击脉冲的宽窄。作用时间可短至数毫秒以内。短声的频谱甚宽，理论上可与白噪声相仿，其实际的频谱能量分布取决于耳机或扬声器的频响特性。由于时程短促，便于引发听神经纤维的同步放电而获得较大的电反应波形，因而短声是记录听觉诱发电位时最常用的刺激声信号。

2. **短纯音与短音** 短纯音（tone burst）和短音（tone pip）是时程短于 200ms 的正弦信号。二者均由纯音信号施加一个时窗（包络）截取而成，包含数个正弦波。短纯音和短音的区别仅在使用线性时窗截取时，在时域上是否具有平台期（持续时间）。短音不具有平台期。使用非线性时窗截取信号时，短纯音和短音并无显著区别，可统一称为短纯音。由于时程较短，所以与纯音相比，短纯音和短音的频谱并非单一谱线，而是形成一窄带，其频率特异性与时程、上升/下降时间有关。为去除测试中的刺激伪迹，通常采用由疏波信号和密波信号交替组成的交变极性短时程信号。

短纯音的时程指的是短纯音包络的上升沿和下降沿上 50% 最大幅度点之间的时间间隔（图 3-19，①）。短纯音包络的上升沿上 10% 最大幅度点与 90% 最大幅度点之间的时间间隔称为短纯音的上升时间（rise time）（图 3-19，②）；下降沿上 90% 最大幅度点与 10% 最大幅度点之间的时间间隔称为短纯音的上升时间和下降时间（fall time）（图 3-19，③）。

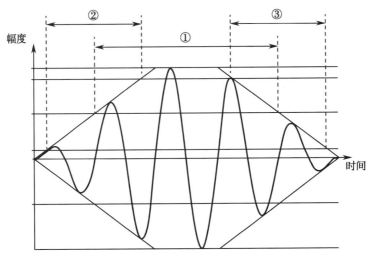

图 3-19　线性时窗交变极性短纯音 / 短音时域波形示意图
①时程；②上升时间；③下降时间。

三、言语信号

言语信号是准周期性声信号（元音）与非周期性声信号（辅音）的结合。元音形成于喉部，来自肺部的气流受到喉头的节制，该处声带产生周期性振动，带动空气以周期性波的形式向外流动，并在咽腔及口腔产生共振。其他的一些声音（辅音）则是由于空气经过声道的狭窄处产生的噪声，如气流通过双唇时。

人讲话时，软腭、舌、嘴唇、下巴不断地改变位置。位置的改变使咽腔及口腔的共振也发生变化，为具有唯一音调特性的言语声的产生提供条件。此即为发音。

一个言语信号的声学属性可以通过如下 3 种途径来观察。

1. **时域波形图**　时域波形图（图 3-20）显示了言语声信号的振幅随时间变化的情况。从波形图中，能够辨识出一个人在发不同的字时产生的非周期与准周期波形。

2. **语图**　语图可以更加细化地显示言语信号的诸多属性（图 3-21）。语图的横轴显示时间，纵轴表示频率，而记录的明暗度则表示声级的大小。语图显示了在一给定时间段内言语中元音与辅音的变化情况。

以英文"speech"这个词的语图为例，首先是来自 /s/ 音所产生的非周期噪声，这个噪声产生于气流经过舌尖与上牙齿内侧形成的狭窄处。

紧随 /s/ 音的是一段短暂的静音，在这个时间里，双唇紧闭，口腔中气流的压力正在形成。气压以一个突然爆破的噪音得以释放，这个爆破的噪音即为 /p/ 音，其正好在一元音之前。

/e/ 音则由声带周期性的振动产生，其在频谱图上显示为一系列的水平状条纹。这些条纹代表相应的共振峰，它们是不同的音色成分，由咽腔与口腔的共振产生。

在发不同的辅音与元音时，喉的形状及嘴的开合是连续改变的。结果，各腔的共振也在改变，这种改变能够通过语图上共振峰位置的改变体现出来，这就是所谓的共振峰迁移。共振峰迁移对于语音的感知非常有用。

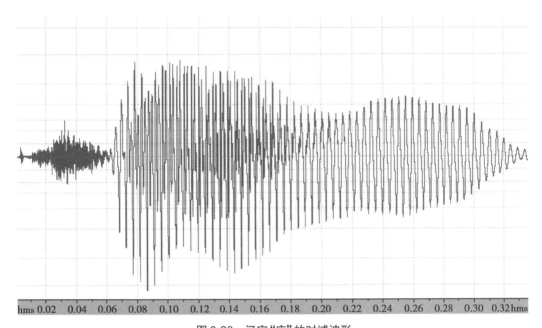

图 3-20　汉字"庄"的时域波形

前期的紊乱图样对应"zh"，随后的周期性图样为"uang"。

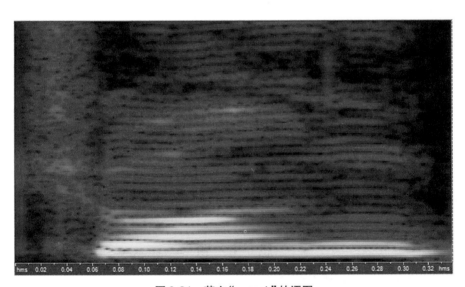

图 3-21　英文"speech"的语图

在词"speech"的最后，/ch/ 音的产生途径与 /s/ 音相似。

3. **长时平均语谱**　另一种图解言语信号的方式是长时平均语谱（long term average speech spectrum），缩写为 LTASS。它是对较长一段时间（至少 2min 以上）的言语信号进行平均频谱测量，显示了言语能量在整个频谱上的分布情况。

在正常的噪音强度，长时平均语谱在低频具有更多的能量，而在高频则相应减少。这反映了能量较强的元音多在中低频，而能量较小的辅音则多在高频区（图 3-22）。

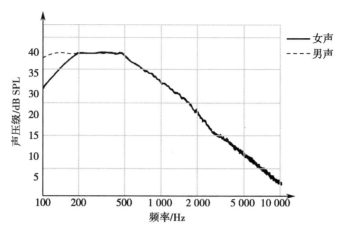

图 3-22　男性与女性的长时平均语谱仅在低频区域有所不同

四、噪声

从声学的角度看，一切不规则的或随机的声信号都称为噪声。而从心理学的角度看，一切不希望存在的干扰声，都称为噪声。即使是优美的音乐，如果它干扰人们的睡眠或思考，也属于噪声。以下主要从声学角度描述噪声。

1. **白噪声**　白噪声是听觉研究中十分有用的一类噪声。借意于光学中白光形成的原理，白噪声的名称就已经说明了它的性质：它是指在较宽的频率范围内，各等带宽的频带所携载的声音能量均相等的噪声。

2. **带通噪声**　具有连续谱和恒定功率谱密度的白噪声，经过带通滤波器滤波后，就成为通带噪声，可分成宽带噪声和窄带噪声。

3. **脉冲噪声**　脉冲噪声是指持续时间短促的噪声。枪、炮等武器发射、爆炸和工业中的气锤、冲床等发出的声音都属于脉冲声。有时把峰值压强超过 177dB SPL、持续时间较长的脉冲信号称作冲击波或压力波。

4. **言语噪声**　为完成临床言语测试等项目，人为对白噪声进行特殊的滤波处理而获得的噪声信号，其在 250～1 000Hz 间为等能量，而在 1 000～6 000Hz 间每倍频程递减 12dB。

（郗　昕）

思　考　题

1. 简述声压级和声强级的含义。
2. 计权网络有哪几种？
3. 白噪声和言语噪声有什么区别？
4. 声音有哪些基本特性？
5. 简述声音在空气传播过程中的能量衰减规律。
6. 短声有何特点？

第四章 听力学相关的心理声学知识

第一节 阈值的测定方法、单位和正常值

一、阈值的概念

临床听力学是研究听力的学科，而心理声学是研究听觉处理机制的科学，即物理刺激参数（声音的强度）和心理量（响度）之间关系的科学。在心理声学中，刺激信号为声音（物理量），而感受为听觉（心理量）。在临床听力学工作中常规进行心理声学的测试，例如在听阈测试的过程中用声压级（物理量）来评估主观听阈（心理量）。

感觉是由刺激物直接作用于某种感官引起的。但是，人的感官只对一定范围内的刺激作出反应，只有在这个范围内的刺激，才能引起人们的感觉，而这个范围的下限即为阈值，低于阈值的刺激将不能引起感官的反应。

二、阈值的分类

在听力学测试中，根据任务要求，主要将阈值分为感受阈与辨别阈两种。

（一）感受阈

个体刚刚能感受到刺激存在的最小物理刺激量，称为感受阈；而个体的感官觉察到这种微弱刺激的能力，称为感受力。一般工作中会使用感受阈来衡量感受力：感受阈越大，即能够引起感觉所需的刺激量越大，感受力就越小。相反，感受阈越小，即能够引起感觉所需的刺激量越小，则感受力越大。因此，感受阈与感受力在数值上成反比例。用公式表示为：

$$E = 1/R$$

在这个公式中，E 代表感受力，R 代表感受阈。

有一点必须明确，感受阈的阈限值并不是绝对不变的，在不同的条件下，同一感觉的阈限会发生变化。人类活动的性质、刺激的强度和持续时间、个体的注意程度、态度和年龄等，都会影响阈值的大小。

（二）辨别阈

两个同类的刺激，它们的强度只有达到一定的差异，才能引起差别感觉，即人们能够觉察出它们的差别。刚刚能引起差别感觉的刺激间的最小差异量称为辨别阈；对这一最小差异量的感觉能力，称为辨别力。辨别阈与辨别力在数值上也成反比例。

德国生理学家韦伯曾进行了一系列感觉的辨别阈限研究，发现对刺激的差别感觉并不

决定于一个刺激增加的绝对增量,而取决于刺激物的增量与原刺激量的比值。这种关系用公式表示为:

$$K = \Delta I / I$$

其中 I 为原刺激量,ΔI 为引起差别感觉的最小刺激增量(即辨别阈),K 为一个常数。这个公式称为韦伯定律。对不同感觉而言,K 的数值是不相同的,K 值越小,代表感觉越敏锐。韦伯定律只适用于中等强度的刺激,刺激过弱或过强都会使 K 值发生改变。

三、听阈

听阈的概念是纯音听阈测试的核心,在听觉中,听阈被定义为能够引起听觉的最小有效声压级。它是衡量听力的指标。测量这个最小的声音强度主要用两种方法:①用传声器直接测量该最小强度的声音在鼓膜附近产生的声压;②该最小强度的声音在仿真耳中产生的声压(等效阈声压级)。因仿真耳与正常耳的声学特征并不完全一致,因此两种方法测量的听阈存在差异(在语言频率范围内大致相同)。

以声音频率为横坐标,声压为纵坐标,将各频率听阈对应的声压值连接起来可以得到一条曲线,称为等响曲线(图4-1),其中反映各频率阈值的称为听阈曲线。

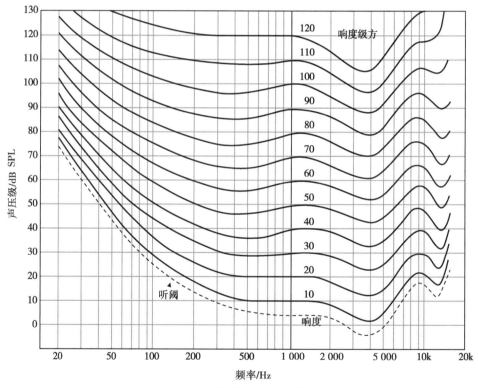

图 4-1　听阈曲线(等响曲线)

由图中不难看出,对不同频率的声音而言,听阈是不一样的。1 000Hz 声音的听阈为 5dB SPL,而 30Hz 声音的听阈是 60dB SPL。从心理声学角度而言,不同的声压水平产生了同样的响度(loudness)。随着声音强度(声压水平)的提高,声音的响度也不断提高,但到达一个限度时,个体不仅感觉到声音,还会感觉到震动、疼痛等。由于这些感觉会引起个体的不适，因此这个刚能引起不适感觉的声音强度称为不舒适阈。在听阈与不舒适阈之间的范围即为个体的听觉范围。

除了上文提到的影响因素外，掩蔽也是影响听阈重要的因素。掩蔽是指一个声音由于其他声音的干扰而使听阈提高。例如：同样的音量输出，在安静的环境下可以聆听到清晰的音乐，但在马路边上就无法满足聆听的需求。声音的掩蔽依赖于声音的频率、掩蔽音的强度、掩蔽音与被掩蔽音的间隔时间等。既往研究显示，与掩蔽音的频率越接近，受到的掩蔽作用就越大；低频音对高频音的掩蔽作用大于高频音对低频音的掩蔽作用；掩蔽音强度提高，掩蔽作用增加；掩蔽作用覆盖的频率范围与掩蔽音的强度呈正相关。

四、纯音听阈及其测定方法

（一）纯音听阈概念

纯音听阈是指刚好能引起个体听觉感受的纯音的最小声音强度。由于纯音频率单一，定标简单，因此临床上将纯音听阈测听作为判断听敏度的金标准。由于相同的声压水平在每个频率上表现为不同的声音响度，为了实现不同频率在相同的强度输出时能给受试者带来相同的响度，因此纯音听阈测试采用了听阈级（HL）代替声压级（SPL）。需要特别提出的是，纯音听阈零级并非物理零级，而是 20 岁左右的听力正常人群各频率听阈的平均值，因此有时会看到 –5dB HL，甚至是 –10dB HL，这代表受试耳的听敏度优于普遍人群，而不是他们听到了不存在的声音。

以声音频率为横坐标，听力级（hearing level）强度为纵坐标，将被检测耳各频率对应的听力级强度相连可以得到一条曲线，即纯音听阈曲线，也称听力图。在听力图中一般包含两条曲线：一条是气导听阈曲线，代表声音从气导耳机输出，通过外耳道——鼓膜—中耳—耳蜗途径，最终通过听神经将信号传导到大脑皮层产生听觉体验；另外一条是骨导听阈曲线，代表声音从骨导耳机输出后，绕过外耳道—鼓膜—中耳途径，而直接作用于耳蜗，再通过听神经将信号传导到大脑皮层产生听觉体验。

气导听阈曲线可以帮助验配师了解受试者的听力情况，但却无法判断出造成听力损失的原因。此时，结合骨导听阈曲线则可以帮忙判断听力损失的性质（或原因）。由于骨导直接作用于耳蜗部分，绕过了外耳及中耳的机械传导部分，因此：①若气导听阈及骨导听阈均在正常范围以内，且两条曲线贴合（气骨导差小于 5dB HL），则为正常纯音听阈曲线（图 4-2）；②若气导听阈提高而骨导听阈正常，则代表造成听力损失的部位在外耳及中耳的机械传导部

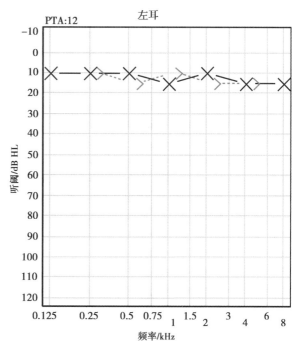

图 4-2 正常纯音听阈曲线

分,称为传导性听力障碍(图 4-3);③若气导听阈及骨导听阈均超过正常范围,且两条曲线贴合(同①),则代表造成听力损失的部位在耳蜗及蜗后神经传导部分,称为感音神经性听力障碍(图 4-4);④若气导听阈及骨导听阈均超过正常范围,且两条曲线分离(同②),则代表外耳、中耳、耳蜗及相关听神经均有可能影响听力,称为混合性听力障碍(图 4-5)。

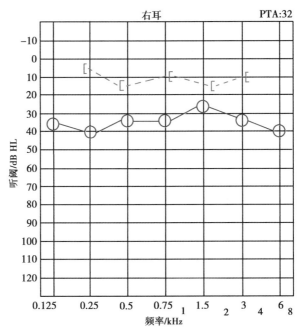

图 4-3　传导性听力障碍纯音听阈曲线

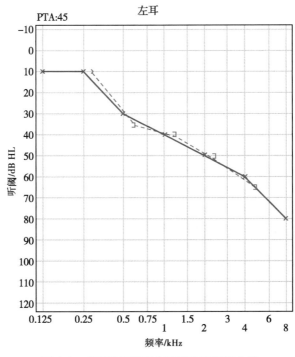

图 4-4　感音神经性听力障碍纯音听阈曲线

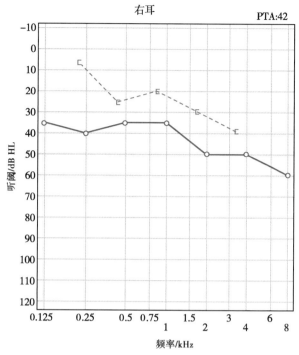

图4-5　混合性听力障碍纯音听阈曲线

　　纯音听阈的单位和正常值：如上所述，纯音听阈的单位为 dB HL 听力级。通常取 500Hz、1 000Hz、2 000Hz、4 000Hz 气导平均值作为听力水平的评价标准。正常值范围为≤25dB HL。以下分级是针对两耳中听力较好耳听力水平。WHO 关于听力损失程度及听力伤残的分级（dB HL）如下（表4-1，表4-2）：

表4-1　听力损失程度分级　　　　　　　　　　　　　　　单位: dB HL

程度	纯音平均值
正常	≤25
轻度	26～40
中度	41～60
重度	61～80
极重度	≥81

表4-2　听力伤残分级（较好耳气导4个频率平均值）　　　　单位: dB HL

级别	纯音平均值	表现
一级	≥91	听觉系统的结构和功能方面极重度损伤，较好耳气导平均听力在 91dB HL 以上，在无助听设备帮助下，几乎听不到任何声音，不能依靠听觉进行言语交流，在理解和交流等活动上极度受限，在参与社会活动方面存在严重障碍。
二级	81～90	听觉系统的结构和功能重度损伤，较好耳气导平均听力在 81～90dB HL 之间，在无助听设备帮助下，只能听到鞭炮声、敲鼓声或雷声，在理解和交流等活动上重度受限，在参与社会活动方面存在严重障碍。

级别	纯音平均值	表现
三级	61～80	听觉系统的结构和功能中重度损伤,较好耳气导平均听力在61～80dB HL之间,在无助听设备帮助下,只能听到部分词语或简单句子,在理解和交流等活动上中度受限,在社会活动参与方面存在中度障碍。
四级	41～60	听觉系统的结构和功能中度损伤,较好耳平均气导听力在41～60dB HL之间,在无助听设备帮助下,能听到言语声,但辨音不清,在理解和交流等活动上轻度受限,在参与社会活动方面存在轻度障碍。

(二)纯音听阈测定流程

受试者测试前准备:为了避免受试者状态影响检查结果,在测试前应避免噪声暴露,保证安静平稳状态,并检查外耳道是否通畅,佩戴耳机时是否出现耳道塌陷。

1. **测试指导**　为获得可靠的检查结果,需向受试者说明测试程序和有关事项。①怎样作出反应;②强调多微弱的声音都要作出反应;③强调听到声音需马上作出反应,无须担心对错,测试者会判断反应的准确性;④说明先测试哪边耳朵。指导结束后应询问受试者是否明白。

2. **佩戴换能器(耳机)**　佩戴换能器前需摘下眼镜、头饰等,不能佩戴任何助听设备。气导换能器与外耳之间的头发需拨开,声孔应正对外耳道口。骨导换能器放置在乳突上,不能接触耳廓。

3. **无掩蔽气导测试(上升法)**　从1 000Hz 40dB HL开始测试,若有反应则以10dB HL为一档降低给声强度,直至反应消失。随后,以5dB HL为一档升高给声强度,直至反应出现。按照"降10升5"的方法继续测试,直至某个强度在5次测试中有3次作出反应,则该强度即为1 000Hz的阈值。按照此方法测出其余频率的阈值,连线后得纯音听力图。通常测试顺序为1 000Hz—2 000Hz—4 000Hz—8 000Hz,重复测试1 000Hz,再测试125Hz—250Hz—500Hz。若倍频之间的阈值相差20dB HL或以上,则需要加测半倍频。

4. **无掩蔽气导测试(升降法)**　从1 000Hz 40dB HL开始测试,若有反应则以10dB HL为一档降低给声强度,直至反应消失。随后,以5dB HL为一档升高给声强度,直至反应出现。然后将测试强度增加5dB HL,继而以5dB HL为一档开始下降,直至没有反应。按照"升5降5"的方法继续测试,直至某个强度在3次上升和3次下降中都能作出反应,则该强度即为1 000Hz的阈值。按照此方法测出其余频率的阈值,连线后得纯音听力图。频率之间的测试顺序同上。

5. **骨导测试**　因骨传导的耳间衰减接近"0",因此骨导测试时建议常规掩蔽。测试时,在非测试耳给出一个有效掩蔽级等于该耳气导纯音听阈级的掩蔽噪声,同时寻找此噪声存在时测试耳骨导听阈。然后以5dB HL为一档提高掩蔽噪声强度:①若噪声强度一直加到超过测试耳骨导阈上40dB HL,而受试者仍能听到测试音,则该强度即为测试频率的阈值;②若掩蔽噪声加大过程中,受试者听不到测试音,则加大测试音的输出强度直到再次出现反应,然后再继续增加掩蔽噪声的输出强度。重复这一步骤,直至掩蔽噪声在连续增加2档(10dB HL)后仍能听到测试音,则该强度即为测试频率的阈值。

6. **气导掩蔽测试**　当双耳测试结束后,若双耳阈值相差40dB HL,则需要在较好耳施加掩蔽噪声。首先，按测试耳（较差耳）未加掩蔽的听阈级给予测试耳一个信号，并同时给非测试耳（较好耳）发送一个有效掩蔽级等于该耳听阈级的掩蔽噪声。随后，以 5dB HL 为一档，加大掩蔽噪声：①若掩蔽噪声出输出强度一直加到等于测试音输出强度，或等于测试耳骨导阈上 40dB HL，而受试者仍能听到测试音，则该强度即为测试频率的阈值；②若掩蔽噪声加大过程中，受试者听不到测试音，则加大测试音的输出强度直到再次出现反应，然后再继续增加掩蔽噪声的输出强度。重复这一步骤，直至掩蔽噪声在连续增加 2 档（10dB HL）后仍能听到测试音，则该强度即为测试频率的阈值。

切记，不管何种方式的纯音听阈测试，应在初测耳气导完成 8 000Hz 测试后复测 1 000Hz 阈值。如果复测试结果与第一次测试结果相差不超过 10dB HL，代表测试结果可信度佳，否则，需要重新测试各频率阈值。

五、言语听阈及正常值

言语听阈也是听阈中的一个特例，它是指刚好能引起个体听觉感受 / 识别的言语信号的最小言语强度。纯音听阈帮助验配师了解个体的听力水平，即个体能听见多小的声音，而言语听阈则帮助验配师了解个体的交流能力。根据任务难度的不同，一般可以将言语听阈分为言语觉察阈与言语辨别阈两种。

言语觉察阈是指个体刚好能听到言语信号的最小声音强度，并不要求受试听清言语信号的内容，用以了解个体对言语信号的敏感度；言语辨别阈则是指言语识别率等于 50% 时的最低言语声强度。相对于言语觉察阈，言语辨别阈的临床意义更大，可用于：①确定进行阈上言语功能测试的起点；②决定助听器的需求并预测验配效果；③了解言语康复的效果；④校验纯音听阈结果（尤其是纯音听阈测试配合较差人群，如儿童或伪聋患者）。一般而言，言语辨别阈与纯音听阈（500Hz、1 000Hz、2 000Hz 的平均阈值），相差小于 6dB HL 代表结果吻合，相差在 6～12dB HL 代表结果一致，相差大于 12dB HL 代表结果不一致。

以言语声强度为横坐标，言语识别率为纵坐标，将每个言语级对应的言语识别率相连可以得到一条曲线，称为言语识别率曲线（简称"言语曲线"），或清晰度曲线。言语曲线不仅可以帮验配师了解受试者的言语能力，还能进一步了解受试言语能力下降的可能原因。

如图 4-6，A 代表正常听力言语曲线，言语识别率在较小强度变动范围内即能从 0% 上升到 100%。若言语识别能力下降是由于外耳或中耳病变所致，则其言语曲线与正常曲线之间只是强度的差异，即与正常曲线呈平行走向，如 B 线。若言语能力下降是由于耳蜗或听神经损伤所致，虽然其最终也能达到 100% 言语识别率，但坡度变缓，见 C 线。D 线及 E 线最终都无法达到 100% 的言语识别率，常见于言语中枢损伤或退化，这两类曲线提示助听器对患者的帮助有限。

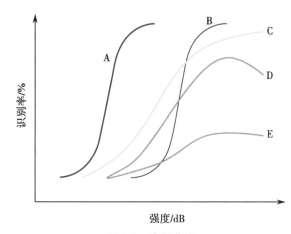

图 4-6 言语曲线

A. 正常型；B. 平移型；C. 平缓型；D. 回跌型；E. 低矮型。

第二节 响度及音调的概念

响度是人耳对声音强度（大小）产生的心理感受，需要掌握其产生的生理基础以及相关的听觉现象，如听觉疲劳、响度适应、响度重振，并能熟练运用相关知识指导助听器验配，为助听器使用过程中的相关现象进行答疑和指导。

一、响度的定义及其生理基础

（一）响度的定义

响度（loudness）是人耳对声音强度产生的心理上感受的量，即声强感知或心理印象，是人耳听觉对声音强弱属性的判断。

（二）响度的生理基础

响度的感觉可能和听神经系统中的两个神经参数有关：

1. 神经冲动的速率。

2. 发生冲动的神经元的数量。

动物实验证实：在阈值以上的纯音刺激，强度越大则发生冲动的神经数量就越多。随着刺激强度的增加，神经元发生冲动的频率也增加，其最大频率可达150～200Hz。

二、响度的主观评定

响度是人主观感觉判断声音的强弱，即声音的响亮程度。它不仅取决于声音的强度（如声压级），还与它的频率及波形有关。最早和普遍认可的响度是方（Phon）和宋（Sone）。方（Phon），其数值和1 000Hz所代表的声压级相同，是响度的客观单位。简单来说，因为响度是一个主观感受量，并且会随频率不同被人耳感知程度不同，所以，将一个声音在1 000Hz的声压级数值，作为该声音的响度客观值。例如：在1 000Hz的频率上，声压级为45dB SPL信号的响度为45方。由于这种客观单位只是非常有限地表达了人耳对响度的反应，为了更好地理解响度的概念，有必要引入一个关于响度的主观概念：宋（Sone），它表示人耳在自然状态下，根据声压级的变化所表现出对于响度的听感的变化。"宋"与"方"的关系：1宋等于40方（即在等响曲线图中，1 000Hz处代表40dB SPL），并且以1宋为标准，在2宋时响度增加一倍，在0.5宋时响度减小一倍。在听力测试检查中，响度的主观评定常用感觉级（sensation level，SL）来表示，感觉级是不同个体听阈之上的分贝数。例如：某人1 000Hz纯音的听阈为15dB HL，给予10dB SL的纯音刺激，相当于给予25dB HL的声音强度。由于对声音敏感性的差异，正常个体之间或正常个体与耳聋患者之间引起相同响度的声音强度并不相同。

三、响度的影响因素

响度是一个主观指标，会受到很多因素的影响。

（一）声音强度对响度的影响及响度重振

正常情况下，强度与响度以一定的关系增减，即随着声音强度的增加，人耳所能感觉到的响度也随之有规律的增大，强度减小，响度有规律地减小。而当耳蜗有病变时，某种程度之上的声音强度在增加,能引起响度的异常迅速增大,这就是重振现象。对患者的重振评估,在诊断和治疗上具有重要意义,如明显重振的患者配助听器时,应考虑到由于声音被放大,患者感受到的响度增大会超出预期很多。因为患者从刚刚感觉到声音,到感觉声音很大甚至引起疼痛之间,声音强度变化的动态范围非常有限。

(二)频率对响度的影响

人耳对不同频率的纯音有不同的敏感度。1 000Hz 的纯音在 7dB SPL 时就可被察觉;而 100Hz 的纯音大约在 25dB SPL 时才可被察觉。这种对不同频率的声音具有不同敏感度也表现在阈上听觉中,所以当不同频率的声音有同样响度的时候,它们的强度并不一定相同,这样就产生了等响曲线(图 4-1),即把不同频率和不同强度的纯音与 1 000Hz(图 4-1 中部较粗垂直线所示)的纯音做等响度的配对。按人耳对声音的感觉特性,依据声压和频率定出人对声音的主观音响感觉量,称为响度级,单位为方(Phon),由图 4-1 可见,不同频率引起相同响度级所对应的声压级是不同的。

对于等响曲线中最下端的一条虚线为人耳在各频率所能听到的最小声音强度,称为双耳声场最小可听阈(单位 dB HL)曲线。在临床听力检测中,往往将正常人的声场最小可听阈曲线作为基准零级,称听力零级。听力测试正是通过与听力零级比较从而了解受试者听力水平。例如:某人的 1 000Hz 的听阈 10dB HL,则意味着他在听力零级以上 10dB HL 方可察觉声音。

(三)时值对响度的影响

1. **时值的整合** 时值即声音持续时间。在时值小于 200ms 时,纯音的响度将随着给声时间的减少而降低。这就意味着如果使用时值很短的纯音,需要一个较高的强度才能使受试者听到,或者说受试者的听阈会由于时值缩短而提高。这就是为什么在进行纯音测听的时候,给声的持续时间不得小于 500ms。需要注意的是,纯音和宽带噪声会有所不同。

2. **响度适应和听觉疲劳**

(1)响度适应:响度适应是指听觉系统对声音刺激敏感度下降的现象。例如:短时间内暴露同一强度的声音刺激,可引起听觉器官的敏感性下降,即响度的下降。该现象早在 50 多年前就被人们所认识,但是对适应现象的测量并不是一件容易的事情,必须在有刺激的情况下进行,如响度平衡实验。如果用纯音作为测试声,只有在感觉级小于 30dB SL 时才会有适应的现象。总的来说,高频声音可引起明显的适应现象,而调制音可以减少适应现象的发生。单耳适应和双耳适应没有明显区别,但是两耳间可能存在适应程度和速度的差别。在双耳条件下适应变化的程度取决于适应程度较小的那一只耳朵。

(2)听觉疲劳:指当刺激超过了可以保持生理性反应的强度时听觉系统所发生的敏感度下降现象,即阈值提高。听觉疲劳的明显表现和度量指标是暂时性阈移(temporary threshold shift, TTS)。TTS 受刺激时间、刺激结束与测试的间隔时间、刺激声强度与频率、测试声的频率等因素的影响。

(四)背景噪声对响度的影响

一种声音的阈值因为另外一种声音的存在而提高的现象称为掩蔽。当背景噪声与信号频率重叠部分的功率超过该频段信号的功率时,信号将不被觉察,这就是完全掩蔽。如果噪声的功率没有超过信号,那么人耳仍然能够听到信号,但是感受到的响度将下降,这就是部分掩蔽。与部分掩蔽有关的一个有趣的现象是信号与噪声的相对强度对部分掩蔽效应的影响。当信号强度刚刚高于掩蔽噪声时，也就是说刚刚高于掩蔽阈值时，对响度的影响最大。但是随着信号强度的增高，响度表现出异乎寻常的快速增长。部分掩蔽下的响度增长与前文提及的响度重振有很多相似之处。

（五）频率带宽对响度的影响

如果把一个窄带噪声的频宽逐渐加大而保持总的声压级恒定，可以发现在到达一个"临界带宽"以前响度不变，而在到达临界带宽以后响度逐渐增加。临界带宽对很多心理声学实验非常重要。

四、音调的相关知识

1. **音调** 又称音高，是频率的主观属性。美国标准协会在1960年定义为"可用音阶来表达的一种听觉的属性"。音调的变化构成了旋律。音调通常与频率密切相关，但在许多场合，人们听到的音调所对应的频率并无能量存在。

2. **音调与频率的关系** 音调和声波的重复速率有关。对纯音来说，即为其频率；对复合音来说，往往是其基频。音调的主观计量单位为"美"（mel）。在纯音为1 000Hz，强度为40dB SL时，主观音调为1 000mel。音调高1倍记为2 000mel。人类对不同频率的声音进行辨别的阈值即频率辨别阈，在1 000Hz时，差别阈在1.5Hz（0.15%），在1 000Hz以下，为1~2Hz；1 000Hz以上，为纯音频率的0.1%~0.2%。

3. **音调的影响因素** 音调不但受到频率的影响，还受到声音强度的影响。对低频声音来说，强度越大则音调越低；对高频音来说，强度越大则音调越高。

五、音色的相关知识

音色（timbre）是与声音频谱总体特性有关的主观感受，也是声音的一种属性。聆听者可用这种属性来鉴别两个具有同样响度和音调而听起来又不同的声音。例如：不同的乐器可以有同样的音调但有不同的音色。许多因素可以影响音色，如声音的频谱能量分布、波形的包络、复合音中的单音及其和谐程度，以及调频和调幅的状况。

对音色的分析可分为三类：钝和尖锐，紧密的和松散的，色彩丰富的和色彩不丰富的。有关的物理因素可为：高频的成分、各成分之间的和谐性，以及频谱能量分布。音色在音乐中起了重要作用，但是目前为止还没有一个完整的关于音色的理论。

第三节　双耳听觉聆听

一、双耳听觉聆听的优势

助听器验配的实践中，常有患者及其家人问起：有一只耳朵能听见，可以应对日常生活了。另一只耳朵还需要助听吗？的确，在简单而安静的环境中，一只耳朵可以解决基本的日常交流。然而，日常生活的经验告诉我们，双耳聆听的效果比单耳好。这不仅体现在利用双耳信息差别可以对声源方位进行准确定位，而且在对强度和频率信息处理中也表现出优势。例如：双耳聆听的绝对强度阈值比单耳低约6dB HL。这种阈值的降低便是我们常说的因双耳整合效应达到听力改善。同时，双耳掩蔽实验发现，测试声信号阈值在许多双耳掩蔽的情形下低于单耳掩蔽阈值，即测试信号更容易被听到。因此，对于单侧耳聋患者、单侧人工耳蜗植入者、单侧助听器佩戴者，不仅丧失了声源定位的能力，也丧失了双耳听觉依靠声源位置不同而辨别噪声中声信号的优越性。

1. **利于声源定位** 声源定位是听觉系统对发声物体位置的判断过程，它包括水平声源定位和垂直声源定位及与发声者距离的识别。对声源方位的识别是人和动物对环境感知的一种基本方法，有利于动物捕捉猎物、寻找配偶和躲避危险。在听觉言语交流过程中，有助于人们将注意力转向或回避某声源。在多声源的复杂声场中，声源定位功能更有助于从背景声中锁定声学目标，分离有用信息。

人类拥有声源定位能力的机制是声音传到双耳的时间、相位和强度的差异。水平方向的声源定位主要取决于双耳分析功能，即听觉中枢通过比较双耳接受声音的时间及强度来决定声源的位置。来自偏离头部矢状面某一方位的声音到达双耳时存在时间和强度差别，即双耳时间差（interaural time difference，ITD）和双耳强度差（interaural level difference，ILD）。例如：声音从左侧传来，必先抵达左耳，经过一定时间差后，声音抵达右耳，这一时间差即为耳间时间差。耳间时间差在听觉系统体现为耳间相位差（interaural phase difference，IPD），高于1 500Hz的声音由于耳间相位差大于360°，因而耳间时间差不能提供确切的声源信息；对于高于2 000Hz的高频率声音，从左耳传到右耳其衰减幅度可达10～17dB HL，即为双耳强度差。在声音为低频时，耳间强度差不明显，主要靠时间差定位，声音为高频时，主要依靠强度差定位。每个人的声源定位能力不同，双耳听觉平衡的好坏是这一能力的决定性因素之一。就如同单眼观察一个物体时无法判断物体的远近一样，单耳听觉同样没有办法确切判断声源的位置。

对于双耳听觉障碍患者而言，如果只对一侧耳朵进行助听，无论来自什么方向的声音大多都会被听力水平较好的一侧听到，这样就无法判断声源的方向。

2. **在噪声环境中获得更佳的聆听效果** 听觉系统是一个很好的降噪系统。如果双耳接收信号的信噪比有大小之差，中枢会偏向分析来自高信噪比耳朵的声音，这样可以减小噪声对言语理解的影响，同时听觉系统整合来自两侧耳蜗的波形后，会产生一个内在信号，该信号的信噪比高于单侧耳。也就是说双耳比单耳能更有效地减少噪声，因为双耳在接收同一信号时，会有微小的时间差及强度差，大脑可以利用这些差异，辨别出想听到的声音而忽略噪声，所以在噪声中可以听得更清楚，单耳选配助听器就没有这种优势。双耳选配特别适合那些言语可懂度差的患者，有助于言语信号的觉察和分辨。当未助听耳的言语和噪声中的低频成分不易分辨时，双耳压制会产生明显帮助。从压制中产生的双侧选配优点对低频听力损失轻的患者帮助不大。如果在单侧情况下言语和噪声高于双耳阈值，则双耳压制不能产生显著的优点。

3. **提高整合效应** 传入双耳的声音信号会经过两侧听神经传至听觉中枢，双侧大脑皮层将信号整合后作出相应反应。研究表明，双耳听觉比单耳听觉可多获得3dB HL的增益。由于双耳佩戴能够提高整合效果，可相应降低助听器的整体输出增益，助听器的外壳或耳模也可在条件许可的情况下做短做松，通气孔加大，给耳道内部留有尽量大的空间，以减轻堵耳效应带来的烦恼。对于高频陡降型听力损失、极重度听力障碍患者来说，这种整合、累加效应则更加重要。

4. 利于听觉融合 自然界中成千上万个声源发出的声音萦绕在人们周围，各种声音拥有不同的频率和强度，这些混乱的声响从不同的方向传至双耳，每只耳朵听到的声音频率、强度都不同，通过听觉融合效应，能有效地综合传至双耳的不同声响，使之融合成为一个声音，提高声音的立体感和音质。

5. 减轻头影效应 因为双耳位于头颅的两侧，当声源位于头颅的一侧，声音到达另一侧耳时，因为头颅的阻碍，会导致声音的强度较弱及到达的时相滞后。例如：声源位于听者的左侧，则右耳听到的声音比左耳弱，这一现象即为头影效应。对于高于 2 000Hz 的高频声音，头影效应的衰减可达 10～17dB HL。

如果一个患者双耳听力损失不对称，或者双耳听力损失对称但只给一耳助听，当声源不是从听力较好耳（或者戴助听器的一侧耳）传来时，患者需要转头将听力较好耳（或者已戴助听器的一耳）朝向声源，给交流带来不便，部分患者会认为转头倾听影响形象。双耳佩戴助听器能有效减轻上述头影效应带来的尴尬，降低上述影响。

6. 听觉剥夺（auditory deprivation effect） 是指由于声学信息刺激的减少导致听觉功能的逐渐下降，常见于双侧对称性听力下降患者长期获得一侧耳的听力补偿，则未获听力补偿耳的言语识别率会随着时间的推移出现进行性下降。这就是我们常说的"用进废退"。这一现象的发生与双耳长期接受不对称的声音刺激，不等量的信息输入有关。当患者一侧耳接受助听后，可以获得相对较多的助听信息，而未助听耳不能收到充分的声刺激，其耳蜗传至中枢听觉系统的信号较弱，因此受到助听耳传出信号的压制，久而久之大脑似乎放弃了处理未助听耳传来的信息，以致产生听觉剥夺效应。关于听觉剥夺发生的时间，影响因素较多，不同研究者报道的时间 1～10 年不等。而在选配助听器后 1 年左右助听耳发生居多。

二、双耳干预模式

双耳听觉的意义如上所述，同时大量研究证明，无论是双侧佩戴助听器还是双侧人工耳蜗植入，患者对言语的觉察均优于单侧干预模式。因此，对双侧听力损失者应建议双侧干预。目前的双侧干预模式有：双侧佩戴助听器；双侧人工耳蜗植入；一侧植入人工耳蜗，一侧佩戴助听器。双耳干预模式的优势体现在：提高噪声环境下的言语识别率；保留双耳总和效应；声源定位；消除头影效应；双耳聆听的听觉记忆好于单耳；避免单耳干预后迟发性听觉剥夺。

单侧感音神经性耳（single sided deafness，SSD）则采取单耳信号对传助听器（contralateral routing of sound，CROS）助听模式，具体有如下 3 种（图 4-7）：

气导 CROS 模式，麦克风置于听力损失耳，声放大器靠近正常耳，声信号通过有线或无线传输，经开放的耳模传至健耳。

骨锚式助听器（bone anchored hearing aid，BAHA）：骨振荡器置于听力损失耳，通过颅骨的震荡将声信号传至健耳。

全耳道式助听器（completely in the canal，CIC）：传统的高功率助听器置于耳道深处，当被放大的声信号足以振动外耳道骨壁及中耳骨性结构时，健耳便可通过颅骨的振动感受到声信号，帮助听力损失耳感受声音。

有研究表明，在上述 3 种 CROS 助听模式中，患者倾向于选择 BAHA。

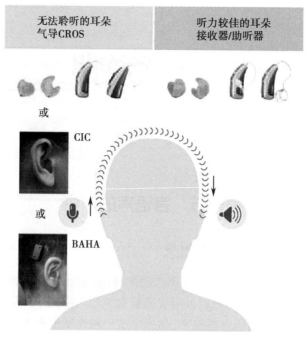

| 无法聆听的耳朵
气导CROS | 听力较佳的耳朵
接收器/助听器 |

或

CIC

或

BAHA

图 4-7　3 种 CROS 助听模式

CROS. 单耳信号对传助听器; CIC. 全耳道式助听器; BAHA. 骨锚式助听器。

（曾祥丽　黎志成　岑锦添）

思　考　题

1. 纯音听阈测定时,为何要对给声的持续时间进行限定?

2. 重振现象的存在对助听器验配的效果有何影响?

3. 声音响度的定义是什么? 如何评定声音的响度?

4. 声音响度受哪些因素的影响?

5. 响度适应的定义是什么?

6. 听觉疲劳的定义是什么?

7. 什么是声源定位? 声源定位的机制是什么?

8. 简述助听器的双耳干预的优势。

9. 什么是听觉剥夺?

10. 双耳听力障碍患者当各种条件限制只能双耳先后佩戴时,先验配哪一侧? 理由是什么?

11. 什么是阈值? 请举例说说临床听力检测中常用到哪些阈值?

12. 什么是听阈? 听阈与听力之间的关系是什么?

13. 什么是纯音听阈? 纯音听阈的意义是什么?

14. 什么是言语听阈? 言语听阈的意义是什么?

第五章 听力学相关的语音学知识

第一节 言语声的产生

一、音位、频谱图和语谱图的概念

语音学（phonetics）是研究人类言语声音的学科，内容包括语音的产生、语音的接收及语音是如何携带意义的。这些过程可以用言语链来说明（图 5-1）。言语听觉链是说话者向听话者传递言语的过程，包括语言学水平、生理学水平和声学水平 3 个方面。语言学水平阶段是在大脑内完成的，是以所规定的符号为基础，用语言学概念将所要说的内容组合起来。例如：小单位是由一个个的音排列成单词，大单位则是依语法结构排列成字句和文章等。生理学水平包括说和听两个层面，在说的层面，要通过大脑和神经支配下的言语肌肉（呼吸、发音和构音肌群）的协调运动来实现；在听的层面，声音通过听话者的外耳、中耳、内耳、听神经传到听觉中枢，同时也通过同样途径传到说话者的听觉中枢，由此说话者可以调节和控制自己说话的音调和音量。声学水平是指，由说话者通过言语肌肉的协调运动产生的单词或语句，是以声音的形式传递的，这种形式包括 3 个方面的因素：音调、音高和音色。

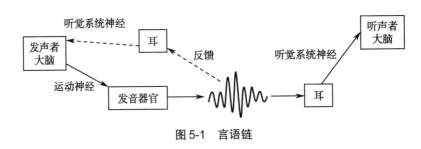

图 5-1 言语链

语音是人类发音器官所发出的代表一定意义的声音。声音是一种机械振动波，是一种物质，因而语音可谓语言的物质基础。但是，即便是由人类发音器官发出的声音，如不代表一定意义则不能称之为语音，如打鼾、咳嗽等并不能被称为语音。不同种类的语言在语音学上既有相同点也有不同点。本节主要介绍英语语音学的概念，其中很多内容是适用于汉语的。

1. **音位（phoneme）** 能够区别意义的最小语音单位被称为音位。音位是根据语言学而不是声学所定义的，它指的是一组有相同语言学意义的声音。音位是一种语言中可划分的最小的一组语音，例如"拼 /pin/"和"宾 /bin/"的差别只是在第一个辅音，/p/ 和 /b/ 分别都是一个音位。

实际上，一个音位并不是孤立不变的，其周围语音的发音部位不同可以影响到这个语音的发音，如："把 /ba/"中的 /a/ 发音部位偏前，而"卡 /ka/"中的 /a/ 发音部位偏后，这是因为 /b/ 是双唇音，而 /k/ 是舌后音的缘故。也可以因为后面的语音不同而发音略有不同，例如：/ai/ 中的 /a/ 发音部位在前，而 /ang/ 中的 /a/ 发音部位则偏后。这样，把属于同一音位的不同个体称为音素（phone），属于同一音位的两个音素互称为音位变体（allophone）。例如：/t/ 在英语单词 but 和 butter 中的发音不尽相同，这两个发音不同的 /t/ 即为音位变体。

音位分为元音（vowel）和辅音（consonant）。发元音时声带振动，声道相对开放。发辅音时经常是气道受阻。由于发声方式的不同，元音和辅音的声学特征也不相同。

2. **频谱图** 为了研究言语声中所包含的频率，可以用频谱图（spectrum）来表示某一瞬间的波形图中的频率分布。频谱图（图 5-2）表达了声压或振幅和频率的关系。其横轴为频率，纵轴为强度。一个持续的元音可有一个稳定的频谱图，图中最低频率峰值即为基频，而高频的峰值为谐音或泛音（harmonics）。相邻泛音之间的间隔相当于基频。非周期性的语音没有基频和谐音，但常常可以有一较宽的频带，其振幅较周围的频率要大。

对频谱图也要考虑到频谱图包络，即把图中的幅值用一条平滑的线连接起来。在频谱图包络中可以有一些较宽的峰值，称为共振峰（formant）（图 5-2）。

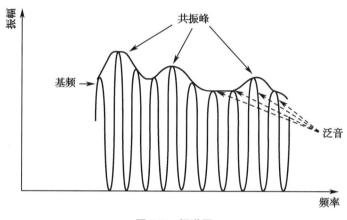

图 5-2 频谱图

3. **语谱图** 为了要研究一段时间内的言语声的变换，特别是频率的变化，需要使用语谱图（spectrogram）。语谱图的横轴为时间，纵轴为频率，强度则用灰度来表示。对于一个有经验的人来说，可以从语谱图上看出言语的内容。根据滤波器的带宽可将语谱图分为两类。带宽为 300Hz 的宽带语谱图（图 5-3）可以显示细致的时间结构，但谐波结构不太清楚。带宽为 45Hz 的窄带语谱图（图 5-4）使时间的结构模糊，但是频率信息显示得比较好，在较宽的共振峰带中可以看到个别的谐波频率。对于一个有声带振动的声音来说，语谱图上有垂直的条纹，每一个条纹代表了声门的一次开放，而宽的横带则为共振峰。

人们能在语谱图中识别出以下声学特性：瞬音、共振峰转移、静音、浊音横杠、共振峰、擦音、低频鼻音。还能从语谱图上估计出基频（F_0）、第一共振峰（F_1）、第二共振峰（F_2）和第三共振峰（F_3），并判断元音、瞬音和紊音等的持续时间。通过系统地使用这些信息，可以在语谱图中识别一些音位和单词。

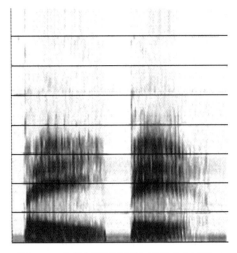

图 5-3 宽带语谱图(滤波器带宽300Hz)

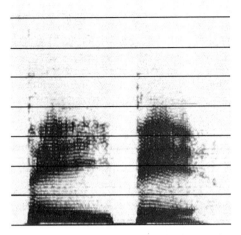

图 5-4 窄带语谱图(滤波器带宽45Hz)

二、言语产生的3个阶段

言语的产生要经过 3 个阶段(图 5-5):发音—传递—感知及理解。

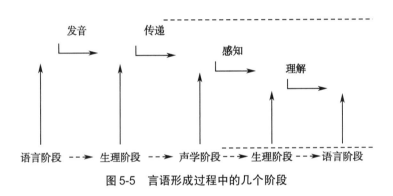

图 5-5 言语形成过程中的几个阶段

根据这 3 个阶段,可将语音学分为生理语音学、声学语音学和感知语音学 3 个分支。从发音生理的观点来研究语音的,叫作生理语音学或解剖语音学,它所讨论的是发音器官的组织、功用和活动等;从物理学角度研究语音的,是声学语音学,主要研究语音的声学现象,实际上是物理学或音响学的一个分支,但也涉及生理学或解剖学里的听觉器官部分;感知语音学又叫听觉语音学,是研究人们对言语声波的感知和理解,人们对语音的判断既决定于生理基础即听觉器官的生理功能,又决定于各语言集团的共同心理,不同语言或者同一语言不同方言的人对各种语音成分的感知有时很不相同。如长江流域人对汉语中 n 和 l 的感知,一般分不清两者的区别。

1. **发音** 一切声音的产生都源于发音体的振动。发音体振动时,会扰动周围的空气或其他媒介,使之产生波动,这样就形成了声波。

对言语声来说,声音可以由两种方式产生:声带振动或声道狭窄部所产生的涡流。声音经过气流通道所形成的共鸣系统或经过滤波器以后,频谱发生改变,在经过口唇和鼻腔时频谱又发生改变。不同音位之间的差别可以由发声源引起，也可以由声道的形状和空气柱的长度不同引起（图5-6）。

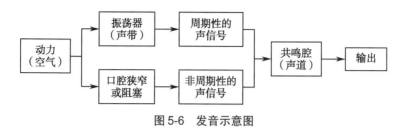

图5-6 发音示意图

2. **传递** 声波发生后经过一个共鸣系统，其频谱可以发生变化。这样的共鸣系统相当于一个声学滤波器（filter）。滤波器的作用可以用频响曲线，即各个频率的增益或输出来表达。滤波在言语的产生过程中起了重要的作用。咽喉、口腔、牙齿、口唇、鼻腔组成了一个声道，此声道即为一共鸣腔，对从气管或声带发出的声波进行滤波。之后，通过外部空气的传导，到达人的耳朵里，就产生了语声的感觉。

3. **感知** 当听话人的耳朵接收到说话人的言语声波时，听觉神经系统便把内耳转化成的电信号传导至大脑皮层，被大脑感知和理解。其内容包括语音的音高、音强、音长、音色和语调等复杂信息，听话者从而能明确地判断说话人的意思。

三、声道包含的主要器官

声道的主要结构为：声带、咽腔、喉腔、口腔、鼻腔、软腭、硬腭、舌、牙齿及口唇。

1. **声带** 声带位于喉腔内，下接气管，左右两边各有一片，为富有弹性的纤维质薄膜。声带一端的杓状软骨运动时可引起声带的开闭。声带之间的部分称为声门。在吸气的时候，声带开放。在说话时，声带的后端开始闭合，而声带的中部随着从肺部来的气流的压力大小而开闭。当气管内的压力变大时，声带被冲开；而当气流冲出后，声带上下的压力得以平衡，声门又关闭（图5-7）。

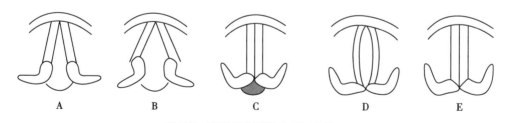

图5-7 不同状态下的声门开闭情况
A. 正常呼吸；B. 深呼吸；C. 假声说话；D. 正常说话；E. 声带闭合。

这样，声带的反复开闭产生了周期性的三角形的气流波（图5-8）。每个人的气流波形是不同的，因而每个人的嗓音有所不同。如果气流波形中的开放相较短，峰值较高，则产生较强的高频成分。基频的大小取决于声带的长短、张力和质量。声带越长、越松，质量越大，则基频就越低。这些解剖学的因素导致了男人、女人和不同年龄段儿童基频的差异。气管内的高压也可产生高强度的高频的基频声。基频的范围在60～500Hz。

基频的平均值：成年男性120Hz；成年女性225Hz；小儿265Hz。

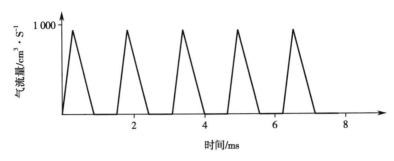

图5-8　声门气流图

2. **咽喉**　咽喉分为咽腔和喉腔。

（1）咽腔：咽腔是一条前后略扁的漏斗形肌性管道，也叫咽管。咽腔是一个容积较大的交叉路口，它上起颅底，下连食管及喉腔，前壁与鼻腔和口腔相通，后壁附于脊柱。从上至下，咽腔可以分为3个部分：鼻咽、口咽和喉咽。咽腔为喉、口、鼻三腔的结合部，它连接着喉腔和口腔、鼻腔，是气流和声波必经的管道和三岔路口。咽腔的形状变化可以改变整个的声音质量，它对声音的扩大以及美化都起很大的作用，是人体发声的重要共鸣腔体。

（2）喉腔：喉腔包括介于声带与假声带之间的喉室，以及位于假声带之上的喉前庭部。喉室的形状和容积是可以发生变化的，因而整个喉腔的形状和容积也可发生变化。喉腔是声波经过的第一个共鸣腔体，声带振动发出的声波，首先经过喉腔，从而得到最初的共鸣。喉室虽小，但它的形状和容积变化可以改变整个的声音质量。

3. **口腔及其附属器官**　口腔是结构最复杂、动作最灵活的共鸣腔体。口腔骨架由颌骨构成，颌骨有上颌骨和下颌骨之分。上颌骨是固定的，下颌骨通过下颌关节的开闭活动、前后活动和左右活动，实现张口和闭口等动作，并能控制口腔的开度。

口腔内部可以分为上、下两个部分。其上部由上唇、上齿、上齿龈和腭构成，下部包括下唇、下齿、下齿龈和舌。整个口腔的前端经上下唇及上下齿与外界相通，后端经咽门与咽腔连接。其中与口腔共鸣有直接关系的是唇、腭和舌。尤以舌头为最，它是最灵活的发声器官，它在口腔中的位置和形状，对口腔共鸣起着非常重要的作用。

4. **鼻腔**　鼻腔是上呼吸道的入口，正中的鼻中隔将其分为两个对称的部分，前方有两个鼻孔与外界相通，后方有两个后鼻孔与鼻咽腔相通。鼻腔和口腔两者之间靠软腭和悬雍垂分开，由于软腭和悬雍垂的调节，人体可以发出不同的声音。当软腭和悬雍垂下垂，而口腔内发声器官又未形成任何阻碍时，由肺部呼出的气流就可以同时通过鼻腔和口腔，发出带鼻音色彩的音，即鼻音。当软腭和悬雍垂上升，堵住了气流到鼻腔的通路时，绝大部分气流就会从口腔呼出，只有相当小的一部分气流通过缝隙沿鼻咽后壁传到鼻腔，产生鼻腔共鸣。

鼻窦是鼻腔四周面骨和颅骨内的空腔，共有4对，分别是额窦、筛状窦、上颌窦和蝶窦，它们各有小孔与鼻腔相通。这些窦体都是含气的骨腔，发声时，经过头骨的传导，它们都能产生共鸣。

第二节 元音和辅音

一、元音发音原理

1. 元音的发音特点和舌位图

（1）元音的发音特点：元音也叫"母音"，其发音有以下几个特点。元音发音时，气流在咽和口腔不受任何阻碍；发音器官各部位保持均衡紧张状态；声带颤动，气流较弱处于缓和状态；声音响亮、通畅，音波都是颤动规则的乐音，可以唱歌。

（2）元音的舌位图：声道中可移动的部分为舌、软腭、下颌及口唇。当这些部分移动的时候，声道的形状发生改变，其共鸣特性亦随着发生改变。舌在所有可移动的部分中活动度最大，对声道的共鸣作用也影响最大。所以用舌头的位置来对元音进行分类。

以舌头最高的部分在口腔中的"高、低、前、后"来描述舌头的位置（图5-9）。/i:/ 是一个舌前高位的元音。发这个音的时候，舌尖靠近上门齿。/æ/ 是前低位的元音，口张开，舌尖邻近下齿。/a:/ 是个后低位的元音，舌根高于舌尖，但位于口腔的底部。/u:/ 是后高位的元音，舌根高于舌尖，靠近软腭。有时候把这4个元音称为角元音，因为它们处于所谓的"元音舌位图"的4个角上。元音舌位图是用来代表发元音时舌头的位置图。所有的元音都在这个四边形之内（图5-10）。

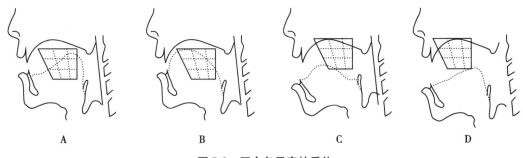

图 5-9 四个角元音的舌位
A. /u:/；B. /i:/；C. /æ/；D. /a:/。

2. 元音的共振峰 在研究元音声学性质的时候，可以把声道看作一端（口部）开放、另一端（喉）封闭的管腔，因为在发音的时候，气流只能从气管内出来而不能从外面进入气管。

/ə/ 是舌位在口腔中央的简单的元音。整个声道显得均匀一致。把这样一个声道定为一个一端封闭的、均匀的管道。一个成年男性从喉到唇部的声道长度约为17cm。如果一个声波的波长的1/4、3/4 或 5/4……为17cm，则这个声波就会产生共鸣。这样的波长分别应为68cm、23cm、14cm。

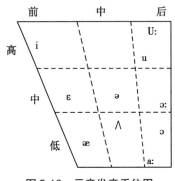

图 5-10 元音发音舌位图

根据声学公式:波长 × 频率 = 波速(340m/s)

理论上,频率为 0.5kHz、1.5kHz、2.5kHz 的声波可以在长度为 17cm 的一端开放,另一端封闭的管腔内共鸣。这 3 个频率即为 /ə:/ 的 3 个共振频率,分别记为 F_1、F_2、F_3。在频谱图包络中表现为 3 个峰值。从澳大利亚成年男性中测得元音 /ə:/ 的 3 个共振峰依次为:$F_1 = 0.475kHz$,$F_2 = 1.515kHz$,$F_3 = 2.535kHz$(图 5-11)。

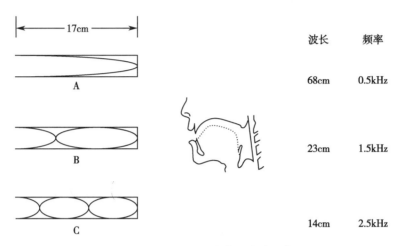

图 5-11 元音 /ə:/ 3 个共振峰的形成

A. 第一共振峰; B. 第二共振峰; C. 第三共振峰。

每一个特定个体的共振峰可有变化。这与言语内容、健康状况、情感变化、谈话中所使用的词汇及是否重读有关。

二、辅音发音原理

1. **辅音的分类** 辅音也叫"子音"。辅音发音时,从肺部呼出的气流在口腔或咽头不同程度地受到各部位不同方式的阻碍,造成阻碍部位的肌肉特别紧张,较强气流突破阻碍而成音。绝大多数辅音发音时,声带不振动,声音很不响亮,而且发音器官各部分用力不均衡,只有构成阻碍的起封闭气流作用的那部分特别用力,这是和元音发音时不同的一点。

辅音可以按照发音部位(place)和发音方式(manner)分类,在汉语中还要考虑是送气还是不送气。

(1)按照发音部位分类:发音部位是指气流在口腔中受到阻碍的位置,也就是某两个发音器官为发音而接触或接近所形成的阻气的着力点,这个着力点会因接触面的变化而形成不同的阻气部位。

在英语中辅音按发音部位分为 7 类(表 5-1):双唇音、唇齿音、舌齿音、舌齿槽音、硬腭音、软腭音和喉音。

(2)按照发音方式分类:发音方式是发音器官构成阻碍和除去阻碍的方式。基本方式有两种:一种是发音器官完全闭塞形成阻碍;另一种是发音器官主动部分与被动部分接近,形成适度的缝隙,使气流从缝隙中摩擦经过。

辅音按照发音方式可分为:塞音(爆破音)、擦音、鼻音、半元音、边音和塞擦音(表 5-1)。

表 5-1　辅音分类表

辅音	声带是否振动	双唇音	唇齿音	舌齿音	舌齿槽音	硬腭音	软腭音	喉音
塞音 (爆破音)	清音	p			t		k	
	浊音	b			d		g	
擦音	清音		f	θ	s	ʃ		h
	浊音		v	ð	z	ʒ		
鼻音	浊音	m			n		ŋ	
半元音	浊音	w				j		
边音	浊音				l, r			
塞擦音	清音					ʧ		
	浊音					ʥ		

注：空白处代表无此项。

2. 辅音的声学特点　辅音根据发音时声带是否颤动,有"清音"和"浊音"之分。发音时,不颤动声带,声音不响亮,带有噪声成分的音叫清音。发音时,声带颤动,声音较响亮,带有乐音成分的音叫浊音。

（1）塞音（stops,explosives）：发音时,成阻的发音部位完全形成闭塞阻住气流,从肺部呼出的气流充满口腔后不断冲击成阻部位,成阻部位突然解除阻塞使积蓄的气流冲破阻碍爆发成音。

共振峰的转移可以为浊塞音提供重要的发音部位信息。为了要在辅音和元音之间平缓过度,声道中的舌、唇、下颌要从一个音位的位置运动到另一个音位的位置。这样,元音的共振峰就会受到发辅音时的位置的影响。虽然这些运动是很短暂的,但是在声学上的影响是很明显的。随着发音器官的运动,共振峰就发生了改变,因而出现了共振峰的转移。共振峰转移的方向和幅度取决于辅音的发音位置和位于其前后的元音。发音器官的运动主要发生在口腔内,所以第二共振峰的转移比第一共振峰的转移更为重要（图 5-12）。值得注意的是,共振峰转移时所指向的频率,称之为音征（locus）,即如果是辅音在先的话,音征指的是共振峰转移开始的频率；如果辅音在元音之后,音征指的是共振峰转移结束时的频率。如前所述,第二音征（second formant locus）较为重要。

在此图中可以看到双唇音、舌齿槽音、软腭音的第二共振峰音征有所不同,而第一共振峰音征却没有明显的差异。

双唇塞音的 F_2 音征较低,软腭塞音的 F_2 音征较高,齿槽塞音的 F_2 音征居中。F_2 的走向与 F_2 音征和元音的 F_2 有关。

从瞬音的持续时间上可以获得关于清浊音的信息。从瞬音释放到元音起始的时间被称之为浊音起始时间（voice onset time,VOT）,也就是从塞音除阻到声带振动的一段时间。VOT 能较准确地说明塞音的清浊和送气的情况。清塞音的 VOT 通常大于 70ms,而浊塞音的 VOT 多短于 30ms。

除了瞬音（burst）给出的信息外,言语段的持续时间对于区别清浊音也非常有价值。自前置元音结束到瞬音释放的时间,被称为关闭时间（closure time）。一般情况下,浊塞音的

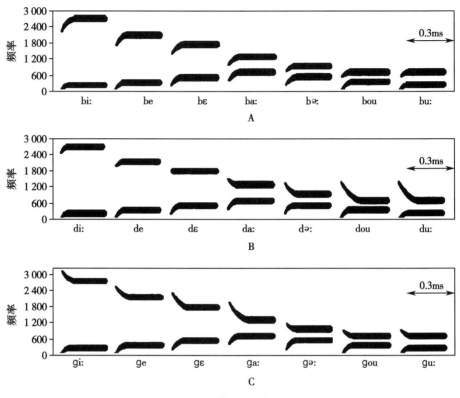

图 5-12 浊塞音的第一、二共振峰转移情况
A. 双唇音；B. 舌齿槽音；C. 软腭音。

关闭时间比清塞音的关闭时间短，浊塞音的前置元音持续时间较清塞音的前置元音持续时间长。这一点对于处于单词末尾的塞音尤为重要，因为这些塞音在实际言语中发得很轻或近于无声，如英语中的 dog，dock。清浊音的信息分布于整个言语频谱内，其中包括瞬音和基频。对于高频听力损伤的患者而言，会丢失一部分，也会保留一部分清浊音信息。清塞音和浊塞音的差别见表 5-2。

表 5-2 浊塞音和清塞音特性表 单位：ms

声带是否振动	浊音横杠 （voice bar）	前置元音持续 时间	关闭时间 （closure time）	瞬音持续时间	浊音起始时间 （voice onset time）
浊塞音	有	长	短	短	<30
清塞音	无	短	长	长	>70

（2）擦音（fricative）：在发这些音的时候，气流不是完全被阻滞的，而是一股持续的气流通过一个狭窄的结构，从而产生了湍流并且发出了噪声。在发浊擦音时，声带振动产生了低频声音，并且通过声门气流速率的变化对湍流声起了调幅作用。这种声音的频谱很大程度上取决于声道中狭窄结构的大小和位置。

在发舌齿槽音 /s/ 和 /z/ 时，狭窄结构位于舌和齿槽之间，这样产生了一个管道，包括一个约 2.5cm 长的狭窄部分及前方一个约 1cm 长的较宽的开口。这个 2.5cm 长的狭窄管道两端开口，所以管腔长度等于频响曲线中最高频率（6 800Hz）的波长的一半，也等于最低频率（3 400Hz）的波长的 1/4。在频谱图中，相当于最高频率一半的最小频率被称为频谱零点。在频谱图中，频谱零点为一个低谷，位于口腔前约 1cm 的管道，实际上为一端闭合另一端开放的管道，它所产生的共振峰（8 500Hz）波长的 1/4 等于管道的长度。所以，对于这样长度的管腔，零点频率在 3 400Hz，而共振峰在 6 800Hz 和 8 600Hz。

擦音前后的元音位置的高低、前后可以影响擦音本身的舌位和发音时狭窄部分的长度，这将改变零点频率和低频声的共鸣。不同说话者会有不同的共振频率。女性 /s/ 的频率一般比男性的高，这与嘴形的大小有关系。实验中可以记录一个真实的人发出的 /s/ 频谱图，和模型计算的频谱图进行对比。零点频率约在 3 500Hz，峰值在 5 000Hz、7 000Hz 和 9 000Hz。

（3）鼻音（nasals）：鼻音是用嘴唇或舌将口腔阻塞并且开启软腭，让声音通过鼻腔产生的。鼻音全部是浊音，而且它的共振峰结构和元音类似，但是声道更长，开口较小，且有一个侧腔（闭合的口腔）。这种变化使得全部共振频率降低，减少了声音的振幅，并产生了一个频谱的"零点"。在共振系统中大部分声能的衰减和零点都是由侧腔产生的。进入侧腔的声音被反射，并且在软腭处依据波长的不同，声波的振幅可能抵消或者得到加强，因此，零点处的频率也取决于侧腔长度。

就双唇鼻音 /m/ 而言，阻塞出现在口腔的前部，侧腔相对较长。这样就给出了一个低的"零点"频率。

对于 /n/ 音，阻塞发生在口腔的稍后部位。侧腔在嘴的更后部位，并且更短些，产生的"零点"频率较高。

而 /ŋ/ 音，其阻塞出现在口腔的最后部位，因而产生的"零点"频率也最高。

鼻音的低频共振称作"低频鼻音"（nasal murmur），而非 F_1 频率，它由相当于波长 1/4 长度的整个声道共振产生，其频率通常为 250Hz。

（4）半元音（semivowel）：要考虑的最后一种辅音发音方式的类型是半元音 /l,r,w,j/。这些辅音有时被称为滑音（glide）、边音（lateral）/l/ 或流音（liquid）/l,r/。语音学符号 /j/ 对应于"y"的发音。这些半元音类似元音，有共振峰结构并且声带振动。之所以称它们为辅音是因为它们发音时声道有阻碍，比元音发音更轻且变化快。同时它们也具备了位于元音之间的辅音所特有的语言学功能。可根据辅音中的共振峰频率及音征把不同的半元音区分开。

第三节　汉语普通话的语音学特点

现代标准汉语——普通话是我国的官方推荐语言，同时也是联合国的使用语言之一，世界约 1/5 的人口在使用它。汉语普通话是一种声调语言，与其他语言相比，其语音学特征既有共性，又有其特殊性。

一、汉语拼音方案

1. 字母表

a b c d e f g h i j k l m
n o p q r s t u v w x y z

2. 声母表

b p m f d t n l g k h

j q x zh ch sh r z c s

3. 韵母表

a o e i u ü ai ei ui ao ou iu

ie üe er an en in un ün ang eng ing ong

4. 声调符号

阴平 阳平 上声 去声

ˉ ˊ ˇ ˋ

5. 隔音符号

隔音符号用 表示,例如:tinglizhang ai(听力障碍)。

二、普通话音节

普通话是以北京语音为标准音的,音节是其最自然的语言单位,一个汉字读出来就是一个音节(儿韵尾除外),汉字的字音恰好等于音节的数目。现代汉语普通话的音节总数是 410 个左右。

1. 音节结构 音节结构有 4 种基本类型,即:

(1) V(元音 vowel)型,如:ai(爱)。

(2) C(辅音 consonant)-V 型,如:bai(百)。

(3) V-C 型,如:ang(昂)。

(4) C-V-C 型,如:dang(当)。

汉语音节结构对以上 4 种基本类型的扩展是有严格限制的,以下框架式可以表示汉语音节的 14 种结构方式:

(C)+(V)V(V)+(N,P)

注:N——鼻音,P——爆破音。

2. 常用和次常用音节 音节在实际语言中的出现频率是很不相同的。经统计分析,将汉语音节分为常用、次常用、又次常用及不常用 4 类。

常用音节(14 个): de shi yi bu you zhi le ji zhe wo ren li ta dao。

次常用音节(33 个): zhong zi guo shang ge men he wei ye da gong jiu jian xiang zhu lai wu di zai ni ke xiao yao chan sheng jin jie yu zuo jia xiao quan shuo。

以上常用音节与次常用音节相加仅 47 个,却占总出现率的 50%,如果再加上又次常用音节,也只有 109 个,占总出现率的 75%。

三、声母和韵母

汉语音节由声母、韵母和声调组成。音节开头的辅音称为声母,声母后面部分统称为韵母,如果音节的开头没有辅音,则这个音节叫作零声母音节。韵母又分为韵头、韵腹和韵尾 3 部分。

根据声母和韵母的分析方法,汉语音节的结构框架可以改写为:

(C)+(V)V(V,N,P)

```
声 │ 韵   韵   韵
  │ 头   腹   尾
母 │ 韵   母
```

韵尾(V, N, P)是互相排斥的。

1. **声母的分类**　汉语音节中共有 22 个辅音,除辅音 ng 外,其余 21 个辅音都可以作声母。半元音 y、w 分别为 i、u 前面没有声母时的书写方式。根据发音部位和发音方法将全部声母列成表 5-3。

表 5-3　汉语声母表

方法		双唇音	唇齿音	舌尖音	卷舌音	舌面音	舌根音
塞音	不送气	b		d			g
	送气	P		t			k
塞擦音	不送气			z	zh	j	
	送气			c	ch	q	
	擦音		f	s	sh	x	h
	鼻音	m		n			
	边音			l			
	通音			r			

注: 空白处代表无此项。

普通话中 21 个声母及半元音 y、w 的发音方法见表 5-4。

表 5-4　声母发音方法

字母	发音特点	发音方式
P	双唇送气清塞音	发音时,双唇闭合,截住气流,接着气流冲开双唇,形成塞音。气流呼出时,声门半开半闭,声带不颤动
b	双唇不送气清塞音	发 b 的时候,双唇闭合,截住气流,接着气流冲开双唇,形成塞音。气流呼出时,声门完全敞开,声带不颤动
m	双唇不送气浊鼻音	发音时,双唇闭合,接着声带颤动、气流冲开双唇,形成鼻音
f	唇齿送气清擦音	发音时,上齿尖与下唇边靠近,保持一条最小通道,呼出的气流从中摩擦而过,声带不颤动
d	舌尖中不送气清塞音	发音时,舌尖中抵住上齿龈,截住气流,接着使气流向外冲开舌尖,声带不颤动
t	舌尖中送气清塞音	t 是 d 的清送气音
n	舌尖中不送气浊鼻音	发音时,舌尖中抵住上齿龈,截住气流,声带颤动,软腭下垂,气流由鼻腔通出,同时舌尖放开
l	舌尖中不送气浊边音	发音时,舌尖中抵住上齿龈,截住气流,舌面边缘抬起,与前白齿接近,舌面当中凹下,使气流从舌面边缘(一边或两边)通出,不发生摩擦,声带颤动
g	舌根不送气清塞音	发音时,舌尖后缩,抬起舌根,抵住软腭,截住气流,接着使气流冲开舌根和软腭,声带不颤动
k	舌根送气清塞音	是 g 的送气音

续表

字母	发音特点	发音方式
h	舌根送气清擦音	发音时,舌尖后缩,舌根抬起与软腭靠拢,气流从中摩擦而出,声带不颤动
j	舌面前不送气清塞擦音	发音时,舌面前部抬起,先抵住上齿龈和硬腭,截住气流,声带不颤动,造成塞音成分;接着气流冲开舌面前,使舌面前与上齿龈和前硬腭保持一条最小通道,气流通过时造成擦音成分。塞音成分的除阻与擦音成分的成阻重叠,造成塞擦音
q	舌面前送气清塞擦音	是 j 的送气音
x	舌面前送气清擦音	发音时,舌尖抵住下齿背,舌面前部抬起,与上齿龈和硬腭前部靠近,气流从中摩擦而过,声带不颤动
zh	卷舌不送气清塞擦音	发音时,舌尖翘起接触前硬腭,截住气流,造成塞音成分。当气流向外流出时,先冲开舌尖,使舌尖后与前硬腭之间保留一条最小通道,造成擦音成分。塞音成分的除阻与擦音成分的成阻重叠,造成塞擦音,声带不颤动
ch	卷舌送气清塞擦音	是 zh 的送气音
sh	舌尖后送气清擦音	发音时,翘起舌尖,使舌尖后与前硬腭靠近,保留一条最小通道,舌面当中凹下,气流从舌尖后与前硬腭之间摩擦而出,声带颤动
r	舌尖后送气浊擦音	是 sh 的浊音,声带颤动
z	舌尖前不送气清塞擦音	发音时,舌尖前先与上齿背接触,截住气流,造成塞音成分。等气流冲开舌尖后,接着舌尖前与上齿背之间保持一条最小通道,使气流从中摩擦而过,造成擦音成分。塞音成分的除阻与擦音成分的成阻重叠,造成塞擦音,声带不颤动
c	舌尖前送气清塞擦音	是 z 的清送气音,发音时送气
s	舌尖前送气清擦音	发音时,舌尖前与上齿背靠近,保持一条最小通道,使气流从中摩擦而过,声带不颤动
y	中舌面半元音	送气,声带颤动
w	双唇圆唇半元音	送气,声带颤动

发声母,即辅音时,既有不同的阻碍部位,又有不同的阻碍方式,还有清浊、送气等区别。

塞音是典型的瞬音,是突然爆发成声,时间约 10ms,在语谱图上表现为一条细窄的垂直尖线条。

擦音是典型的素音,是摩擦成声,为可以延续的噪声段,在语谱图上表现为一片杂乱的竖线纹样。

塞擦音则是两者的结合。发浊辅音时声带颤动,产生周期波,在语谱图上表现为横杠。

通音在语谱图上表现为尖峰,颤动几次就出现几次尖峰,一般都非常细,且相互间距离很近,不易辨认。

鼻音和边音的性质接近于元音,语谱图的显示也和元音相似,由于共振峰较弱,显示的横杠比元音要淡一些,和元音相连时,两种横杠之间往往出现断层现象。

从声学角度看,一段语音的声波是个连续的过程,所包括的各个音并不是离散的序列,而是连续不断相互影响的,各个音的声学特征都会对它前后的音产生影响。

2. 韵母的分类　普通话拼音方案中共有 35 个韵母,根据韵母组成的特点,分成三大类。

（1）单韵母:由单元音 V 构成的韵母,包括 a,o,e,i,u,ü。

（2）复韵母：由复元音ＶＶ或ＶＶＶ构成的韵母，一共有 13 个，分为前响复韵母、中响复韵母和后响复韵母。

（3）鼻韵母：由鼻音韵尾——Ｎ构成的韵母，一共有 16 个，分为舌尖鼻韵母和舌根鼻韵母。

四、声调和语调

1. **声调的定义和标定**　汉语声调又称字调或音节声调，它是能区别音节意义的音高。声调音位（phoneme）有 4 个，其中每一个调位均含轻声作为变体（allophone）。

声调的音高主要决定于基音的频率。从声调的最低音到最高音是基频的变化范围，也就是声调的"调域"，一般约占一个倍频程（octave）。调域的音低和宽窄因人而异，男性在 100～200Hz 之间，女性在 150～300Hz 之间，即使同一个人，由于说话时感情或语气不同，调域的高低和宽窄也会有变化。

描写声调最简便有效的方法是五度制标调（图 5-13）。

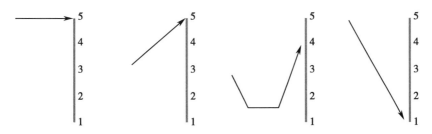

图 5-13　汉语声调的五度制标调法

调值也可以用数字表示，调号写在音节的右上角，如：

妈（Ma55），麻（Ma35），马（Ma214），骂（Ma51）。

2. **声调的声学特征**　人们通过运用各种声调分析仪，揭示了声调音高和音长（调长）两方面的声学特征。同时，也注意到声调和振幅的关系。

（1）声调与音高：声调是响音音高频率变化的表现。音高值、频差和调域是反映声调音高频率变化的 3 个参数。音高值是声调的频率值，是声调最重要的声学特性。通过测量声谱图上的基频（F_0），可确定声调的音高值。

频差反映声调内部不同音段的频率差别，也反映不同声调之间的频率差别。声调不同调型的产生，便是由声调内部的不同频差造成的。调域是指一个人说话声调频率高低的活动范围。

（2）声调与时长：声调是一个持续的音段，每个声调都有一定的时长。在语言声谱上，F_0 线条是声调的标志。如果把声调的时长相对地分为四级，即最长、次长、次短、最短 4 个等级，那么北京话声调中，上声最长，阴平次长，阳平次短，去声最短。

声调最低限度时长是指声调能被感知到的最起码、最必要的时长。

1）阴平 /ba55/，自然时长 350ms，最低限度时长在 150ms 左右，而 210ms 为保持阴平自然度的必要时长。

2）阳平 /ba35/，自然时长 310ms，最低限度时长在 150ms 以上，230ms 为保持阳平自然度的必要时长。

3）上声 /ba214/，自然时长为 480ms，其最低限度时长为 260ms，而 360ms 为保持上声自然度的必要时长。

4）去声的自然时长最短，近 300ms。

如果以保持声调的自然度为必要时长的话，阴平和阳平都要求在 200ms 以上，而上声要求在 300ms 以上。

3. 声调的语言功能 在音系学中，元音和辅音被称为音段音位，而声调及重音等音位，被称为超音段音位。声调除了有区别字义和词义的功能外，还有构形、分界、抗干扰、修辞等功能。

（1）别义功能：别义功能是指声调以其不同的区别特征来识别词意的不同。

音节是由声母、韵母、声调共同构成的，声调的语音区别功能非常丰富，不考虑声调时，非儿化音节只有 408 个，但有了声调时，音节数目骤增三四倍，多达 1 652 个。儿化音节没有声调时，只有 292 个，但有声调后，音节数目多达 1 027 个。

（2）构形功能：构形功能是指声调在语言结构中具有区别语法意义的功能。现代汉语的一部分词中，用去声来区别词性的现象仍然存在，如：名词→动词，钉 55→钉 51；动词→名词，卷 214→卷 51。

（3）分界功能：声调语言的每个音节都有声调标志。汉语中所有字都有声调，每一种声调都要依附于音节之上，而每个音节从起点到终点几乎全被声调包络，声调和音节的这种相互依存性，使得一个音节的长度，常常相等或相似于它的声调的长度。这样在语言的连续群里，音节的界线便常常表现在不同声调之间的分界线上，同声调的分界线相一致，从一种声调变为另一种声调，必然也是从一个音节变为另一个音节。显然，声调具有音节的分界功能（demarcative function）。

（4）抗干扰功能：声调主要涉及嗓音基本音高，而元音和辅音要靠陪音来表达信息的基本要素，所以汉语既靠基音又靠陪音来表达信息的基本要素；而无声调语言，例如英语，却只靠陪音来表达信息的基本要素。在语言传递中，以声调为载体比以元音、辅音优越，便于在嘈杂的环境中传送。

汉语声调抗干扰能力实验表明：在低通滤波 75Hz、S/N（信噪比）=25dB、有非线性失真的条件下，音节清晰度 28%，声母清晰度 46.7%，韵母清晰度 39.5%，而声调的清晰度却高达 97.7%，很少受到损失。在高通滤波 250Hz、S/N=25dB、有非线性失真的情况下，音节的清晰度为 29.5%，声母清晰度为 48.6%，韵母的清晰度为 38.5%，而声调的清晰度高达 98.8%。由此可见，声调具有很强的抗干扰能力，它在提高语言可懂度方面具有重要作用。

（5）修辞功能：声调的修辞功能不同于它的别义功能和构形功能，它不是为了表示词义的不同和语法意义的不同，而是为了使语言的表达富于形象性、生动性，增加语言美感。

汉语声调有抑扬起伏、高低升降的旋律性变化，把它运用到诗歌辞赋的创作中，以增强语言的旋律性，会取得良好的艺术效果。诗词的平仄格式便体现了声调的修辞功能。

（6）轻声：普通话的轻声是指双音节词或多音节词中，以及句子中读得短而弱的字音节而言。《现代汉语词典》中收录的轻声词占双音节词总数的 6.65%，而在普通文艺作品中，轻声词占 15%～20%，所以轻声词在汉语中的使用是比较活跃的。一般认为，轻声不是声调的一种变调，也不是汉语重音左移造成的声调永久性失落；轻声同样具有音强、时长、音高、音色等声学特点，但内容与四声声调差别较大，把轻声看成是汉语轻重音中的轻音较为合理。

4. 声调的感知　基频信息是声调感知的基础,基频越高,感知到的调值也越高。五度制标调是根据听觉的感知来标写的,而声波的基频和感知到的音高并非一致,音高频率的变化是线性的,感知到的音高则是对数性的。由感知确定的五度制的五度,并不是音高频率的等分值,而是与对数等分值对应的频率范围。

声调感知主要依据基频的变化,但基频并不是辨认声调的唯一信息。声调信息广泛分布于音节的各个频带成分中,其信息冗余度是较大的,即只需得到总的信息中的一小部分,便可确定音节的声调(表5-5)。

表5-5　不同滤波条件下的声调辨认率

滤去成分/kHz	声调辨认率/%	附注
0~0.3	92.1	除去基频
0~1.2	90.0	除去基频和第一共振峰
0~2.4	89.2	除去基频和第一、二共振峰
0.3~10	91.5	除去所有共振峰
0~0.3 及 1.2~10	83.0	除去基频及第二共振峰

声调音高的变化,对音长和音强都可能产生影响,在普通话的4个声调中,往往去声最短、最强;上声最长、最弱;阴平和阳平居中,阳平比阴平略长一些。当基频起作用时,这些都只是一些可有可无的辅助信息;当基频不起作用时,这些辅助信息,都可能成为感知声调的依据。

5. 语调

(1)语调的定义及其与字调的关系:语调是句子的音高变化。平常称字调为声调,句调为语调,普通话中字调和语调会发生叠加现象(addition of tone and intonation)。

(2)语调的性质:语调能够帮助表达说话人的思想感情和态度,主要由超音质成分,即音高、音强和音长组成。在比较长的句子里,有的音节关系比较近,结合比较紧密,有的则比较疏远,形成长短不等的音节组合。每一个音节组合成为一个节拍单位,称为"节拍群"。

普通话节拍群的节拍主要由单音节、双音节和三音节组成,以双音节为主。汉语语句结构中双音节词和意义关系紧密的双音词组占绝大多数,节拍群的组合正反映了这个特点,如"中国人民勤劳勇敢"就是由4个双音节节拍组成的。一般说来,节拍音节多,读得就快一些;节拍音节少,读得就慢一些。有快有慢,节拍匀称,再加上声调的高低升降和语调的起伏轻重,普通话的语调听起来就有比较强的音乐感。

不同的节拍组合有时甚至能改变语句结构和全句的意义。例如:"三加四乘五",读成"三加四 乘五"或"三加 四乘五",结果会不同;读成前者得数是三十五,用算式表示是$(3+4)\times5=35$;读成后者得数是二十三,用算式表示是$3+(4\times5)=23$。

人工智能对人们的生活非常重要。(陈述)

人工智能对人们的生活非常重要。(强调)

人工智能,对人们的生活非常重要。(沉吟)

人工智能对人们的生活非常重要?(询问)

人工智能对人们的生活非常重要!(惊讶)

有的语调带有强烈的感情色彩,这时全句的高低、轻重和快慢都有非常明显的变化。

例如,情绪高昂时往往语调升高、响度增加,情绪低沉时往往语调降低、语速缓慢,与人争辩时语速往往增快,生气愤怒时往往把一些音节的振幅特别加大。感情的变化是多种多样的,表现出来的语调也是千变万化的,这正是一个朗诵者或演员可以充分发挥自己才能的地方。目前还没有一种能够把感情语调准确描写出来的方法,只能了解到大致的轮廓。

语调的高低升降和基频变化有直接关系。在非声调语言里,从基频的变化可以确定语调高低升降变化的不同模式。在声调语言里,声调调值的高低升降也和基频变化有直接关系,和语调的高低升降重叠交错在一起,都表现在基频的变化上,很难把两者截然分开。但是,听到"他写诗?""3小时?""刚开始?""你有事?"这些问句时,并没有因为语调要求是升调就分不清这4个问句最后音节的四声,可见语调高低升降的变化并没有对声调原有的高低升降模式产生严重的影响。

普通话语调和声调重叠交错在一起,音高、音强和音长的变化极其错综复杂,所表现出来的基频曲线更是千变万化。

第四节 语音学在听力学中的应用

听力康复的主要目的就是帮助听力障碍者补偿听力、增加言语可懂度、增强抵抗环境噪声等的能力。运用语音学的知识,可以有效地帮助他(她)们实现这一目标。

一、言语特性和言语感知

1. **言语的频率和强度范围** 正常大小的言语声在中等强度附近。周围环境中有各种不同强度的声音存在,大的声音会干扰言语感知,解决的办法是提高说话者的音强、靠近收听者或去安静些的地方。表5-6为不同声源强度对应的近似声压级值。

表5-6 声源强度分布表

强度/dB SPL	声源
130	喷气式飞机(36m)
120	痛阈;风钻(91cm)
110	重型机械修理店;摇滚乐队
100	交响乐队的强音合音;汽车喇叭(5m)
90	风钻(122cm);载重汽车(4.6m)
80	地铁车厢;大声收音机音乐
75	老式电话铃声(3m)
70	上下班时间的主要路口(21m)
60	普通会话(91cm);小轿车行驶(9m)
50	安静的办公室
40	无机动车辆的居民区;轻声对话
30	安静的花园;耳语
20	隔声室;手表声;树叶微动
10	听阈

言语覆盖了一个较宽的频率范围和强度范围,从响元音到弱塞音的所有音位约有30dB(A)的强度变动范围(表5-7)。当言语声降到30dB(A)左右时,言语识别率开始下降,随着声强的进一步下降,识别率可降至0%。

表5-7 音位强度分布

	音位	强度/dB(A)	音位	强度/dB(A)
元 音	/a/	62	/ʌ/	62
	/ɜ/	61	/ʊ/	60
	/I/	58	/i/	58
	/u/	58		
半元音	/w/	57	/r/	56
	/j/	56	/l/	56
鼻 音	/ŋ/	54	/n/	51
和嘶音	/m/	53	/s/	48
浊塞音	/z/	48	/d/	44
	/t/	47	/g/	47
	/k/	47	/v/	46
清塞音	/b/	44	/p/	43
擦 音	/f/	43	/θ/	36

2. **长时会话频谱图** 记录一段长时间言语会话,分析其强度变化范围及其与频率的关系,称为长时会话频谱图(LTASS,图5-14)。整个言语会话的强度变动范围为30dB SPL,在

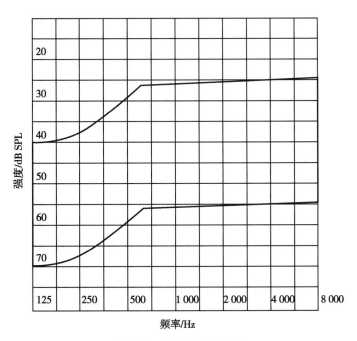

图5-14 长时会话频谱图

低频区域强度在 40~70dB SPL，在高频区域强度在 25~55dB SPL。帮助听力障碍者补偿听力，应使助听听阈进入长时会话频谱图，以保证患者能够听到正常大小的交谈声。

3. 林氏（LING'S）六音与普通话七音　林氏（LING'S）六音是指 /m,u,a,i,ʃ,s/ 这 6 个音位。利用它们可进行快速、简便地进行言语觉察和分辨测试，从而了解患者在不同频率的听力状况。元音的第一、第二共振峰和鼻音、塞擦音的谱峰覆盖了较宽的频率范围，/m/ 的谱峰在 250Hz 左右，/a/ 的 F_1 为 700Hz 左右，F_2 为 1 300Hz 左右；/i/ 的 F_1 为 300Hz 左右，F_2 为 2 500Hz 左右；/u/ 的 F_1 为 350Hz 左右，F_2 为 900Hz 左右；/ʃ/ 的谱峰为 2 000~4 000Hz；/s/ 的谱峰为 3 500~8 000Hz。所以，这 6 个音位的组合基本反映了语音在 250~8 000Hz 之间的频率分布。

林氏六音测试音选自美式英语音位列表，频率范围其实为美式英语音位的范围。由于语系不同，发音方法存在区别，且母语对第二语言的学习具有一定的负迁移作用，普通话版"林氏六音"与原版"林氏六音"存在区别。例如，普通话中的 /s/ 相比美语频率更高。国内学者张华等对林氏六音进行了普通话版的频率范围测算及修改，提出了普通话七音测试，在原普通话"林氏六音"的基础上添加了音位 /x/，较全面地覆盖了普通话的言语频率范围，参考频率范围见表 5-8。使用普通话七音测试可以比较准确地评价普通话学习者获得准确的言语感知结果，为言语康复及助听装置调试提供更多的参考建议。

表 5-8　普通话七音参考频率范围　　　　　　　　　　　　　　　单位：Hz

测试音	第一共振峰	第二共振峰	谱峰
/m/			200~300
/u/	350	740	
/a/	900	1 300	
/i/	300	2 500	
/sh/			4 000~6 000
/x/			6 000~8 000
/s/			8 000~11 000

注：空白处代表无此项。

4. 看话在言语感知中的作用　看话也称唇读，它可以帮助人们提高在噪声和混响环境下的言语识别能力。看话不易感知超音段音位，基频信息不能感知，记录为 $F_0(-)$；声音大小不能感知，记录为强度（−）；可以感知说话时间的长短，但不准确，记录为时间（±）。

看话对于元音可以感知情况如下。

（1）舌位高度：这与开口大小、下颌运动有关。

（2）发音位置：这与口形、唇形、舌位有关。

（3）时间信息：可有一些信息，但不确切。

看话对于辅音可以感知位置信息，可见构音器官前部的发音。发音方式不易感知。声带振动无法感知。

5. 言语冗余度　在正常使用的语言中，存在大量的重叠信息，听觉系统正常的人，不用完全听清楚每一个音节，便能理解对方说出的内容。存在于语言中的重叠信息就叫作言语冗余度。它存在于语言的各个层次。

（1）语音学层面的（phonetic）：如利用共振峰的转移可估计元音前的辅音是哪一个音位。

（2）音位学层面的（phonological）：音位排列有一定的规则才能发出正常的语音。

（3）句法学层面的（syntactic）：一种语言有一定的语法规则。

（4）语义学层面的（semantic）：谈话的主题和内容限制了词汇的使用。

（5）词汇学层面的（lexical）：音位排列有一定的规则才能代表一个有意义的词汇。

6. 影响言语清晰度的因素 影响言语清晰度的因素很多，归结起来有以下几个方面。

（1）声学方面的：听力损失的程度——耳聋越严重，听到的言语信号越弱，言语清晰度越差。与说话人的距离——交谈者距离越近，言语信号强度越大，信噪比也越高，言语清晰度越好。房间混响——房间的混响时间长短影响言语清晰度。建议房间内表面装饰吸音材料，给交流者创造一个良好的聆听环境。环境噪声——噪声对言语信号有掩蔽和干扰作用。噪声降低了信噪比，使言语清晰度下降。聆听方式（双耳／单耳）——双耳收听增加了信号强度，有助于立体定位，提高了言语分辨能力，可以提高言语清晰度。

（2）语言学方面的：语言能力——文化背景高、知识面广的受试者能较多地利用言语冗余度，在相同的听力条件下，可获得较好的言语识别率。语言的复杂性——所用的言语测试材料应简洁、易懂，避免复杂。否则会影响测试分数的稳定性。语言的熟悉程度——初次测试和多次用同一词表测试，得分会不同。所以，在编制测试词表时，应至少编制 10 套以上，以避免因对词表的熟悉而造成的识别率提高。

（3）看话：可提供时间、舌位发音部位、发音方式的部分信息。听力障碍者因听力下降可能会丢失这部分信息，而看话可以弥补这些语音信息，所以，看话可提高言语清晰度。研究证明，听觉加上看话可以提高言语辨别力，在同样信噪比的情况下，附加看话的言语理解力比没有看话的要好。

二、听力障碍对言语感知的影响

1. 对阈值、听觉频率范围和分辨能力的影响 听力障碍使患者的听敏度降低，提高了阈值，不利于言语信号的接收。患者听力阈值的变化在不同频率并不相同，一般而言，高频部分的听力损失往往大于低频部分，而言语声覆盖了较宽的频率范围，是一种复合声，这就造成听觉强度感受在不同频率区域的不均衡，从而降低了言语分辨能力。由于听力障碍者的内耳及听觉神经系统的病理变化，致使他们对声音频率、强度和持续时间的感知能力下降，同样会导致对言语的分辨能力降低。

2. 对元音、辅音及超音段音位的影响 由于辅音音位的能量较低且频率较高，而听力损失常常以高频区域为主，所以，听力障碍对辅音感知产生的影响大于元音。对辅音而言，听力障碍对位置信息的影响大于对发音方式及声带振动与否对信息的影响。对元音而言，听力障碍对 F_2 的影响大于对 F_1 的影响。对超音段音位而言，听力障碍对频率信息的影响大于对时间信息和强度信息的影响。听力障碍者和听力正常的人有不同的言语感知方式，某些声学信息对聋人和听力正常者的意义可以不同。如聋人可借助强度的变化来了解声带是否振动及发辅音的位置，而正常人是靠基频和噪声频谱来决定的。所以，不能仅仅用听力图来预测言语识别率。

3. 言语信息的频率带分布 不同的语音信息有其特殊的频率分布，如基频、第一共振峰等。

第一共振峰转移等信息位于 1 000Hz 以下的频率范围；而第二共振峰、第三共振峰、第二第三共振峰转移、辅音信息等多位于 1 000Hz 以上的频率范围。表 5-9 详细列出各种语音信息的频率分布情况，供参考。

表 5-9　语音信息的频率分布

频带	信息
125Hz	男性 F_0
250Hz	女性和小儿的 F_0，男性的低频泛音，舌高位元音的 F_1，鼻音的 F_1
500Hz	大多数元音的 F_1 和 T_1，泛音，半元音的 T_1，辅音的发音方式信息
1 000Hz	鼻辅音的 F_2，中后元音的 F_2 和 T_2，大多数塞音的爆发声，半元音的 T_2，辅音的发音方式信息
2 000Hz	前元音的 F_2 和 T_2，大多数塞音和塞擦音的爆发声，擦音 /f,ʃ,s/ 的涡流声，边音的 T_2 和 T_3，大多数辅音的基本位置信息，辅音的发音方式信息
4 000Hz	辅音发音位置的第二信息，泛音，大多数元音的 F_3 和 T_3，塞音和塞擦音的爆发声，清擦音和浊擦音的涡流声
8 000Hz	擦音和塞擦音的涡流声

（王树峰）

思 考 题

1. 什么是音位？
2. 频谱图与语谱图有什么区别？
3. 元音的共振峰与舌位有什么关系？
4. 塞音和擦音的声学特点是什么？
5. 汉语声调是如何被感知的？
6. 林氏六音的意义和用途是什么？

第六章　助听器基础知识

　　我国现有听力障碍人口约 2 780 万,伴随生活节奏加快、工业噪声加剧,以及老龄人口高峰的出现,今后听力损失人口还会持续增加。生活物质水平的提高,使得越来越多的听力损失患者更加关注生活质量的提升,因此希望进行助听器选配的听障人口数量每年持续递增。助听器验配师将肩负起提高听障人群生活质量、促进社会和谐进步的崇高使命,任重而道远。

　　助听器是一种声音放大设备,它将声音按照科学的处方公式放大,使听力障碍者能在一定程度上有效地利用残余听力。但助听器不可能完全替代人耳丧失的听觉功能,因此听障者能否借助助听器实现良好地言语交流,还赖于他(她)听力损失的程度和部位。

第一节　助听器发展概要

　　本节主要介绍助听器的发展历史,以及助听器发展的一些新动态,在熟悉助听器发展历史的前提下,才能对后面章节关于助听器参数的基本介绍、调试和使用更好地加以理解。

　　人类采用集声装置来改善听力已有久远的历史。20 世纪初,出现了电放大助听器。伴随着电子管、半导体、集成电路、数字信号处理技术的发展,助听器性能显著提高。助听器的发展始终贯穿着两条主线:小型化,助听器由最初无法携带的扩音器,一步步地演化成盒式、耳后式(耳背式)、耳内式、耳道式,以及几乎看不见的深耳道式,越来越美观便捷;智能化,为了满足各种类型的使用者在多种声学环境下的听力补偿需要,多种助听技术层出不穷,如削峰电路、推挽电路、自动增益控制技术、宽动态范围压缩、智能噪声抑制技术、多麦克风技术、数字啸叫抑制技术、开放耳选配及耳内受话器技术等,为患者提供了极大的可选择性。随着信息技术在助听器领域的应用,全数字助听器已逐渐成为当今技术的主流。

一、初期助听装置

　　1. **集声器**　人们在长期的生产生活实践中发现,许多动物的外耳比较发达,耳廓可灵活转动以捕捉周边各种细微的声音。由此得到启发,人将手掌拢在耳后,一方面加大了耳廓的集音面积,另一方面也阻挡了部分来自耳后的声音,声音可在中高频增加 5～10dB,可算是最早出现的集声器。之后人们尝试着使用兽角、贝壳等作为集声器。更有效的集声器应属 19 世纪初出现的各种形状、大小不一的耳喇叭(ear trumpet)、说话管(speaking tube)、和号角(horn)(图 6-1)。这些装置都是用一个很大的终端来接受声音,声波沿着漏斗状的拾音口进入一个逐渐收窄的喇叭型管道,利用声学共振原理将言语声的局部频段放大,最终送入使用者的耳道中。然而,集声器体积过大,声音放大量有限,使用场合比较局限。

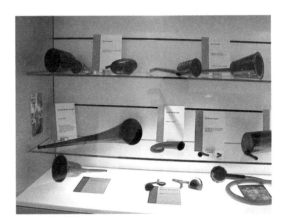

图 6-1 各种耳喇叭和号角

2. 炭精助听器 采用电学放大原理的炭精助听器出现于 20 世纪初。早期体积较大,随着时间的推移,随身佩戴成为可能。炭精助听器以电池供电,采用炭精传声器、磁性耳机。传入的声波,压迫炭精电阻器的膜片,可使炭精的电阻发生变化,使得流过炭精的电流发生变化,运用电磁学原理放大后,可使磁性耳机中的膜片发生振动,声能增加。然而,炭精助听器的增益较小,许多厂家不得不依靠增加传声器的个数来增加音量;同时噪声较大,失真较多,且炭精易受湿度影响。

3. 电子管助听器 1907 年真空电子管放大器问世,1921 年英国生产出第一台电子管助听器,电子管需要两个电源供电,A 电源电压较低,加热电子管中的灯丝,使之发放电子,B 电源电压相对较高,驱动电子通过栅极到达阳极。来自麦克风的微小的电压变化,可控制较大电流的波动。通过几个真空管相连,可以实现大功率的放大器。另外,其增益的频响曲线也比炭精助听器更易于操控,其增益和清晰度较好。刚面世时的电子管助听器体积较大,且需要携带较重的电池,随着时间的推移,电子管和电池的体积越来越小,1938 年第一台可随身佩戴的电子管助听器终于在英国制成。然而,传声器和受话器均采用压电晶体,易碎且不能耐受高温、高湿度等条件,因此电子管助听器的使用也较为局限。

二、模拟电路助听器

二战中涌现出的各种新技术新材料,如印刷电路和陶瓷电容,使得一体化助听器的体积明显变小。其后半导体技术的出现,大大推动了助听器的小型化。

1. 半导体助听器 1954 年,出现了第一台半导体眼镜式助听器。由于担心出现声反馈,传声器和受话器分别安装在两个镜腿上,见图 6-2。

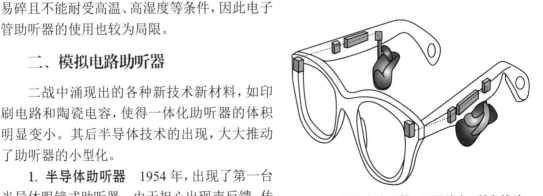

图 6-2 眼镜式助听器:双耳放大,所有线路、麦克风和电池均在眼镜架内,只有耳模在外

1955 年推出了整个助听器都在单个镜腿上的耳级(at-ear)眼镜式助听器。同年耳后式(behind-the-ear, BTE)助听器面世,体积不断减小,很快超过眼镜式和盒式助听器,成为销量最大的助听器。新的技术还一直在不断涌现:新的陶瓷传声器仍然采用压电效应原理,但其频率响应宽阔平坦。钽电容使电容体积进一步减小,晶体管电路向集成电路方面发展。

2. 集成电路助听器　1964 年出现了第一台集成电路助听器。随着大规模集成电路的出现,助听器的体积又进一步减小,耳内式助听器(in-the-ear, ITE)、半耳甲腔式(half shell)、耳道式(in-the-canal, ITC)、深耳道式[或称完全耳道内式(completely-in-the-canal, CIC)]助听器相继出现,很大程度上满足了患者心理和美观上的需要。限于电子学技术和电声学元器件发展的水平,直到 20 世纪 80 年代中期,助听器设计者考虑的主要是如何减小体积和电池功耗,减少电路的热噪声和失真,提高助听器的最大声输出,提供更大的选配灵活性。为了避免对大声的过度放大引起患者不适,以自动增益控制(automatic-gain-control, AGC)电路为代表的一些非线性放大电路被许多助听器采用。

三、可编程助听器

助听器体积的减小使得对放大参数的调节只能依靠数字存储来实现。20 世纪 80 年代中后期,数字信号处理(digital signal processing, DSP)芯片开始应用,助听器进入了"可编程"助听器时代。DSP 芯片有存储和运算的功能:一方面存储听力数据及选配后确定的各种参数;另一方面可动态地分析外界输入信号的不同,确定电路中其他模拟部件的工作过程。1986 年推出了可编程的多通道全动态范围压缩电路,第一个将非线性放大的概念引入到可编程助听器中,在很大程度上解决了"听得舒服"的问题。这一类数-模混合型可编程助听器具有如下优点和缺点。

1. 优点　DSP 芯片可把频率范围划分成多个(2~4 个)通道,独立确定其增益、压缩阈值和压缩比率。还可修订通道的分界频率,对于非平坦型听力损失患者尤为适用,它保证了对每个频段的补偿更有针对性。DSP 芯片可设定的放大参数更多,调节得更加精细。适配范围也更广,同一台可编程助听器可适配于不同程度、不同听力曲线类型患者。

使用者置身于安静的办公室和嘈杂的马路上,其所要求的声学参数必定不同。计算机编程助听器利用其数字存储能力,可设定多套程序,供多种声学环境下的使用。为了保证多套程序间的转换,可编程助听器的机身上加装了一个转换按钮;但也可通过遥控器来转换程序。遥控器还可控制助听器的开关、音量的增减等,对于手指活动不便的老人尤为适用。

在编程助听器问世的同时,麦克风的方向性也大有改进。在助听器耳钩前、后,各放置一个麦克风,使用者可控制两个麦克风的工作方式,构成全方向性和指向性两种接收方式。运用指向性麦克风,使用者前方较远处的声音也可被接收到,而来自后方的声音则变弱。在人声嘈杂的环境中,使用者面前的谈话人的声音信号,与周围的言语噪声没有频谱上的区分,只能通过指向性麦克风来抑制环境噪声。这一技术已被公认为是在噪声环境下提高言语分辨力的有效方法。而在安静环境下,全方向性接收方式更有利于声音的察知。

2. 缺点　多通道的宽动态范围压缩电路也存在几方面的问题,在当时的技术条件下(DSP 芯片的运算能力有限),是无法彻底解决的。①重振曲线并非一定是直线,临床选配时患者主观感觉作出的响度增长曲线是一个拟合后的直线,并不能完全代表病变耳蜗的输入/输出情况。②日常生活中的环境噪声,多以低频噪声为主。假如按照"压缩"的方式处理,这部分噪声会被放大到恼人的程度。且低频的向上掩蔽效应会干扰言语分辨能力。③压缩电路是通过一个反馈环路来运作的。该电路启动压缩工作状态或恢复到线性放大状态，均需要一定的时间，称之为启动时间和恢复时间。启动时间一般应短于 10ms，以应付脉冲信号的出现。恢复时间的长短，各有优劣，应针对不同的目的有所取舍。短恢复时间能体现言语在音节水平上的强度变化，仍能保持言语的抑扬顿挫；但在有微弱背景噪声的环境下，听起来有"嘭嘭"声。长恢复时间能减小失真，并使输出保持在舒适的水平上。缺点是在一个高强度的信号后会有一个无声间歇期。当时的数－模混合型可编程助听器还没有掌握"自适应恢复时间"技术。④通道（channel）的划分较粗，若因出现声反馈而需降低高频增益时，较宽范围内的高频信息都会降低。通带的衔接没有进行平滑处理，易引入失真。对轻声元音（低频段）的较大增益，可能会对辅音（高频段）产生向上掩蔽效应。

四、数字助听器

20 世纪 90 年代中期，数字信号处理芯片的功能日臻强大，体积也越来越小，第一台全部采用数字技术的助听器诞生了。为区别以往采用数－模混合技术的可编程助听器，人们称之为全数字助听器。

全数字助听器是在可编程助听器基础上技术进步的必然结果。它已不再采用数－模混合技术，而全部采用数字技术。整个助听器主要包括麦克风、数字处理芯片和受话器三部分。麦克风首先将声音转化为电信号，该电信号完全为数字信号，然后通过数字处理器进行分析、滤波和放大等处理，能有效降低噪声、消除反馈啸叫、实现方向性接收，最后再将数字电信号转化成声音信号。全数字式助听器继承了可编程助听器的全部优点，而且在人工智能化方面又向前迈进了一步。

全数字助听器的核心部件是一个具有高速运算能力的数字信号处理器（DSP）。DSP 又分为通用 DSP 及专用 DSP 两种。通用 DSP 的结构和计算机很相似，也是控制器＋运算器＋存储器结构，但有两点重要的不同：运算器做专门的设计，适应某一类型数字信号处理的特别需求；程序存储器和数据存储器分开，而不是像（目前的）计算机那样程序和数据共用存储器。这样程序存储器和数据存储器可以分别设计，如采用不同的字长，以适应数字信号处理器的"控制程序相对简单而数据量巨大"的特点。通用 DSP 相对于专用 DSP 来说，长处是灵活性强，只要重新编写软件，即可以实现不同的功能，有利于用户今后的升级；短处是对于某一个应用来说，总有相当一部分的硬件及软件是"多余"的，如果要达到相当于专用 DSP 的处理速度，势必导致体积增大，成本上升，耗电量增加。

最早的全数字助听器是 1996 年由 Oticon 公司和 Widex 公司几乎同时推出的 Digifocus 和 Senso，是以硬件为基础的专用 DSP 封闭式平台，完全用数字电路硬件实现。控制程序（即软件）完全嵌入硬件线路，结构中没有多余部分，因此处理速度很高（1s 内作上千万次运算，而感觉不到延迟），体积微小（如 CIC 可完全置于耳道内）。

现在常见的全数字助听器，大多采用专用 DSP 芯片，运算速度约在每秒几亿次。运用数字技术噪声低、失真小的特点，开发出不少以人耳听觉感知模型为基础的"人工智能"处理器，并在选配方法上提出了一些新的概念。

1998 年推出了一种基于通用 DSP 芯片的开放平台，把全数字助听器推向了以软件为基础的阶段。通用 DSP 芯片就像一台个人计算机（PC），拥有 RAM 和 ROM 内存系统以及一个操作系统，运算速度可高达每秒 313 000 000 次。它拥有独立的软件和硬件，一旦有新的助听技术出现，则可通过软件升级更新现有性能，实现助听器升级。DSP 的强大功能允许实时完成 FFT 频谱分析，将频谱划分成更多的频带，可选用不同的处方公式和非线性处理技术，对环境噪声和反馈啸叫有了智能化的处理。

采用通用 DSP 芯片的全数字助听器屈指可数。芯片体积及耗电较大，都制约了它在 ITC、CIC 助听器中的应用，就像个人计算机一样，人类无法预期未来的声音处理技术对硬件资源的需求，软件升级的空间实际是极为有限的。数字助听器的价格会不会像计算机价格一样下降很快，而不值得升级？这些都使人们不再看好采用通用 DSP 芯片的全数字助听器。

总之，全数字助听器中 DSP 芯片的运算能力正在大大提升，全数字助听器得以充分展示其以人耳听觉感知为基础的"人工智能"技术，正在成为未来助听器的发展趋势。

五、近代助听器新技术

1. 助听器类型方面的改进

（1）声电联合刺激：声电联合刺激是近年来新出现的一种听力放大装置。顾名思义，该装置是将声刺激和电刺激结合起来，其声刺激部分指助听器，而电刺激部分则指人工耳蜗。声电联合刺激的体外部分如同一个体积较大的助听器，声电刺激的麦克风和处理器部分全部封装于内。该装置主要应用于低频听力损失较轻而高频听力损失严重的患者，见图 6-3。在声电联合刺激问世以前，这种类型的听力损失患者很难通过传统助听装置改善交流能力。研究表明，对于高频陡降型的听力损失，患者更易于接受声电联合刺激这种听力放大装置；采用声电联合刺激患者的言语辨别能力优于单独使用电子耳蜗或助听器。图 6-4 显示了采用声电联合刺激和传统助听器在辅音辨别测试中的比较，研究结果显示在受试者使用声电联合刺激 12 个月后，其辅音辨别能力较使用助听器时提高了 20% 左右。

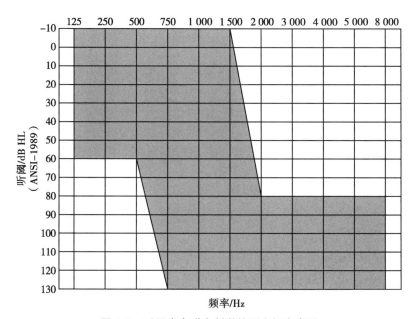

图 6-3　适用声电联合刺激的听力损失类型

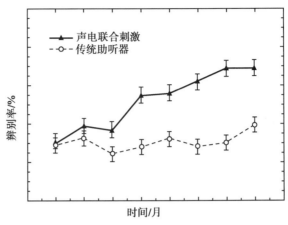

图6-4 声电联合刺激和传统助听器对辅音辨别的对比

（2）开放耳（open fitting，OF）选配式助听器：中度至中重度听力损失患者是选配助听器的主体人群，而该部分患者低频往往保留有较好的残余听力。对于该类患者，采用传统助听器往往因低频噪声干扰或堵耳效应严重等缘难以满足其需求，OF选配对于该类患者而言，可以说是具有震撼性意义的技术突破。如图6-5所示，早期的OF助听器体积已经较标准耳背式助听器有所缩小。近年来，伴随着新技术的出现，许多厂家将助听器的接收器置于患者耳道内（receiver-in-the-canal，RITC），RITC使得助听器的体积进一步缩小，且同时具有缓解堵耳效应和抑制反馈啸叫的功能。目前，有关OF的术语尚未统一，表述形式多种多样，包括open canal（OC），open ear（OE），open（O）等。OF助听器之所以能够被广泛接受，主要得利于：外观小巧美观，不易于被察觉；反馈控制使患者在获得高频增益的同时，可有效避免啸叫的产生。

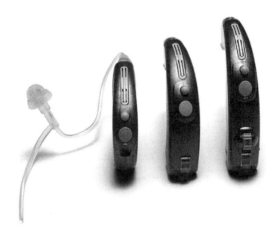

图6-5 OF助听器类型

2. 信号处理方式和特征方面的新技术

（1）麦克风技术：方向性麦克风在助听器中的使用历史已经超过50年。目前许多助听器厂家均采用双麦克风系统，通过对灵敏度的不同设置实现前方信号的敏感度高于侧方和后方，从而实现提高信噪比，改善聆听环境的目的。数字信号处理技术在助听器中的应用使得方向性麦克风技术实现了突破性的进展，现在的方向性麦克风技术已经能够实现以下功能：根据聆听环境的不同自动开启／关闭方向性设置；自动调整某一频率范围内的频率响应（频率特异性方向性麦克风技术）；自动调整需降低的敏感性角度，以捕捉信号和移动噪声源（自适应方向性麦克风技术）；现代的方向性麦克风技术甚至能够分析前后两个麦克风的信号输入情况，以确定从后面来的确实是噪声，还是后面的谈话者所发出的想引起聆听者的注意的言语声。

（2）数字降噪技术（digital noise reduction，DNR）：DNR 是近年来助听器技术突破的另一重要领域。早期的降噪技术主要基于信号的调制率和调制深度（modulation rate and depth），如果信号调制率在 2～20 周期 /s，输入信号将被判断为言语，放大过程中将不启动增益衰减。如果调制率低于或高于 2～20 周期 /s，输入信号则被判断为噪声，放大过程中将启动增益衰减，衰减算法遵从于不同助听器厂家的特定算法。调制深度与此相似，如果某一信号的调制深度高于预先设定的阈值（例如 50%），则该信号将被判断为言语且不启动增益衰减，反之亦然。现在的算法则复杂得多，除采用基于调制的增益衰减外，快速 Wiener 滤波、麦克风噪音衰减、风噪声衰减等均考虑在内，这些技术的改进使得信噪比得以有效提高，对于患者而言，最直观的优点在于使聆听变得容易。尽管研究表示，某些降噪策略对于言语辨别率的提高并不具有统计学方面的显著性意义，然而只要使患者聆听得以改善或得到患者认可，该策略就具有可行性且值得推广。

（3）无线传输：无线传输技术使得助听器选配更加便捷，使用更加灵活多样，为患者提供更多服务。目前助听器可以进行无线选配、无线编程，通过使用蓝牙技术将助听器与手机、电视、音响等设备进行连接，便于使用者更好地享用家庭电器设备。无线传输功能覆盖面越来越大，它甚至可以与家庭无线网络、车库门开启设备等端口相连。无线传输技术使得双耳佩戴实现了助听器间的交流，可以同时开启方向性麦克风功能、噪声抑制功能，使用者仅调节一侧音量即可实现双耳音量的同时改变。

（4）学习式助听器：学习功能起源于 20 世纪 90 年代美国某助听器研发小组的 data logging，开发者将助听器与计算机结合，成功记录了助听器佩戴时间，不同程序间切换频率，以及助听器开关的频率。现在的 Data logging 算法可以追踪音量控制，环境中噪声级，信号和／或噪声的出现或消失，以及其他一些影响助听器使用的重要参量。学习式助听器正是从这一功能衍化而来并得以不断改进，现在的学习式助听器已经具备以下功能：根据不同聆听环境自动调整音量设置，根据聆听环境自动调整方向性麦克风极性等。

总之，伴随着数字技术在助听器领域的更新换代，助听器本身的定义也在不断修正和重新界定。正如欧洲助听器行业协会主席恩斯特先生 2006 年所述："众所周知，昔日的助听器除了名字外，和今天复杂的助听系统已经不可同日而语。"今天的助听系统不仅在硬件上和传统的助听器有巨大差别，更重要的是，在其功能和使用范围方面取得了突破性的进展。软件的强大功能对助听器起到了革命性的再创作用，涌现出真耳原位测听、降噪、声反馈削减、自动程序切换、环境自适应、对使用偏好的学习记忆、耳内受话器等技术。正凭借这些新型技术的推广和使用，今天的助听器已不仅限于对助听损失的补偿，也大大提高了使用中的舒适度，能适合各种声学环境，音质也得到极大改善。助听系统更关注的是如何有效地解决听障给患者现实生活带来的困扰，使之变成生活中的一部分，让他们渐渐摆脱所谓残疾人符号的印记。

第二节　助听器的工作原理和性能指标

助听器是一个电声放大器,将微弱的声音扩大到适应人耳需要的强度。助听器主要由传声器(microphone,音译为麦克风)、放大器、受话器(receiver,耳机)、电池、各种音量、音调控制旋钮等电声学器件组成(图6-6)。

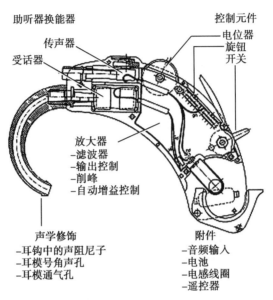

图6-6　助听器的内部构造图

一、内部构造

现代助听器的体积已经很小了,但却集合了大量的电子元器件。这些元器件主要包括以下部件:

1. 传声器　传声器,又常被称为麦克风,其作用是将声波转换成电信号,按工作原理可分成电磁动圈式、压电陶瓷式、驻极体式等类别。

20世纪70年代初出现了驻极体传声器。驻极体传声器由一层薄的金属膜片和一个栅格状的金属底板构成,二者分别作为这个以空气为介质的电容器的两极。两极上驻有一个直流极化电压。声压振动金属膜片,引起电容值的变化,最终被转换为电信号。驻极体传声器膜片质量极轻,降低了对低频振动的敏感性。驻极体中的极化电压是永久留存的,制造过程中已将静电电荷永久留存在一个高度绝缘的塑料中,因此,不再需要额外的直流电压作为极化电压。但驻极体传声器的输出阻抗也很高,需要一个场效应管作为阻抗转换器,放置在传声器内部,并实现一定的前置放大作用。正是由于这个阻抗转换器需要一定的电能,驻极体传声器才表现出对电能有一定的需求。时至今日,驻极体传声器仍是最常使用的传声器,具有频响曲线平滑、对机械振动不敏感等优点。

根据助听器的需要,传声器可有不同的频响和敏感度,还可加载阻尼子对峰值进行平滑处理。在改变特定传声器频率响应特性的技术手段中,电子滤波是运用比较多的一种,它因具有可降低传声器内部噪声的特点而受到青睐。

传声器接收声音可以是全向性的,也可是带有一定的指向性。

(1)全向性传声器(声压传感器):传声器可感受所有方向上的声压变化,以相等的灵敏度接受来自各方向的声音。其拾音特性为一球形。

(2)指向性麦克风(压力递度传感器):指向性传声器只接收来自特定方向的声音,其他方向的声音被压制,对于改善噪声环境下的言语分辨力很有好处。

指向性麦克风有两个声孔,声波可从振膜的两侧传入麦克风。图 6-7 是一个指向性麦克风的剖面图。麦克风内部被振膜一分为二,两个声孔将声音传送至两个小室中。振膜只感受两个小室的声压差值,并将其转化为电信号输出。当两个小室中声压的强度和相位相同时,输出为零。在后声孔内增加一个很细密的声学延迟滤网,来自后方的声波经前、后两个声孔到达振膜的时间会大体趋同一致而被抵消,来自前方声波的输出则会得到加强,因而表现出一定的指向性。在自由场中,其指向性呈现心形极座标图案。

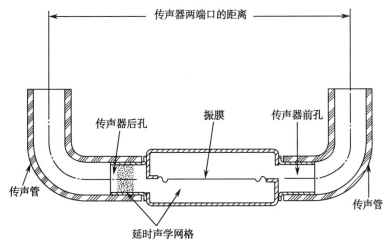

图 6-7 指向性麦克风的长轴剖面图

与全向性麦克风相比,指向性麦克风的低频敏感度比较低。再加上对声源的指向性接收,使得患者在嘈杂环境下的言语接收能力大为改善。

尽管指向性麦克风有诸多优点,但使用却很不普及。直到可编程助听器问世后,为了实现在不同程序间全向式与指向式接收的转换,人们改换思路,引入了双麦克风甚至三麦克风技术以提高对某一方向声源的选择性接收,这一提高,信噪比的思路才重新被重视。

2. 电感线圈 助听器中的电感线圈,看上去是一个细铜丝包绕的线圈,装配在绝大多数耳后式及少数耳内式助听器中,以符号 T 表示。当输入选择开关置于 T 档时,该线圈就替代麦克风的拾音作用,拾取以特定的无线电频率调制的语音信号并进行放大。但它必须与影剧院、教堂、学校等场所为听觉障碍人士所铺设的环路系统配合使用。

3. 放大器 助听器接收声音后,继而由放大机芯进行放大、滤波等一系列处理。诸如音量调节、削峰调节、功能控制和信号压缩等调控环节,也在放大机芯内完成。机芯的工艺水平分为 4 个层面。

(1)分立放大器机芯:焊接在印刷电路板上,占用较大的空间,电路热噪声较大,只在早期的一些大体积助听器(体佩式或大的 BTE)中采用。

(2) 薄层放大器机芯:薄层放大器机芯做在一个涂覆了绝缘材料的陶瓷或玻璃薄片的单面上。晶体管、集成电路和电容也都配接在金质连接座上,由特殊焊接工艺联系在一起。体积大、不实用。

(3) 厚层放大器机芯:厚层放大器机芯做在一个薄陶瓷板上,电阻及连接座由一种特殊的丝网技术"印"在陶瓷板上。厚层机芯可以有多层,层与层间、面与面间易于连接。目前厚层技术最为常见,晶体管、集成电路、电容等可焊接在厚层机芯的两面。

(4) 集成电路机芯:集成电路的大小只有 $1cm^2$ 左右,但却集成了成千上万个晶体管和电阻。集成电路使得助听器更小也更复杂。助听器厂家通常要为特殊的助听器定制集成电路。全数字助听器中的放大器机芯就是一块高度集成化的数字信号处理(DSP)芯片。

4. 输出换能器——受话器(耳机) 受话器将放大后的电信号再转换成声波。受话器的大小决定其敏感度和最大输出,所以,耳内式及 CIC 助听器所采用的受话器,因体积的限制而舍弃高功率机型。放大机芯后的功率放大器,通常都与受话器集成在一起,受话器也由此而被分为 3 类。

(1) A 类受话器:采用 A 类放大电路,无论是否有信号输入,都需要维持一定的静态工作点电压,因而电池消耗较快,现已基本上被低耗能的功放取代。

(2) B 类受话器:也称推挽式(push-pull,PP)放大器(图 6-8),是将两个分别处理正相和负相信号的 A 类放大器组合在一起,信号输出的能力提高了 6dB。由于只放大单相信号,每个放大器的工作点电压可以为 0,因此耗能较低。B 类放大器的缺点是正相和负相信号在衔接时会出现"交越失真"。

(3) D 类受话器:D 类放大器,又称开关放大器,采用脉宽调制(pulse-width modulation,PWM)技术。首先声信号对一个约 100 000Hz 的载波信号进行调幅。调幅信号送至比较器:信号幅度高于比较电压时,比较器输出为高;低于比较电压时,比较器输出为低。这样信号就被转换成一系列脉宽不等的方波信号。这个经"脉宽调制"的方波,控制电源的开关,正负交替地对受话器中的电磁线圈充电。由于受话器中的线圈不能传递如此高的频率,声音又还原成模拟信号输出。D 类受话器的主要优点是能耗低。尽管其静态电流与 B 类放大器相当,但其工作电流减少 20%～40%。另外,其体积和失真也都有所减小。

5. 电池 电池是助听器正常工作的动力源。好的助听器电池应表现为容量高、内阻小、保质期长。容量高可使电池使用的时间更长;内阻小可以提供更大的瞬态电流,使得失真减小;保质期长使得用户不必频繁地去买新生产的电池,还可以减少因保质期过短可能带来的容量下降的损失。此外,好的电池在低温环境下仍能保证良好的使用性能。

(1) 电化学原理:从汞电池发展至碱锰电池,以及目前广泛使用的锌—空电池,助听器电池经历了不同类型的演变。氧化银电池有很高的电压(1.5V),但因其价格高而很少使用。汞电池曾经被广泛地用于助听器中,它质量稳定,可存放较长的时间,电压稳定、内阻小,能提供较大的电流。但银、汞是重金属,不利于环保。

锌—空电池是以金属锌为负极、以空气中氧为正极去极剂、强碱水溶液为电解液的一次性化学电源。空气中的氧通过电池壳体上的孔进入附着在正极的碳棒上,负极锌被氧化发生持久的化学反应,产生 1.45V 的电压(目前电池技术升级,由原来的 1.4V 更新为 1.45V)。由于其正极活性材料氧储存于大气中,故该电池的突出特点是电容量高;缺点是内阻高,不

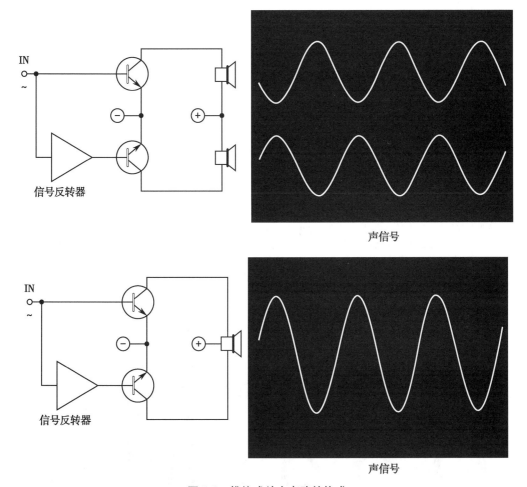

声信号

声信号

图 6-8 推挽式放大电路的构成

能提供大的电流。由于助听器的工作电流很低(一般在零点几毫安到数毫安),锌—空电池完全能满足这种电流要求。它价格适中,使用中不膨胀变形,对环境无污染,所以,锌—空电池是目前使用最广泛的电池。工作温度范围为 -10~50℃,良好保存状况下每年的容降率为 3%。所幸的是,新一代锌—空电池的品质已逐渐接近银、汞电池。

(2)电池的规格:除了盒式助听器使用普通 5 号或 7 号电池外,其他助听器均使用纽扣电池。纽扣电池的规格如图 6-9 和表 6-1 所示。一般而言,助听器的增益和输出越大,所需要的电池能量也就越大,相应的电池体积也应加大。

(3)电池的使用与贮存:使用锌—空气电池时,正负极要放置正确,撕开电池上的小标签,等待 60s 左右,让足够的氧气进入激活电化学系统。电池一旦被激活,就慢慢地耗竭了。不用时,把小标签贴回去可以减小消耗,但它不能完全阻止这一过程。

电池的容量以毫安小时(mAh)表示。如果一粒电池的电量是 100mAh,而助听器的平均电池流量是 1mA,那么它可以使用 100 小时。助听器电池的实际使用时间与助听器型号、数字智能处理、增益、听力损伤程度、气候等因素有关,差别非常大,实际上很难精确估计。一般地,助听器所用电池规格越大,听力损伤越轻,使用时间就越长。

表 6-1 电池的规格与电量

型号	电量 /mAh		直径	高度
	锌 - 空气电池	汞电池	最大 - 最小 /mm	最大 - 最小 /mm
675	540	270	11.6-11.25	5.4-5.0
13	230	100	7.9-7.55	5.4-5.0
312	110	60	7.9-7.55	3.6-3.3
10A	55	30	5.8-5.65	3.6-3.3
5A	—	—	5.8-5.65	2.2-2.0

注:

1. 675 型号是目前助听器用的纽扣电池中最大的,常用于大功率助听器。

2. 13 型号厚度与 675 型号电池相同,但直径减小了,常用于中小功率助听器、耳甲腔式助听器或部分大功率助听器。

3. 312 型号直径与 13 型号相同,但厚度变薄了,常见于耳内式助听器和受话器外置耳背式助听器。

4. 10A 型号厚度与 312 型号电池相同,但直径又减小了,多用于耳道式及深耳道式助听器。

5. 5A 型号直径与 10A 型号相同,但厚度又变薄了,但因电量过小,用得不多。

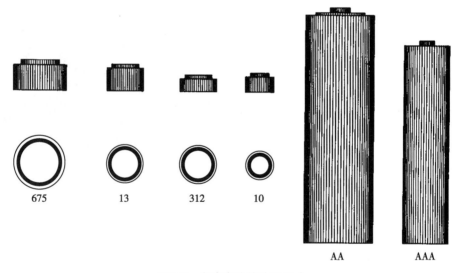

图 6-9 各类电池的外观尺寸

原则上,电池在存贮过程中均会损耗能量。这与其内在固有的电化学系统逐步损耗电能的自放电现象有关。温度是影响自放电现象的最主要的环境因素,温度降低,损耗减小。湿度是另一环境影响因素。锌—空电池的气孔直接与周围环境相连,如果相对湿度太低,电池中的电解质会慢慢变干;相对湿度太高,系统会存储水分,两者都会间接影响锌—空电池的性能。

6. 助听器的功能调节旋钮 模拟电路助听器上常有一定的调节旋钮,验配师可针对患者不同的情况作出个性化的设置,使用者不应随意改变。当然还有一些患者能自行操作的功能旋钮(图 6-10)。

(1)使用者可操纵的调节装置:①音量轮。使用者上下转动音量轮可调整音量。某些数字式助听器实现了音量自动控制,所以省略了音量轮。② ON/OFF 开关。患者通过此开关来打开或关闭助听器。它可以是一个小的拨动开关，也可以与电池仓做成一体。③ M-T 转换开关。使用 M-T 转换开关，助听器可在麦克风（M）—电感线圈（T）两种接收方式中转换。助听器处于 T 档时，麦克风就失效；反之亦然。可是在某些场合下两种方式同时使用最为有利，比如在观看电视时，既想通过 T 档来听电视，又希望能听到家人谈话或门铃等环境声。有些助听器上会多加一个 MT 档位。④ N-H 转换开关。一些较简易的助听器，没有可调节的旋钮，仅能通过机身上的 N-H（normal response/high tone）转换键改变频响。置于 H 档，会衰减低频、克服向上掩蔽效应，达到突出高频、改善言语分辨的目的。⑤程序转换钮。可编程及全数字助听器，比集成电路助听器具有更多的调节参数。针对不同的声学环境，验配师可设置各调节参数的多套程序，用户可自行转换。⑥遥控器。可编程助听器及全数字助听器在多套程序基础上，可能还需要有一定的自主调节能力；助听器的体积更加小巧美观（如深耳道式助听器），已不允许用手动方式来调整。这时就需要通过遥控器来实现参数调节。遥控器的工作可有红外线、超声波或电磁波等方式。

（2）验配师调整的参数：不同档次的助听器，验配师可以调节参数的多少和种类各不相同（图 6-11）。无论是通过旋钮还是可编程的数字存储器，调节参数无外乎以下几类：①增益。声增益是指在特定的工作条件下，助听器在耦合腔或人外耳道内收集的声压级与麦克风收集的声压级之差，单位是分贝（dB）。②频响。可以是助听器的声输出、增益等声学参数随频率变化的函数表达。

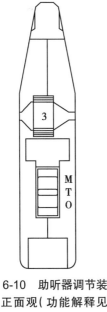

图 6-10 助听器调节装置正面观（功能解释见下面正文）

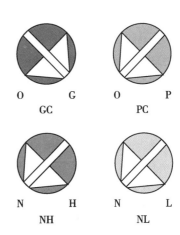

图 6-11 助听器微调
GC. 增益调节；PC. 输出控制；
NH. 中高频；NL. 中低频。

1）预设增益：预设增益钮可使增益最大降低 20dB，它与音量轮共同决定了最终的增益大小。若预设增益值较高，音量轮的数值就应较低；反之，预设增益值较低，音量轮的数值就应较高。为使患者自行提升或降低音量的余地都较大，音量轮一般都置于中间位置，应在这种状态下预设增益。

不少助听器没有预设增益钮，那么助听器的增益控制就全部由音量轮决定，日后调节的范围就较局限。但只要助听器的功率选择恰当，没有预设增益钮的助听器也是可行的。

2）滤波器：① Low-Cut 滤波器。低频削减滤波器（或称高通滤波器），用来削减低频放大。一些低频听力接近正常的听力损失者低频不需要放大；患者在嘈杂环境中觉得过于杂乱，降低低频增益后会有所改善。② High-Cut 滤波器。高频削减滤波器（或称低通滤波器），用来降低对 1 000Hz 以上高频的增益。对一些重度听力损失者，使用高频削减可降低出现声反馈的概率。对于初次使用助听器的患者，常使用这个滤波器来衰减高频，帮助患者度过最初的适应期。随后再逐渐提高对高频的放大。

3）输出限制：助听器放大后的声音既要能使患者听到，同时又不能引起患者不适。声音的最大输出是由削峰电路或 AGC 压缩电路来控制的。①削峰：早期助听器主要通过削峰（peak clipping，PC）电路，将信号中超过输出限制的峰值部分削去。削峰会引入较大的失真。但削峰时放大器的增益并未降低，一些极重度聋患者偏好大的声响来帮助唇读，削峰也许是不错的选择。为克服削峰造成的失真问题，也为了解决患者对大声的耐受问题，人们提出了压缩限幅方式的输出控制。②压缩限幅——自动增益控制（AGC）电路。20 世纪 80 年代的线性放大助听器大都有 AGC 旋钮，AGC 启动阈值在 60～85dB SPL 内可调。输入声超过该阈值，增益开始下降。不期而至的大声，放大后不会超过患者的不舒适阈，而且失真大为减小。

这种 AGC 电路，只解决了患者对大声的响度不适，并没有在各个响度级上解决感音性聋的"重振"问题。而从"自动增益控制"的字面上理解，随着输入声的增加，增益应被"压缩"，所以，AGC 的概念被拓展成"压缩"。而这种传统形式上的 AGC 电路，人们现在更倾向于使用"压缩限幅"这一名词来取代它。

4）压缩：压缩放大是区别于线性放大而言的。在压缩放大的概念提出之前，助听器都采用线性放大。线性放大电路的输入—输出函数呈线性关系，斜率为 1，即输入信号变化多少，输出信号相应也变化多少。不论助听器的输入为多少，其增益均恒定。这对于补偿传导性听力损失（动态范围未变）十分有益。

但对于一个具有重振特点的感音性聋（耳蜗病变）患者呢？设想其言语听阈为 60dB SPL，不舒适级（UCL）为 95dB SPL，动态范围为 35dB。一般而言，听力正常人的日常言语中，轻、中、响 3 种声量大致对应于 50dB SPL、65dB SPL、80dB SPL。若采用线性放大，对低、中、高强度的言语声都给予 25dB 的放大，分别变为 75dB SPL、90dB SPL、105dB SPL，则低、中强度的言语声放大后的输出强度仍在患者残存的言语动态范围；而中等声量以上的强度（＞65dB SPL）经线性放大后，就会超出患者的动态范围（图 6-12A）。

那么，如何将较宽范围的输入声强，经助听器放大处理后，仍落在患者较窄的动态范围之内？这促使人们提出了压缩放大的概念。

压缩放大属非线性放大。对于稳态信号，其输入—输出函数曲线的斜率小于 1，助听器的增益随输入信号强度的不同而自动变化。结合上面的例子，对 50dB SPL 的轻声言语输入给予 35dB 的放大；对于 65dB SPL 的中等声量输入，给予 25dB 的放大；对于 80dB SPL 的强声输入，只给予 15dB 的放大，尚不超过患者的 UCL（此例为 95dB SPL）。输入声强增加了 30dB，增益却从 35dB 至 15dB 减小了 20dB，声输出的动态范围仅为 10dB，输入—输出函数曲线的斜率为 3∶1。这样输入信号较宽的动态范围就被压缩到输出信号较窄的动态范围之中（图 6-12B），这就是压缩的内涵。

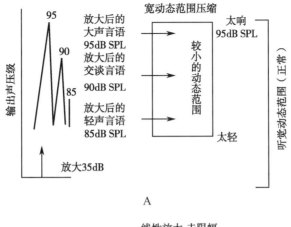

线性放大-未限幅

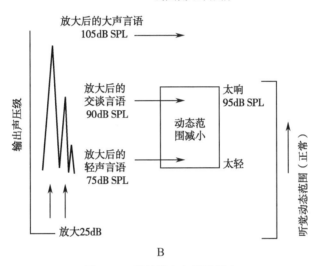

图 6-12　线性放大与压缩放大

A. 线性放大；B. 压缩放大。

现在这种形式的"压缩"被特化为"宽动态范围压缩（wide dynamic range compression，WDRC）"，而压缩的概念已经成为一切对增益具有自动控制能力的非线性放大的代名词。我们只需测量一下助听器的输入—输出函数曲线，就可以很清楚地判断是否存在压缩放大以及压缩模式（图 6-13）。

压缩电路是通过一个反馈环路来实现的。图 6-14 是一个压缩电路的示意图。一个监控电路随时测量信号的电压或电流，从而决定是否把输出信号的一部分反馈到放大器的输入端。压缩电路的雏形是 20 世纪 70 年代的自动增益控制（AGC）电路。AGC 电路放在音量控制（volume control，VC）器的前面，AGC 的启动是由输入声级的大小是否达到一定的压缩阈值决定的。一旦超过该阈值，则信号被反馈回去，电路的增益降低，进入压缩工作状态；反之，仍为线性放大。这种增益调控方式称作输入 AGC（input automatic gain control，AGC_i），压缩阈值与 VC 的设置无关，输出随 VC 增减而增减。

AGC 电路也可放在 VC 的后面，称为输出 AGC（output automatic gain control，AGC_o）；AGC 的启动是由输出声级的大小是否超过一定的输出限制值而决定的。AGC_o 要确保输出声级不论 VC 的设置怎样，都不会超过预设的输出限制值。

随着压缩技术的发展，又出现了其他形式的压缩电路。比如在同一台助听器中同时运用 AGC_i 和 AGC_o 的宽动态范围压缩电路。虽然压缩这一概念被广泛采纳，但在描述压缩电路的工作原理时仍采用 AGC_i 和 AGC_o 的说法。

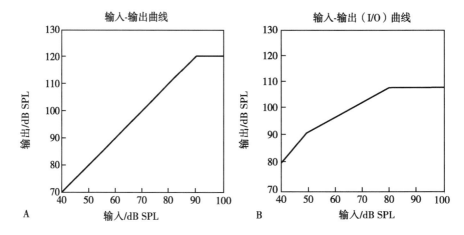

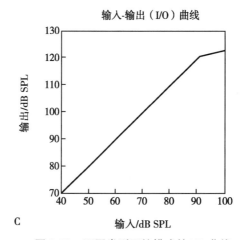

图 6-13　不同类型压缩模式的 I/O 曲线

A. 线性放大、削峰；B. 宽动态范围压缩；C. 线性放大压缩限峰。

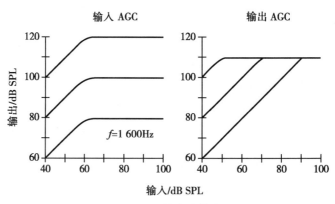

图 6-14　压缩电路模式图

二、听觉辅助器件

1. **环路系统** 环路系统包括环路放大器和环路线圈。一个运转良好的环路系统可以在环路内产生电磁波，剧院演员的台词或教室中老师的声音经电磁发射装置在环路内发射，患者使用 T 档就可以清晰地听到这些语音，而周围的环境噪声不被接收。这样，声音强度不因距离而产生衰减，不受混响及环境噪声的影响，能保持较好的信噪比。

一种小的环路系统也可以用于家庭，如将电视伴音信号接入环路系统，患者在环路内的任何位置都可通过 T 档接收。环路甚至可以小到项链大小。

这一设计还可以帮助患者更好地接听电话。电话听筒若仍采用电磁式耳机，其产生的电磁信号一般也可以为 T 档所接收，但受电磁信号强度以及电感线圈敏感度的制约，可在听筒上加装一个电磁信号扩增器。若电话听筒不再采用电磁式耳机，听筒上就应用一个适配器来产生电磁信号。

2. **直接音频输入** 许多耳背式助听器机身上都有 3 个金属接点，可以配接一个靴状适配器，将声音信号或电视机、收音机上的音频信号直接送入助听器。这样语言信号中的高频成分不会因距离过远而损失，环境噪声也不会引入助听器，信噪比会明显提高。音频输入（direct audio input，DAI）包括如下几种形式：

（1）信号对传（CROS）式：助听器只戴在听力较佳耳，但麦克风移至对侧听力较差耳，麦克风安置在类似于 BTE 型助听器的模件上，通过靴状适配器连至助听器。CROS 的主要作用：由于麦克风与受话器远离，产生反馈的概率很小，所以可以开放耳佩戴（即耳道不必用耳模堵塞）；放大量也可以提高。对于某些特殊情况：如出租汽车司机，左耳佩戴助听器，但顾客的声音多来自右侧耳，CROS 非常适用。

（2）双侧信号对传（bilateral CROS，BICROS）：患者双耳均有不同程度听力损失，听力较佳耳选配了一个助听器，但较差耳也有一个麦克风，通过靴状适配器或无线传输模式传至对侧助听器。

（3）手持式麦克风：在噪声环境下，为了提高信噪比，讲话者手持麦克风，将语音信号通过适配器和导线直接传入助听器。这种手持式麦克风非常适于听力障碍幼儿的听力语言训练。在预先安装了通话线路的教室中，讲台上麦克风接收的信号也可直接输入到儿童助听器的音频输入端。

3. **FM 系统** 可以理解为一个无线麦克风，它包括一个方向性麦克风，一个调频转换器和调频接收器。讲话者将麦克风别在衣领上，导线将声信号送至腰间的调频转换器，以特定的调制频率发射出去。每一个患者的助听器上都加装一个调频接收器，将声信号还原出来。这非常适合在听力障碍儿童教育中使用。

FM 教师系统，类似于舞台上的无线麦克风。教师在领口夹上一个小的麦克风，语音信号通过随身佩戴的 FM 发射器在约 100m 的范围内以调频广播的方式发射，聋儿随身佩戴的 FM 接收器将语音接收后，送入音频输入端，这样保证了儿童即使在户外也能无线地接收到清晰的语音。

三、主要性能指标

助听器标准规定了对其进行计量的主要技术指标及其测试方法。国际电工委员会对助听器的声学特征测量采用 IEC118 系列标准。美国国家标准委员会（ANSI）及德国标准化学会（DIN）都颁布了自己的标准。生产厂家也必须给出十分详尽的性能参数，而验配师则希望所测试的指标尽可能简单实用，易于重复测量。

IEC118 标准：1983 年，国际电工委员会的 IEC118 标准针对不同类型、不同线路的助听器以及不同的测试目的提出了不同的细则。我国国家标准等效采用了这一系列标准。

GB6657 即 IEC118-0 助听器电声特性的国际推荐测量方法。

GB6658 即 IEC118-1 具有感应拾音线圈输入的助听器电声特性的测量方法。

GB6659 即 IEC118-2 具有自动增益控制电路的助听器电声特性测量方法。

GB11455 即 IEC 118-3 不完全佩戴在听者身上的助听器的特性测量。

SJ/Z-9143.2 即 IEC118-9 带骨导耳机的助听器特性的测量方法。

GB7263 即 IEC118-7 助听器交货时质量检验的性能测量。

下面以 IEC118-0 为例，介绍常规助听器电声参数定义，并描述其测量方法。

ANSI 标准：美国国家标准委员会（ANSI）参照美国声学会（Acoustical Society of American，ASA）倡议的方法，制订了 ANSI 标准，并随着助听器技术的发展不断地更新。ANSI 标准在美国、澳大利亚等国使用较为普遍。

ANSI 标准是使用 2ml 耦合腔进行测量的。

1. 常规助听器的性能指标

（1）饱和声压级：①最大饱和声压级（maximum saturation sound pressure level），饱和声压级是指助听器放大电路处于饱和状态时，在耦合腔上测得的声压级频响曲线上的最大值。②输入声压级为 90dB 时的输出声压级（output sound pressure level at 90 dB SPL input，$OSPL_{90}$），将助听器增益设为满档（其他调节旋钮的设置也要保证最大增益），输入声压级在各频率均为 90dB SPL 时，在耦合腔上产生的输入声压级即为 $OSPL_{90}$（图 6-15）。在此测试条件下，几乎所有的助听器都会进入饱和工作状态，故常以 $OSPL_{90}$ 的测量等效饱和声压级的测量。

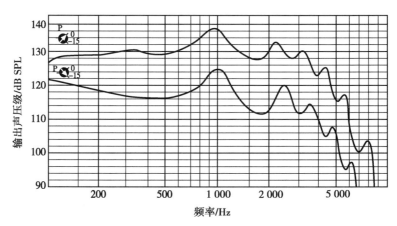

图 6-15　输入声压级为 90dB 时的输出声压级（$OSPL_{90}$）

（2）满档声增益（full on acoustic gain）：声增益是指在特定的工作条件下，助听器在耦合腔上产生的声压级与麦克风所在的测试点的输入声压级之差（图 6-16）。满档声增益多用于描述放大电路的最大放大能力，要求电路不能饱和。测量时，音量电位器置于满档，输入声为中等强度(60dB SPL),在200~8 000Hz范围内扫频,测得满档增益的频响曲线。若60dB SPL的输入声已使输入输出曲线出现饱和,则考虑使用50dB SPL输入声,但须注明输入声级。对于不能手动关闭AGC功能的助听器,也要采用50dB SPL输入声使其AGC功能不被启动。

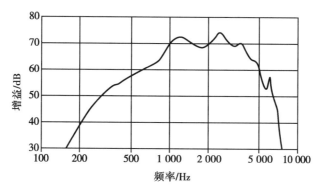

图6-16 满档声增益频率响应

在描述满档声增益时,既可以绘成频响函数,也可以用指定频率(多为1 600Hz或2 500Hz)处的满档声增益数值作为助听器性能的标称值。

(3)参考测试频率和参考测试增益:助听器在实际使用时,不会也不应处于满档状态,实际的增益值远小于满档声增益。为了评判助听器在实际使用时的效果,IEC118规定了参考测试频率和参考测试增益。①参考测试频率:现采用高频平均增益(high frenquency average, HFA)的参考值,所以参考测试频率(reference test frequcncy, RTF)为1 000Hz、1 600Hz和2 500Hz。测试特殊频率,必须另加说明。②参考测试增益:是指以60dB SPL的参考测试频率纯音信号输入助听器,一边调节增益旋钮,一边测试耦合腔中的声输出,使参考测试频率处的声输出恰为OSPL$_{90}$以下(15±1)dB。此时助听器的增益即为参考测试增益。若增益已调至最大,输出仍不能达到这一数值,则取满档声增益为参考测试增益。

(4)频率范围:在基本频率相应曲线上,以1 000Hz、1 600Hz、2 500Hz 3个频率描述对应的增益平均值(HFA增益)作一水平线,下移20dB再作一条平行线,该平行线与基本频率相应曲线的两个交点,即为助听器频率范围的低频与高频限。一般以<200Hz,>6 000Hz为佳(ANSI S3.22—2003)。

(5)频率响应特性:频率响应简称"频响(frequency response)",是指将一个恒定电压输出的音频信号与系统相连接,音箱产生的声压随频率的变化而发生增大或衰减、相位随频率而发生变化的现象,是指振幅允许的范围内音响系统能够重放的频率范围。①频率响应曲线:可以是助听器的声输出、增益等声学参数随频率变化的函数曲线,纵坐标为线性dB刻度、横坐标为对数频率刻度,且在绘图时横坐标上10倍频程的长度应等于纵坐标上50dB对应的长度。上文在述及饱和声压级、满档声增益时,均提到了它们各自对应的频响曲线。②基本频率响应曲线:在参考测试增益下(该增益值至少要比最大增益低7dB以上),在200~8 000Hz范围内以60dB SPL的扫频纯音作为助听器的输入,测量耦合腔中声压级随频率的变化,得出声输出或增益的基本频响曲线(图6-17)。测试基本频率响应的目的在于了解助听器在没有声反馈和机械反馈(振动)前提下的频响特征。将基本频率响应曲线与满档增益频响曲线相比,则可鉴别出声反馈和机械反馈的有无。二者曲线的形状越接近,助听器则越稳定。

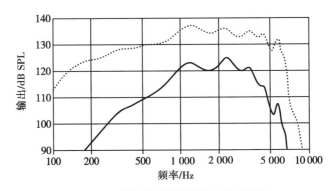

图 6-17　声输出或增益的基本频响曲线

（6）输入—输出曲线:输入—输出曲线,在参考测试增益下,参考测试频率所对应的输入声与输出声的声压级变化关系。

（7）助听器的失真:助听器失真包括谐波失真(harmonic distortion)和互调失真(inter-modulation distortion)。谐波失真的概念是,当某一单一频率 f_0 的声信号输入助听器后,输出信号中除有 f_0 频率成分外,还会产生 $2f_0$、$3f_0$……谐波成分,出现这些谐波成分即为谐波失真。互调失真的概念是,当某两个单一频率(f_1、f_2)的声信号输入助听器后,输出中除有 f_1、f_2 成分外,还产生 f_1-f_2、f_1+f_2、$2f_1-f_2$、……互调失真成分。互调失真在助听器中表现不明显,国际标准规定的对助听器非线性失真度的测量仅局限于谐波失真。具体的计量方法是,在参考测试增益下,在 400~1 600Hz 范围内,选取厂家指定的频率作为 f_0,以 70dB SPL 的纯音输入助听器,输出信号中二次谐波处 $2f_0$ 的声压级(dB 值)与 f_0 处的声压级(dB 值)之差,换算成百分比,即为二次谐波失真度。依此类推,可以得出三次谐波、四次谐波……的失真度。不过总谐波失真中以二次谐波的成分最为显著。举一个例子,在参考测量增益下,以 70dB SPL、400Hz 的纯音信号作为输入,输出信号中 400Hz 处的声输出为 90dB SPL,800Hz 处的输出为 70dB,1 200Hz 处的输出为 50dB,则二次谐波失真度为(70-90)dB=-20dB,复习本书中有关分贝的定义可知声输出的比值为 10%;三次谐波失真度为(50-90)dB=-40dB,以此类推声输出比值为 1%。

（8）等效输入噪声:等效输入噪声是评价助听器的内在固有噪声的一个指标。内在噪声往往是由电子元器件工作时产生的热噪声引起的。内在噪声大的助听器,即使在没有输入声的情况下,也会明显地听到一个嘈杂的输出声。将输出的噪声声压级 dB SPL 值,减去助听器的增益 dB 值,即把内在噪声近似等效还原成输入噪声,此值即为等效输入噪声。等效输入噪声应在参考测试增益下,在参考测试频率处计量。计量的步骤是:将增益调节旋钮大致调节到参考测试增益位置,输入 60dB SPL 的纯音(L_1),纯音的频率为参考测试频率,测得助听器输出声压级(L_s),L_s-L_1 为参考测试增益。关闭声源,测得助听器内部噪声的输出噪声级(L_2)。等效输入噪声级(L_N)(dB SPL)等于在参考测试频率(或 HFA)处、在参考测试增益下的输出噪声级(dB SPL)减去参考测试增益(dB)。计算公式为 $L_N=L_2-(L_s-L_1)$。

（9）电池电流:该参数反映了助听器的耗电程度。在参考测试增益位置,以参考测试频率 60dB SPL 的声音作为输入,测定此时的电池电流。

(10) 电感拾音线圈最大灵敏度:对于带有 T(Tele-coil,电感线圈)档的助听器,使用者可借助助听器内的电感拾音线圈直接接收诸如电话听筒中的电磁语音信号,电感拾音线圈的最大灵敏度是很重要的指标。测试方法如图 6-18 所示。

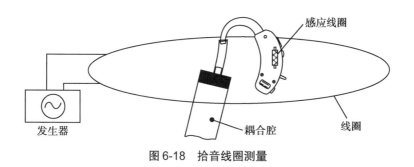

图 6-18　拾音线圈测量

2. 非线性放大助听器的性能指标

(1) 静态压缩特性:静态压缩特性是指助听器中与时间量无关的参量,主要包括压缩阈值、压缩范围、压缩比率,而这些参数大多都可在输入增益曲线上得到体现。

1) 增益:与线性助听器不同,压缩放大助听器的增益随输入声强而改变,为了满足对助听器电声学特性的质量检测,多数厂家应用 50dB SPL 较低的输入声级来测量增益,或者报告助听器处于线性状态下的增益值。但更为普遍的是应用输入—输出曲线(ANSI,1987)或一组在不同输入声级下测得的增益频响曲线(ANSI,1992;IEC118-2)来描述增益的变化特点。以图 6-19 显示的 I-O 曲线为例,输入在 60dB SPL 以下时,增益为 30dB;输入为 70dB SPL 时,增益为 25dB;输入为 80dB SPL 时,增益为 20dB。

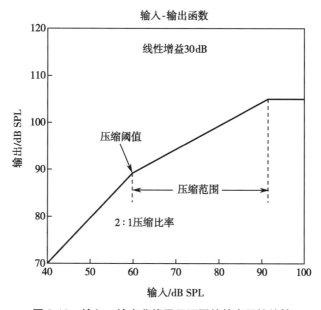

图 6-19　输入—输出曲线显示不同的静态压缩特性

2）压缩阈值（compression threshold，CT）：压缩阈值代表助听器由线性放大刚刚进入非线性放大时的输入声级。在 I-O 曲线上这一点经常被称为"拐点"。在图 6-19 中，CT 值为60dB SPL。在 IEC118-2 中，CT 被定义为：助听器的增益由线性放大开始下降（2±0.5dB）时所对应的输入声压级（图 6-20）。

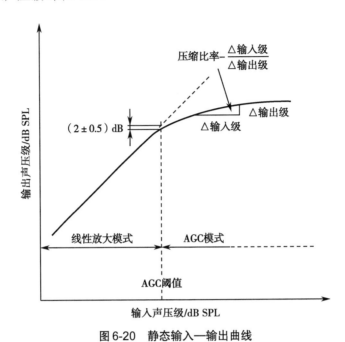

图 6-20　静态输入—输出曲线
AGC．自动增益控制。

3）压缩范围：是指压缩放大器对多大声强范围内的输入声进行压缩。

4）压缩比率（compression ratio，CR）：助听器处于压缩工作状态时输入声压级对输出声压级的微分，即为压缩比率。在图 6-19 所示的例子中，CR 为 2∶1[（90−60）/（105−90）=2]，I-O 曲线的斜率为 0.5。

（2）动态压缩特性：由于反馈环路的运作，压缩工作状态的启动与恢复均需要一定的时间，称之为启动时间和恢复时间。

1）启动时间（attack time）：IEC118-2 的定义是当输入信号声压级突然增加到某一声压级，启动压缩电路，助听器的增益由原来的线性状态值逐渐下降，输出"上跳"后也随之下降并再次达到一个稳态声压级上。从压缩电路启动开始，到输出值与最终的稳态声压级相差±2dB时为止，这一瞬时间隔，定为启动时间，以 t_a 表示。见图 6-21。①语言常规动态范围的上升时间：当输入声压级由 55dB SPL 增加到 80dB SPL 时，测得的上升时间定义为语言常规动态范围的上升时间。IEC 118-2 及 ANSI S3.22-1987 均采用这一定义。②高声级上升时间：输入声压级由 60dB SPL 增加到 100dB SPL 时，测得的上升时间为高声级的上升时间。

2）恢复时间（releasing time）：当输入信号声压级突然减小到某一声压级，助听器由压缩状态恢复到线性放大状态，增益由原来的压缩状态值逐渐上升，输出"下跳"后也随之上升并再次达到一个稳态声压级。从线性电路恢复开始，到输出值与最终的稳态声压级相差±2dB时为止，这一瞬时间隔，为恢复时间，以 t_r 表示。见图 6-21。①语言常规动态范围的恢复时间为：输入声压级由 80dB SPL 下降到 55dB SPL 时测得的恢复时间。②高声级的恢复时间为：输入声压级由 100dB SPL 降到 60dB SPL 时，测得的恢复时间。

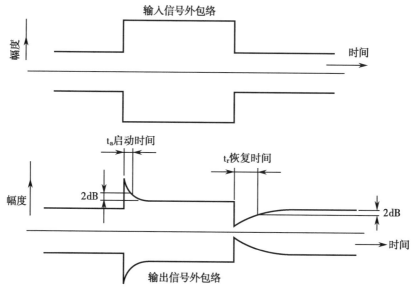

图 6-21 自动增益控制（AGC）电路的动态输入特性

第三节 耳模及其声学特性

耳模是人耳与助听器相连的声学耦合器，是将助听器的输出声从受话器传递到外耳道及鼓膜处，同时起到固定助听器与改善助听器声学特性的作用，它是根据患者耳甲腔、耳道的形状及听力补偿的需要定制而成的。因此，在选配助听器时应充分重视耳模的作用，有效地提高与改善助听器对患者听力补偿的效果。

一、耳模及其作用

1. 与耳模相对应的外耳解剖结构 耳模主要位于耳甲腔及外耳道内，不同类型的耳模，因其填满耳廓及外耳道的部位不同而得名。因此，有必要说明耳模及相对应的外耳解剖部位（图 6-22）。

外耳道长 2.5～3.5cm，由软骨部和骨部组成。而外耳道的外段部分，即软骨部，因其覆盖较厚的皮肤、皮下组织与脂肪，并含有毛囊与皮脂腺，且有耵聍腺可产生耵聍，故软骨段对外部施加的触碰与压力的耐受性比较好，耳模或耳道式助听器一般主要接触加压应在软骨段为主，这样不易发生疼痛与不适感。

外耳道的内段为骨部，皮下组织甚少，仅为 0.2mm 厚的光滑皮肤与软骨膜、骨膜接触紧密，对触碰极为敏感。如果耳模或耳道式助听器的部分体积需要深入到外耳道骨段，此部分的体积尽可能要做成椎形，以免触碰到外耳道骨部而引起疼痛与不适。

某些部位对耳模的装配有着特殊的作用，其中，外耳道口与耳道内的第二弯曲之间对于耳模起着密封的作用；外耳道走向、耳轮与对耳轮、耳屏与对耳屏影响着耳模的稳固性；耳模的佩戴难易程度与耳道的长短、耳甲腔的完整性和形状有着密切的关系。

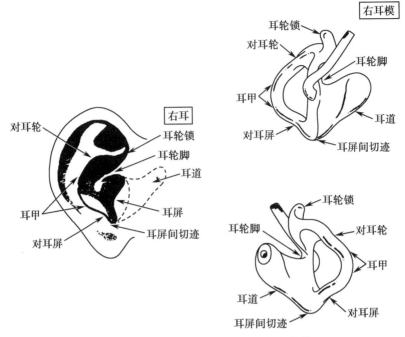

图 6-22　耳模及其相对应的外耳解剖部位

2. 耳模的作用

（1）固定助听器：耳模最基本的作用是可以使助听器的佩戴更加稳固与舒适，它是完全依照耳廓及外耳道的形状制成的。耳模与耳轮、耳甲腔、外耳道弯曲等相对应的各部位，都可以保证助听器连上耳模后佩戴在耳廓上更稳固，并能满足患者在舒适和美观上的需要。耳模固定助听器效果有时与舒适性会发生矛盾，密封越好，就越稳固，但有些患者使用时会产生不适或疼痛；所以，在考虑耳模固定助听器作用的同时，还要考虑患者使用的对象，如儿童活动度大，应尽量选择更有利于固定助听器的耳模类型。

（2）防止声反馈：一个密封性较好的耳模，在助听器和外耳道之间建立了一个封闭的声学管腔，一个合格的耳模，应该是在患者所需的有效增益内，耳模能有效地阻隔助听器放大后的声音从外耳道溢出，再次进入助听器的麦克风被放大，而产生声反馈。在这里应该指出的是，合格的耳模不是做得越密封越好，应是以在患者有效的声增益状态下不产生声反馈为标准，同时佩戴也要尽可能地舒适。

（3）改善声学特性：耳模主要是通过不同的形状类型、不同的通气孔与声孔、传声管的类型、阻尼大小来改变助听器输出声的频响效果与声学特性，从而更好地满足不同听力损失患者听力补偿的需要。但应注意佩戴耳模后，改变了人耳外耳道的形状与容积腔的大小，易使部分助听器耳模使用者产生耳道胀闷堵塞、自听增强等不适感，即堵耳效应。

二、耳模的分类

1976 年美国国家耳模实验室（the National Association of Earmold Laboratory，NAEL）宣布了一些标准的耳模名称，此后又相继发明了很多新的耳模样式。但是，人们对这些耳模的命名还比较混乱。以下仅对几种具有标准名称的耳模进行介绍。

根据耳模占据耳廓及外耳道的大小，可分为封闭式和非封闭式。

1. **封闭式耳模**　封闭式耳模可分为标准式、壳式、骨架式（框架式）、半壳式、耳道式、耳道锁式、耳轮耳道锁式耳模等。

（1）标准式耳模：标准式耳模（图 6-23）保留了完整的耳甲腔部分，耳模外侧打磨成一个平面，其上金属环（receiver ring）可与盒式助听器耳机相连。此耳模声孔上有一个腔，可对高频信号产生衰减。此种耳模常用于盒式助听器和听诊式助听器佩戴者。

（2）壳式耳模：壳式耳模（图 6-24）是在耳背式助听器中最为常用的。有较为完整的耳甲和耳轮锁（即耳模突出于耳甲艇的部分），且有较高的牢固性和密闭性。因其完全充满了整个耳甲腔，外耳道密封性良好，可抑制啸叫。这种耳模适用于重度到极重度听力损失的患者，同时适用于活动度较大的儿童，但患者在耳轮部分有时会产生不适感。

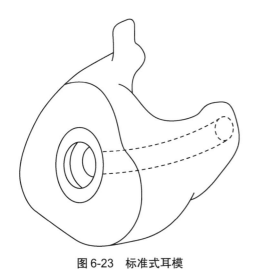

图 6-23　标准式耳模　　　　　　　　　　图 6-24　壳式耳模

（3）骨架式耳模：骨架式耳模（图 6-25）类似于壳式耳模，但无耳甲中心部分，为了增加患者的舒适程度，可把壳式耳模的中心部分掏空，只保留其边缘骨环，嵌入耳甲腔中。这样耳模的重量减轻了，与耳廓接触的面积也减少了，由此提高了佩戴的舒适度。这种耳模适用于轻度、中度及部分重度听力损失患者。

骨架式耳模还可以分成：3/4 骨架式（耳道轮式）（图 6-26）和半骨架式（图 6-27）。

1）3/4 骨架式：部分患者的耳甲腔较浅，耳轮无法嵌住耳模框架，若去掉这一部分框架，制成 3/4 骨架式耳模，这样既增加了美观性，又进一步减小了耳模的体积，减轻了重量，使耳模的佩戴更加舒适、稳固。

2）半骨架式：半骨架式耳模是骨架式耳模的一个改良式耳模，它的耳轮被部分去除。这种耳模适用轻度及中度听力损失的患者。

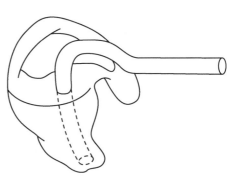

图 6-25　骨架式耳模

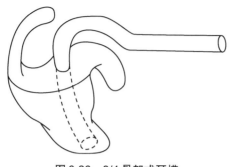

图 6-26　3/4 骨架式耳模

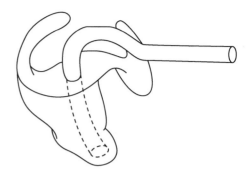

图 6-27　半骨架式耳模

（4）半壳式耳模：又称耳道壳式耳模（图 6-28），此种耳模的耳甲艇部分被去除，耳模只覆盖耳甲腔部分。半壳式耳模适用于手指不灵活且听力损失呈中度和重度的患者。

（5）耳道式耳模：耳道式耳模（图 6-29）只保留了外耳道部分。因其与外耳接触面积最少，所以佩戴的舒适度最高，并且易于患者佩戴。但是它的牢固性和密封性较差。

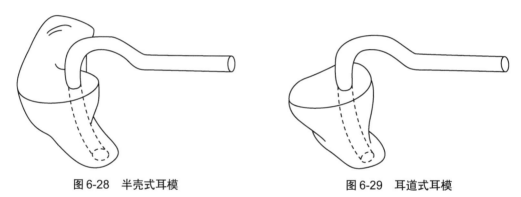

图 6-28　半壳式耳模　　　　　　　　　　　　　图 6-29　耳道式耳模

耳道式耳模有两种改良式耳模：耳道锁式耳模（图 6-30）及具有耳轮的耳道锁式耳模（图 6-31）。以上两种改良式增强了耳模的稳固性。耳道式上述 3 种耳模适用于轻度到中度听力损失的患者。

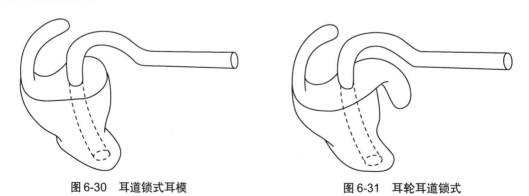

图 6-30　耳道锁式耳模　　　　　　　　　　　　图 6-31　耳轮耳道锁式

2. **非封闭式耳模**　对于轻中度听力损失患者，特别是低频听力较好的患者，当开放耳验配助听器时，可以使用非封闭式耳模，它的最大优点是释放低频，可以有效地消除佩戴者堵耳不适感,并且较好地保留了耳廓和外耳道的声学效应。这类耳模近年来使用增多,如自由场耳模、Janssen 耳模、CROS 耳模等。

(1)管式耳模:管式耳模(图 6-32)即将连接助听器的管子直接插入外耳道内,其在 500Hz 可得到最大 30dB HL 的衰减。佩戴管式耳模不会产生堵耳效应。这种耳模适用于在低频或中频听力损失少于 40dB HL,而在 2 000Hz 以上听力损失最多为 50dB HL 的听力障碍患者。

(2)自由场耳模:自由场耳模(图 6-33)与管式耳模相比,自由场耳模将管子固定到了只有耳甲边缘的耳模上,增加了耳模的牢固性,适用的听力损失程度与管式耳模大致相同。

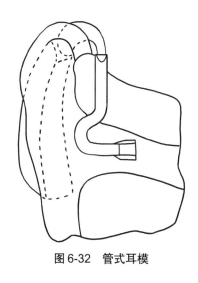

图 6-32 管式耳模

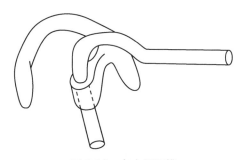

图 6-33 自由场耳模

(3)Janssen 耳模:与自由场耳模相比,Janssen 耳模(图 6-34)保留了耳模的耳甲边缘并加上了缩小的耳道部分,它适用于轻度高频听力损失的患者。

(4)CROS 耳模:CROS 耳模又叫信号对侧传输线路耳模,在传统意义上是指适用于一侧全聋、另一侧正常或轻度听力损失患者的耳模。它的结构类似于 Janssen 耳模。CROS 耳模有 3 种类型:CROS A(图 6-35)、CROS B(图 6-36)和 CROS C(图 6-37)。CROS 耳模现在很少使用,此类耳模适用于轻度到中度听力损失的患者。

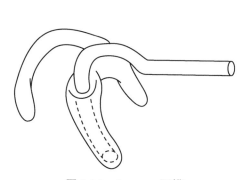

图 6-34 Janssen 耳模

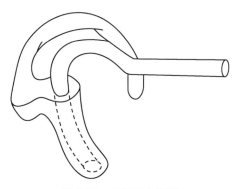

图 6-35 CROS A 耳模

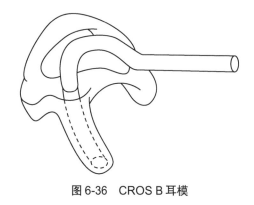

图 6-36　CROS B 耳模

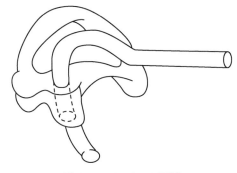

图 6-37　CROS C 耳模

三、耳模的声学特性

1. **导声管**　导声管用于连接耳钩与耳塞,它将来自耳钩的声音传至耳模。

(1)导声管的规格:20 世纪 70 年代,美国国家耳模实验室(NAEL)颁布了各种导声管的标准名称和规格,共分为 9~16 号不同标号的导声管,号数越小,其内径越大(附录 1)。

目前广泛使用的是 13 号导声管,其标准型适用于轻度听力损失,中厚型适用于中度听力损失,厚壁型适用于重度听力损失。从表中可以看出,导声管的号码越大,其内径就越细。导声管的长短应符合助听器佩戴者自身的耳部解剖结构。

(2)导声管的声学特性:随着导声管的长度加长,其所传输声音的低频增益增加,高频增益减少,共振峰下移;随着导声管的内径变细,低频增益增加,高频增益减少。

(3)导声管与耳模的连接方式:分为两种连接方式,一种为直接连接方式,另一种为间接连接方式(图 6-38)。

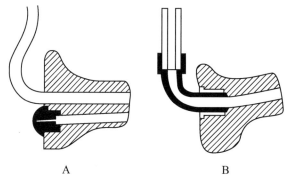

A　　　　　　　　　　　　　　B

图 6-38　导声管与耳模的两种连接方式
A. 直接连接;B. 间接连接。

1)直接连接方式:即将导声管直接连接到耳模耳道的底部,当作声孔使用,使耳模的导声管有一光滑连续的声道,可避免产生额外的共振峰。为了更好地固定导声管,我们常常在导声管与耳模连接的部位加一个镀金的金属环,但是这也为更换导声管增加了困难和费用。软耳模经常采用此连接方法。

2)间接连接方式:即在耳模上连接一个质地为硬塑料的转接器,转接器的另一头与导声管直接相连。转接器有两种类型(图 6-39)。一种为可连续、流畅地连接导声管和声孔的转接器,如连续气流适配器(continuous flow adapter,CFA),为专利产品。这种转接器可以防止因不流畅连接而产生的额外的共振峰。另一种为不连续的连接器。国内做硬耳模常用此法。

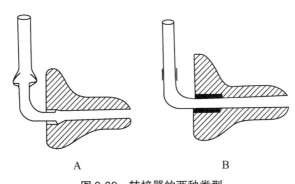

图 6-39　转接器的两种类型

A. 不连续的连接器;B. 连续气流适配器。

2. 声孔

(1)传声孔的声学特性:声孔是指耳模耳道部分的传声孔。声孔的长度和直径会影响到助听器的声学特性。增加声孔的长度,会增加低频增益;减小声孔的长度,会增加高频增益。声孔的直径越大,其高频增益越大;声孔直径越小,其低频增益越大。当声孔长且直径小时,频率响应曲线向低频移动;当声孔短且直径大时,频率响应曲线则会向高频移动。

(2)传声孔的规格及应用:一般情况下,为了使助听器得到一个平滑的声学输出,声孔应该和与之相连的导声管具有相同的尺寸,所以声孔的内径通常为2mm。声孔的长度和直径可针对性地选择不同的尺寸。

为了得到某些特殊的声学输出,可以对声孔进行一些特殊的处理。下面介绍两种临床常用的声孔。

1)号角声孔:呈号角效应,制作时可在耳模耳道部分的内侧钻一个内径 >2.00mm、长度至少为 10mm 的声孔,形状类似一个喇叭,可增加高频输出,常用于下降型感音神经性聋患者,见图 6-40。

2)反号角声孔:制作时可在 2.0mm 的声孔内装一个内径 <1mm 的导声管,以得到反号角效应,从而使耳模得到一个较好的低频响应,衰减高频,可常用于低频较差的传导性聋或混合性聋患者,见图 6-41。

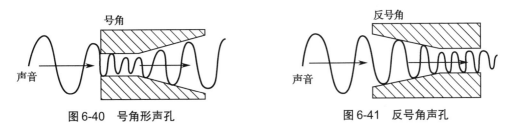

图 6-40　号角形声孔　　　　　　　　　　图 6-41　反号角声孔

3. 阻尼子

助听器的阻尼子是助听器传声通道中影响声音传递的障碍物,通常是由一些小的膜片、丝网、硅材料和钢制材料等制成,其对声音的阻尼作用可以在多次实验中重复。

(1)阻尼子的声学特性:阻尼子作用是平滑助听器频响曲线 1 000~3 000Hz 这一频率

范围内的波峰,减少啸叫、改善音质。一般耳背式助听器的受话器在没有经过声学处理前都有 5 个共振峰,多由声管和受话器的共振产生:第 1 个约为 1 200Hz、第 2 个约为 2 500Hz、第 3 个约为 3 600Hz、第 4 个约为 4 800Hz、第 5 个约为 6 000Hz,确切的共振位置与受话器的大小、声管的长度和直径有关。由于存在这些波峰,助听器比较容易达到饱和而失真,所以这些共振峰往往也是患者抱怨音色不自然、音质尖涩的主要原因,尤其对于重振患者,这些尖锐的共振峰常导致不适。而经过阻尼的平滑作用可使这些尖锐的共振峰趋近平缓,使得音质更加柔和,减轻重振患者的不适感。

(2)阻尼子的应用:阻尼子分不同阻值,阻值越大,对中频能量的衰减越明显。用不同颜色来标识不同阻尼值,详细信息见附录 2。

阻尼子可以放在助听器传声通路中的任何位置,如耳钩、耳钩尖端、声管、耳模等位置,根据其放置的位置不同,发挥的效应也会有变化(图 6-42),声学效果也不同(图 6-43)。阻尼子离鼓膜越近,阻尼效果越大,离耳钩越近,阻尼效果越小。但是,离鼓膜越近,阻尼子越容易受潮,易被盯聍损坏,因此临床上少有在耳模上放置阻尼子。

目前许多助听器出厂时,耳钩内已加装了阻尼子,构成了具有不同阻值的耳钩系列。

图 6-42　放置在不同位置的阻尼子

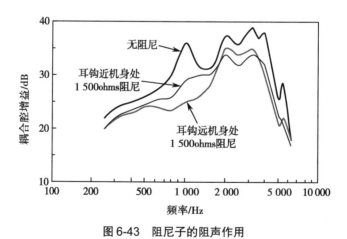

图 6-43　阻尼子的阻声作用

4. 通气孔　在耳模上开的除声孔外的第 2 个连通耳模内外的通道,叫作通气孔,多用于轻度、中度及部分中重度听力损失者。通气孔的有无和尺寸常常影响助听器佩戴者的满意度。合适的通气孔不仅可以提高助听器佩戴的舒适度,还可以改善音质。

(1)通气孔的声学特性:通气孔产生的声学特性主要在于减小助听器的低频增益,使得低频能量可以从耳模中"泄漏"出去,从而方便验配师调整低频增益,改善音质。通气孔可根据其直径和长度不同,使得助听器产生不同的低频衰减量。详情可见表 6-2 和图 6-44。

表6-2 不同尺寸通气孔的衰减量 单位: dB

通气孔径	250Hz	500Hz	750Hz	1 000Hz	1 500Hz	2 000Hz	3 000Hz	4 000Hz	6 000Hz
堵耳	−4	−2	−1	−1	1	0	0	0	0
1mm	−5	−2	−1	−1	1	0	0	1	1
2mm	−11	−3	−1	−1	1	1	1	1	2
3.5mm	−21	−12	−6	−4	1	2	2	1	1
密封圆顶耳塞	−10	−8	−3	−2	−2	−1	1	−2	0
开放圆顶耳塞	−30	−24	−16	−12	−8	−3	5	0	0

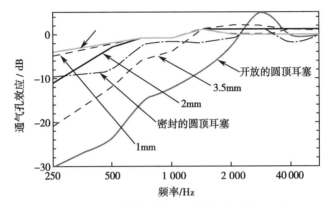

图6-44 不同直径的通气孔的声音衰减作用强度

（2）通气孔与堵耳效应：堵耳效应是指耳甲腔或外耳道入口被耳模闭塞后，患者感觉自己的发声似回声样或者听起来感觉沉闷而不自然，多由1 000Hz以下的中低频音引起。通气孔能减小助听器的低频效应，使低频能量可以从耳模传出，改善音质，减轻患者使用耳模后的堵塞、闷胀感，从而降低堵耳效应。

另外，增大通气孔的孔径，同时缩短其长度，可以增加通气孔对低频的衰减量，做到进一步消除或减小堵耳效应。

（3）通气孔与声反馈：当耳模所选用的通气孔与助听器增益不相适应时，助听器便会产生啸叫。不同尺寸的通气孔有相应的助听器最大无反馈插入增益，见表6-3。

表6-3 通气孔与助听器相应最大无反馈插入增益值 单位: dB

尺寸	500Hz	750Hz	1 000Hz	1 500Hz	2 000Hz	3 000Hz	4 000Hz	6 000Hz
堵耳	65	66	64	60	56	41	45	50
1mm	65	64	61	58	52	39	45	47
2mm	60	60	57	54	49	36	41	48
3.5mm	51	53	52	48	43	31	35	41

（4）通气孔的种类：通气孔分3种类型，平行通气孔、"Y"形通气孔和外部通气孔，见图6-45。

1）平行通气孔：在耳模内打的一条与声孔平行的通道称为平行通气孔（图6-45A），是3种通气孔中最常用的。其在衰减低频信号的同时不影响高频插入增益，而且因为声波可以直接从通气孔传入,中高频增益还会略有提升。

2)"Y"形通气孔:在耳模内打的一条倾斜并与声孔汇合的通道称为"Y"形通气孔(图6-45B)。其除了衰减低频外,还会衰减助听器的高频增益。若保持通气孔的内径和长度不变,开"Y"形通气孔会使高频增益减小6dB,也增加了啸叫的可能性。只有在耳模耳道部分空间有限、不足以开平行通气孔时,才会选择"Y"形通气孔。若选择"Y"形通气孔,在制作耳模时应尽可能地使其与声孔交叉的位置靠近耳道内侧。

3)外部通气孔:从耳模外部打通的一条通道或者沿着其底部打一个"V"形槽至其内侧,即为外部通气孔(图6-45C)。只有当耳道内的空间小到连"Y"形通气孔也不能使用时,才选择打此类通气孔,同理,该通气孔会衰减低、高频增益,容易啸叫,临床上使用较少。

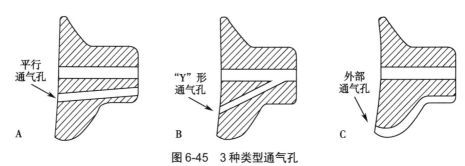

图6-45 3种类型通气孔
A. 平行通气孔;B. "Y"形通气孔;C. 外部通气孔。

综上所述,耳模的声学耦合系统由耳钩、导声管、声孔、通气孔和阻尼子组成。一般来说,通气孔控制着助听器低频区域的声学效应,阻尼子控制着助听器中频区域的声学效应,号角声孔控制着助听器高频区域的声学效应(图6-46)。

耳模主要依赖其耦合系统的改变而实现对助听器声学特性的改善,通过改变耳模的声学耦合系统可以改善频率响应,满足不同听力损失患者的需要。

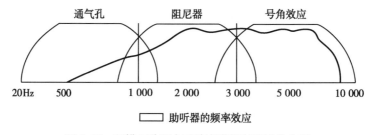

图6-46 耳模3种耦合系统声学控制区域分布图

第四节 助听器验配流程

一、验配流程

1. 7岁及以上人群

(1)预约、接诊、建档:为了减少患者的等候时间,提高验配工作效率,验配机构都应建立约诊制度,向社会公布预约电话和/或预约网址,最大限度地方便验配者。

接诊后按常规为患者建立康复档案,包括一般资料、耳聋病史和耳科检查所见。

遇到以下情况之一者,应停止验配助听器并做转诊处理:

1)传导性耳聋。

2)近3个月内发生的快速进行性听力下降。

3)波动性听力下降。

4)伴有耳痛、耳鸣、眩晕或头痛。

5)外耳道耵聍栓塞或外耳道闭锁。

(2)听力评估:一般来说,这个年龄段的患者,纯音测听即可达到评估听力的目的,如遇特殊情况,可选择言语测试或客观听力检查以补充纯音听力测试的不足。需要强调的是,在做纯音听力检查时,除测定气导听阈和骨导听阈外,还应同时检查舒适阈和不适阈。

(3)助听器预选:预选的目的是确定助听器的种类、形状、最大声输出、频响曲线等。这就要求验配师应了解各种类助听器的性能和特点。

预选的助听器应符合国家和行业标准,同时要推荐2~3款供患者选择。

应坚持双耳同时选配。如因特殊情况要求单耳佩戴,一定要向他们讲清单耳佩戴的缺点。

(4)取耳样,制耳模:耳模不但可以使得助听器佩戴舒适、防止反馈啸叫,更重要的是可以在一定范围内改善助听器的声学效果。因此,凡是选配耳背式助听器的患者,都应推荐其制作相应的耳模。

取耳模的第一步是取耳样,在检查耳廓和外耳道没有影响印模制取的因素后,在耳道的相应位置放置耳障,用特制的注射器将印模材料注入,一定时间后取出,由专门的机构制作耳模。

根据制作材料和工艺的不同,耳模可分为软耳模、半软耳模和硬耳模3种。要根据听力损失的程度和使用者的年龄确定耳模的类型和声孔以及通气孔的形状。对于定制式助听器而言,其外壳就相当于助听器的耳模,也需要认真敲定其外型及通气孔的尺寸。

耳模材料应使用不产热、无形变,对人体无毒、不产生变态反应,符合国家有关规定的化工产品。

耳模往往需要交由专门的耳模技师制作,应保证患者在下次就诊前能够完成。

(5)助听器调试:根据听力损失的性质、程度和佩戴者的年龄,通过调整已经预选好的助听器的各项性能参数,以尽量满足患者听取的要求。对于模拟助听器(现已很少使用),这个过程主要是通过调整它的音调、音量、声输出限制或耳模声孔和通气孔的形状来完成;对于数字助听器,主要通过选择编程软件中设定的程序和验配公式来达到目的。目前可供选择的验配公式有很多(见下一节),验配人员应熟记不同公式的特点和应用范围。

调试完成后要对助听器的效果进行初步评估,目前国内常用的是真耳介入增益和助听听阈测试法。

无论成人还是儿童,佩戴助听器后都需经过一段时间的适应性训练,这个过程的长短因人而异。一般与初次佩戴的年龄成正比。

(6)助听器效果评估:助听器效果可通过数量评估、功能评估和满意度问卷调查等几方面来进行。

1)助听器效果评估标准(表6-4)

表 6-4　助听器效果评估标准

音频补偿范围/Hz	言语最大识别率/%	助听效果满意度	康复级别
250～4 000	≥90	最适	一级
250～3 000	≥80	适合	二级
250～2 000	≥70	较适	三级
250～1 000	≥44	看话	四级

2）评估方法：①听觉能力数量评估。在声场条件下，测试助听器佩戴者对不同频率的纯音、啭音或窄带噪声的听敏度，然后与言语香蕉图或 SS 线进行比较。②听觉功能评估。通过言语识别测试来实现。对于仅有少量语言基础的儿童言语识别测试，推荐选用中国聋儿康复研究中心研制的、以图画为主要表现形式的闭合式儿童言语测听系列词表；对于成人言语识别测试，则推荐选用北京同仁医院研制的普通话言语测听系统（mandarin speech test materials，MSTMs）或解放军总医院研制的普通话言语测听系列词表来完成。若大龄儿童的言语能力较强，也可推荐选用接近成人难度的开放式测听词表。③介入增益测试。通过测量助听器佩戴耳鼓膜处的声压级转绘成的真耳声压曲线，与根据听力损失计算出的听力补偿目标曲线进行比对，间接判断助听器听力补偿的效果。④助听效果满意度问卷。问卷可采用两种形式，一种为直接询问患者或家人一些问题，然后通过计分，评估佩戴助听器后改善情况；另一种是使用设计好的问卷，分别测试患者佩戴助听器之前和之后的听觉变化，记录得分情况。

（7）助听器的使用、维护、指导：助听器验配之后很重要的一步是向患者或家属讲解如何佩戴和使用助听器，需要介绍的内容包括电源的开关、音量的控制、电池的更换、耳模的清洁、助听器的保养等问题。具体内容将在本章第六节介绍。特别要告诉患者有关助听器防潮、防水的常识。同时，要向患者介绍助听器辅助装置的性能和使用方法，包括磁电感应装置、无线调频系统以及音频输入技术等。目前我国对这些装置和技术的使用还不普及，如能灵活地运用这些装置和技术，将是对传统助听器使用方式的极大补充和拓展。

（8）随访：助听器验配结束后，验配人员的工作并没有结束，要定期对患者进行随访以了解他们听力的变化、耳模的作用、助听器的效果以及辅助装置的使用情况等。在随访过程中及时地给予患者指导，并制订好随访流程。随访的方式可以预约患者到机构，也可以上门服务。随访间隔时间一般是第 1 年每 3 个月 1 次，以后每半年 1 次。对于家住偏僻地区的患者，也可以采用电话咨询或问卷调查的方式进行。

整个助听器的验配流程总结如下（图 6-47）：

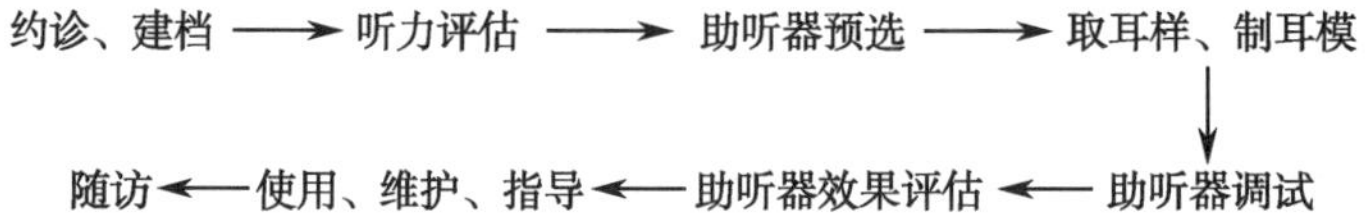

约诊、建档 ⟶ 听力评估 ⟶ 助听器预选 ⟶ 取耳样、制耳模

随访 ⟵ 使用、维护、指导 ⟵ 助听器效果评估 ⟵ 助听器调试

图 6-47　助听器验配流程图

2. 7 岁以下小儿　7 岁以下小儿的特点是大部分在初次佩戴助听器时不会讲话，并且多不能主动配合。其助听器的验配程序与大龄儿童和成人基本相同，但要注意以下问题。

（1）验配前的准备

1）详细向家长、亲属和监护人，了解并记录小儿的现病史和既往史，力求找出导致和影响耳聋的原因。特别注意区分是否为遗传性聋或药物中毒性聋或自身免疫性聋。因为这些耳聋病因都有可能导致听力的渐进性下降。

2）进行耳常规检查，要注意鼻咽部、咽鼓管和中耳腔的病变，这些部位的病变常可导致听力的波动。

3）对疑有脑瘫、智力低下、孤独症、多动症、交往障碍等疾患的小儿，要请求神经科和精神科的帮助，以排除非听力性言语障碍。

4）进行学习能力检查，这不仅仅是对小儿智商的了解，而是对于小儿交往能力、应对能力、思维能力、逻辑推理等综合能力的掌握。其结果对于制订小儿的训练计划和预测训练效果有着重要意义。

5）影像学检查可以排除和确定内耳及相关结构的异常，常规应检查 CT 和 MRI。

（2）根据年（月）龄的不同及婴幼儿行为表现，采取相应的行为测听方法。

建议：纠正胎龄 6 个月以内的婴幼儿采用行为观察测听（behavioral observation audiometry, BOA）；纠正胎龄 7 个月～2.5 岁采用视觉强化测听（visual reinforcement audiometry, VRA）；2.5～6 岁采用游戏测听（play audiometry, PA）。

客观听力测试能够较准确地确定听觉反应阈，可采取的方法主要有：听性脑干反应、40Hz 听性相关电位、耳声发射、声导抗、多频稳态反应等，其中声导抗和耳声发射应列为必查项目。声导抗可以排除中耳疾患，耳声发射可鉴别蜗后病变。新近推出的多频稳态反应是一种既有频率特性，又可对耳聋程度作出判断的客观测听方法，对于小儿的助听器验配具有较高的实用价值，值得推荐。

（3）耳模的更换：由于小儿的耳廓和外耳道仍不断发育，一段时间后，其耳模密封性降低。对于听力损失较重者，会出现反馈啸叫，影响助听效果，因此，需定期更换。对于听力损失较重、佩戴的助听器声输出较大的小儿，更是如此。对于 3 个月内的小儿，应每月换 1 次耳模；3～9 个月的小儿，应每 2 个月换 1 次；9～18 个月的小儿，应每 3 个月换 1 次；18～36 个月的小儿，应每 6 个月换 1 次；3～6 岁的小儿，应每 9 个月或 1 年换 1 次。

（4）助听器的选择

1）助听器形状的选择：小儿应首选耳背式助听器，不但佩戴方便，而且声输出在设计上具有很大的灵活性。

2）助听器技术线路的选择：小儿应首选全数字助听器，具有声音分析能力，分辨率高、佩戴舒适并且能有效地保护残余听力。

3）助听器声输出的选择：助听器的最大声输出应与听力损失相适应，一般在听力损失稳定的情况下，轻度聋选择最大声输出小于 105dB SPL 的助听器；中度聋选择最大声输出为 105～114dB SPL 的助听器；中重度聋选择最大声输出为 115～124dB SPL 的助听器；重度聋选择最大声输出为 125～135dB SPL 的助听器；极重度聋选择最大声输出为 135dB SPL 以上的助听器。但对于听力损失呈渐进性下降的小儿，如大前庭水管综合征者，所选助听器的输出应适当放宽一些。

4）助听器的佩戴耳：为防止"听力剥夺"现象的发生，小儿应坚持双耳同时佩戴助听器。

（5）助听器的验配、效果评估

1）助听器的验配提示：助听器验配的合理性和有效性在很大程度上取决于听力测试的准确性和对听力测试结果的正确分析。小儿行为测听的听阈往往比实际听阈要高，特别是对于初次接受行为测听的小儿，此点应引起充分注意。而现时的各种客观测听方法均有局限性，决不能单独使用任何一种方法作为助听器验配的依据。正确的选择是综合分析多种测听的结果。需要强调的是对于助听器验配，行为测听的结果尤为重要。

根据听力测试结果，选择助听器的增益、输出和输出限制是最常用的验配方法。但是由于小儿的外耳道容积和中耳系统的阻抗与成人有很大的不同，因此，在确定目标增益时，不但要考虑到验配公式的选择，还要测试并修正外耳道的共振峰曲线。重视真耳耦合腔差（real-ear-to-coupler difference，RECD）的测量和应用，在考虑小儿听觉器官特点的同时，还修正了由于耳模和耳内机壳对声压物理量的影响，虽然比较繁杂，但对于验配的准确性十分必要，值得提倡。

2）助听器的效果评估：大部分初次佩戴助听器的小儿，很难像成人那样可以与验配者默契配合，更不能准确描述助听器佩戴后的感觉。因此，小儿的助听器效果评估需要多种方法和多次测试才能准确。目前常用的方法有行为观察法、数量评估法、林氏六音法（普通话七音）、言语测试法、功能评估法、介入增益法等多种，应根据小儿的年龄和配合程度自由组合。无论选用何种方法，均应先对双耳分别评估，再对双耳同时进行评估，部分小儿会出现双耳助听效果与单耳助听效果不一致的现象，验配师应根据主诉进行调整，直至满意为止。

助听器的听力补偿效果不仅取决于助听听阈，而且与助听后的不适阈有很大关系。对于每个佩戴助听器的小儿，在测定助听听阈的同时，应常规测定不适阈。

值得注意的是，任何一种助听器效果评估方法，均需要在不同的声音环境下进行才有实际意义。特别是数字助听器，只有在嘈杂环境下，才能充分显示其作用。因此在进行评估时，至少应在不同的模拟噪声环境中让小儿听取测试音，有条件时应让佩戴者亲自到各种环境中体会助听后的感觉。

（6）适应性训练：对助听器的效果进行初步评价后，要在成人的陪同下让小儿进行适应性训练，这期间注意观察小儿的躯体行为有无异常、耳模对软组织有无损伤、助听器有无反馈啸叫、小儿对各种不同声音的反应等。

几乎所有小儿在佩戴初期，均对助听器或多或少存在不适应，反应强烈者会出现拒戴现象。此时决不能采取强制措施，应设法转移他们对助听器的注意，或将音量降低直至将其关闭。在进行听觉练习时，应先在相对安静的环境中听取节奏明快但韵律柔和的声音，以增加"听"的兴趣。为防止产生听觉疲劳，开始练习时，声音应由小到大，佩戴时间应由短到长，声音环境应由简单到复杂。在进行适应性训练的时候，还要让小儿练习听取并分辨听力测试和助听器效果评估时使用的声音信号，如纯音、啭音、窄带噪声、言语噪声、音响器具声等，以备再次检查和评估之用。

（7）康复训练辅导：助听器佩戴的目的是声音的听取和语言的学习，为达此目的，验配小组应根据小儿的听力损失程度、学习能力水平、助听器佩戴效果、家庭配合程度等制订相应的听觉语言训练计划和阶段目标，由语言训练师与家长共同实施。

（8）随访：在使用过程中，助听器的工作状态会发生变化，小儿的听力状况也可能会发生变化，这些都会影响助听器的使用效果。因此，应定期对其进行随访。届时主要是重新测试听力，检查助听器性能，评估并调整助听器工作状态，制订下一步训练计划，确定新的训练目标。一般的做法是在佩戴助听器的第1年应每3个月复查1次，以后每半年1次。随访也可以通过问卷的方式进行。

小儿助听器验配流程图总结如下(图6-48):

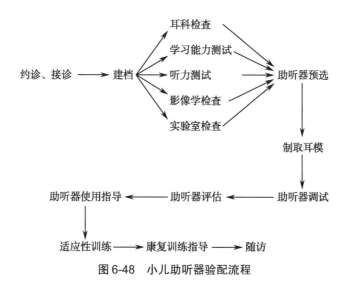

图 6-48　小儿助听器验配流程

二、成人和小儿助听器验配特点比较

1. **听力测试**　受到年龄的影响,在进行听力测试时,成人和小儿的配合程度有很大区别,因此,需要测试的项目也会有一些区别。

对于成人来说,由于能正确理解验配人员的指令,他们只需要接受纯音测听基本上就可以满足助听器验配的需要。通过分析气导和骨导曲线之间的关系,可以确定耳聋的性质,决定助听器的选配与否;通过分析舒适阈和不适阈曲线的关系,可以确定听觉动态范围,决定助听器声输出限制的方式;通过分析气导曲线在各频率点上的变化,可以判断听力损失的程度,决定助听器的最大声输出(助听器的功率。需要指出的是对于老年听力损失患者,由于听觉传导通路和听觉中枢的听觉能力受到影响,因此,言语测听应列为必查的听力检查项目。

小儿,特别是低龄听力损失患儿,由于认知能力达不到准确理解各种主观测听意义的要求,因此,他们主观测听的准确性会受到一定的影响,测听的结果不能准确地反映他们的真实听力,这一点一定要记住。也正因为如此,小儿的听力测试尽量要增加客观的方法,例如前面提到的听性脑干反应、声导抗、多频稳态反应等,或者小儿助听器验配时要尽量参考他们的主、客观测听结果,才能使得验配更准确。

2. **助听器各项功能的使用**　成人对助听器验配的目的十分清楚,因此,他们能主动地去适应助听器,能从主观上去克服一些助听器带来的不适感;而小儿往往是被动地接受助听器,他们对助听器的适应是半强制性的,在他们不愿意佩戴时,要采取一些分散注意力的方法,靠时间的推移让他们感到助听器的益处后才能真正愿意使用。

成人可以主动去调节和开发助听器的各项功能,因此,验配时在音量的大小、程序的切换、电池的更换等设置上要多给他们一些自主权;而对于小儿则不然,应该尽量从编程时给以设置,以防止他们误操作导致助听器的功能不能正常发挥。一般来说对于低龄初次佩戴助听器的患儿来说,不设音量手动调节功能;程序尽量减少;高、中、低频的补偿要均衡;电池仓要上锁等。等他们或他们的家长熟悉了助听器并了解了自己孩子的听力补偿情况后，再逐渐增加一些可以自己调节的功能。

3. 验配和评估 成人的助听器验配要充分考虑佩戴者的主观感觉，小儿的助听器验配更多的是依靠验配者的经验。

成人能很好地表达听到的声音信息的质量，因此，对于他们助听器效果的评价应以功能评估为主，注意一定要在不同的声音环境中去进行评估；而对于小儿，由于他们没有听取经验，无法正确描述听到的声音的含义，因此他们助听器效果的评价方法多以数量评估为主。

4. 康复指导 由于成人大多数都有成熟的语言听取的经验和体会，有良好的语言基础，一般不需要进行言语康复的训练。他们佩戴助听器后的康复指导主要有：告诉他们如何使用和维护助听器，例如怎样开关、怎样安装和取出电池、怎样调节音量、怎样切换程序、怎样摘带耳模、怎样干燥助听器等；如何尽快适应助听器，刚开始佩戴助听器时，佩戴的时间由短到长、助听器的音量由小到大、环境由安静等；学会使用助听器辅助装置，例如磁电感应装置、无线调频系统等。

小儿助听器佩戴后的康复指导要以听觉训练和言语训练计划的制订为主，让他们尽快完成听觉察知、听觉分辨、听觉识别和听觉理解的过程，并在这个过程中学习、掌握和使用语言（详见有关章节）。

第五节 助听器验配公式

面对着千差万别的听力损失，面对性能参数各不相同的助听器，助听器验配师该如何入手呢？根据患者的纯音听力图进行助听器预选，是极其重要的一环。

人们在纯音听力图的基础上，结合言语频谱和患者的听觉响度信息，曾发展出一系列不同的处方公式，来计算患者"理想的"助听器的参数，这一概念的提出已经有 50 多年的时间了。但在真耳分析仪出现之前，由于需要在声场中反复测定助听器的功能性增益，耗时多且不准确，所以预选处方公式并没有得到普遍应用。真耳分析仪的出现，开辟了一条快捷便利的选配道路，可以很方便地测量助听器在患者真耳上的增益，并与处方公式相对照以验证选配效果，使得对处方公式的研究开始升温。

使用处方公式选配助听器是基于这样一个认识：不同个体的听力损失状况不同，其助听器的电声参数也必将不同，以对应补偿每一个个体的听力损失。确定处方公式时主要考虑了以下因素：

1. 所需要的增益与听力损失的程度有关。

2. 频响与听力图的形状有关，也与语言信号的频谱有关。

3. 对低频信号的放大应适当降低，以避免低频信号的向上掩蔽问题。

4. 助听器的最大声输出应远大于听阈，但不能超过不适阈。

大多数的选配处方公式基于纯音听阈，采用的是"1/2 增益原则"，即感音神经性聋要达到舒适听觉，所需增益应是听阈损失程度的一半。这一原则是 40 多年前由 Lybarger 提出的。

某些处方公式（如 NAL）给出了在 2ml 耦合腔上的建议增益值，选配者可以比照手头上各种品牌助听器的 2ml 耦合腔值，选取最为接近的一种。或者使用助听器分析装置，不断调节助听器功能参数，使之在 2ml 耦合腔中测得的增益值与建议的 2ml 耦合腔值接近，达到预选的目的。

1. 线性放大的处方公式 国际上先后出现了多种针对线性放大助听器的处方公式，如 Berger、POGO、Libby、Keller、NAL 等。

Berger 方法是最早被认可的一种基于 1/2 增益原则的处方公式。POGO 公式与 Berger 公式并无大的差别，更像是 1/2 增益原则的翻版。Libby 收集了 1 000 例采用介入增益测量设备进行选配的数据，得出结论：轻中度、重度、极重度听力损失所需的增益约为其听阈值的 1/3、1/2 和 2/3。Keller 公式是德国广为使用的方法，它认为放大后的声音应处于患者的最舒适阈（MCL），MCL 位于从 UCL 到 HTL 的动态范围的上 2/3。

下文以早期的 POGO 公式和稍后大为流行的 NAL 公式为例，介绍处方公式。

（1）POGO II公式：POGO（prescription of gain and output，增益及输出处方）公式是 1983 年由美国犹他州大学的 McCandless 和丹麦 Oticon 公司的 Lyregaard 首先介绍的。POGO 公式仅适用于感音神经性聋，对于传导性或混合性聋的听力补偿没有述及。

（2）NAL-RP 处方公式：1976 年澳大利亚国家声学实验室（National Acoustic Laboratory，NAL）在 1/2 增益原则基础上，提出了 NAL 处方公式，着重使言语频率范围的声音处于舒适级。1986 年做了更新，在某一特定频率处的真耳增益，与 500～2 000Hz 之间的听阈有了部分关联。由于 NAL 公式主要面向轻度到中、重度的感音神经性听力损失，1991 年又在原有公式基础上，增加了一个极重度听力损失校正因子，使之更趋完善。NAL 公式提出之初并未给出最大功率输出（MPO）的计算公式，但后来又单独发表了 MPO 计算公式。

2. 非线性放大处方公式 大多数助听器选配处方公式都是建立在纯音听阈基础上的，但纯音听力图对听力损失的描述是有限的，很难全面地反映言语交流的听觉障碍。听力损失不仅表现为听阈提高（即听敏度降低），还表现出辨别能力下降的特征。感音神经性聋和部分传导性聋的患者，尤其是响度重振的患者，表现出响度动态范围（人耳从"刚刚听见"至"难以忍受"的声音强度范围）变窄的特点。自 20 世纪 80 年代末，人们陆续推出了许多非线性（压缩）放大的助听器，并成为现代助听器设计的主流。

传统的助听器处方公式立足于线性放大助听器，不能给出压缩阈值、压缩比例等参数。为了适应现在大量出现的压缩放大助听器，人们提出了几种非线性放大的处方公式：助听器选配自主论坛（independent hearing aid fitting forum，IHAFF）、DSL［i/o］、Fig6、NAL-NL1 公式，给出压缩阈值、压缩比例等参数。

Fig6、IHAFF、DSL［i/o］等公式采用"响度正常化"原则，即助听后的声音响度应与正常听力者的响度一致。患者在某一响度级上的听敏度损失，就是患者在该输入声级上所需的增益值。对于响度重振的患者，响度级越低，听敏度损失越大，所需增益越大；响度级越高，听敏度损失越小，所需增益越小，甚至为零。由此可确定压缩电路的输入—输出关系。压缩放大的过程就是将日常言语的强度范围（输入）压缩到患者残存听力范围（输出）的过程。

不过有研究表明，在各频段上实现响度正常化并不能获得最大的言语分辨能力，反而可能会因低频向上掩蔽效应而影响言语分辨。响度的补偿应基于言语的总体响度，而不是各个频段上响度的正常化。为此 1999 年澳大利亚国家声学实验室推出新一代的非线性放大处方公式 NAL-NL1。它重视言语频率范围信息的提取，每个频率的增益都与言语频率的听阈相关；考虑到言语中低频能量为主，对 1 000Hz 以下的低频削减得较多。结果是：NAL-NL1

公式对损失最重的频率的增益,比起别的处方公式要小一些。对比较陡的斜坡下降型听力,各频率间的增益变化比起别的处方公式,会平缓一些;从而给出的压缩比率也会小一些。

(1) IHAFF:一些从事助听器选配的专家,设立了一个中立无派别的助听器选配论坛。一起研究探讨非线性助听器的选配及评价方法,他们的工作分为3个部分:

1) 建立了响度增长测试方法:将响度分成0~7共8个级别。其分别对应于:0级听不见;1级很轻微;2级较轻;3级舒适但稍有些轻;4级舒适;5级舒适但稍有些响;6级很响但尚能忍受;7级难以忍受地响。患者分别对强度渐次增加的250Hz、500Hz、1 000Hz、2 000Hz、4 000Hz啭音信号作出响度分级。

对于感音神经性、特别是蜗性听力损失,残余听力的动态范围变窄,响度增长曲线变得陡直(图6-49)。在不同的响度级(听不见、微弱、较轻、合适、较响、很响、响得无法忍受)上,听敏度的损失也不尽相同:响度越大,听敏度的损失越小;反之,响度越弱,听敏度的损失越大。压缩放大的目的,就是要把患者不正常的响度增长纠正到正常的响度觉上来,称为响度增长曲线的正常化。

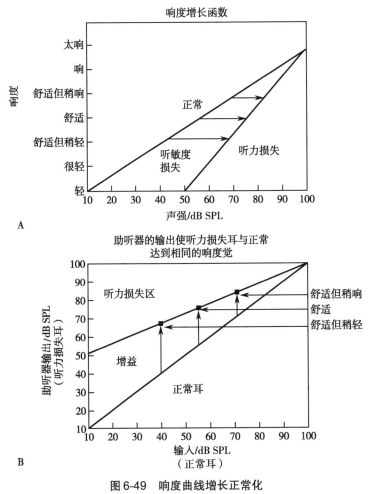

图6-49　响度曲线增长正常化

A. 听力正常耳和中度听力损失耳的响度增长函数;B. 听力正常耳和听力受损耳达到相同响度感助听器的声强级。

对于不同程度的听力损失,其响度增长曲线也是不同的:程度越重,斜率越大。由于助听器的理想输入 - 输出曲线是其响度 WDRC 增长曲线的对称线(图 6-50),斜率是原响度增长线的斜率的倒数。因此,理想的压缩比率为原响度增长线的斜率(图 6-51),并随听力损失程度而改变。

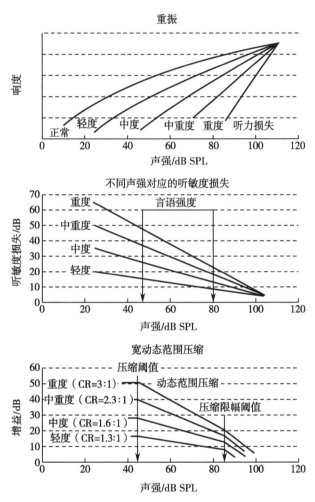

图 6-50 不同程度听力损失所对应的压缩比率的确定

由于助听器的主要目的是解决听力损失引起的言语交流障碍,我们只需要对言语强度范围内的声信号实现响度正常化,对低于言语强度下限的声音,仍为线性放大;对超过言语强度上限的声音,仍为削峰或压缩限幅。一般来说,WDRC 电路的压缩范围为 45～85dB SPL。

2) 处方公式中参数的确定:基于响度增长测试的结果,遵循响度正常化原则,给出压缩比率等参数,作为 IHAFF 处方公式。具体方法如下:

①在自由声场,麦克风距离讲话者 1m 远,用 1/3 倍频程滤波器分频段地测量言语声压级,经大样本统计,得出正常人轻声、中等、大声说话 3 种情况的分频强度值,结果见表 6-5。

②将言语声压级和正常人的响度增长测试结果绘于图 6-51。为便于比较,已将声场中的言语声压级按照 Bentler 和 Pavlovic 提出的转换公式改换成 2ml 耦合腔声压级。有些令

人惊奇的是,响的言语声并没有落在强声区域,中等言语声仅落在弱声区域的顶部,轻微言语声仅落在弱声区域的底部(图6-52,表6-6)。

表6-5　3种正常言语声的分频强度值

频率/Hz	轻微言语声/dB SPL	中等言语声/dB SPL	响亮言语声/dB SPL
250	40	55	66
500	42	58	74
1 000	32	53	76
2 000	30	48	72
3 000	27	45	68
4 000	28	43	66

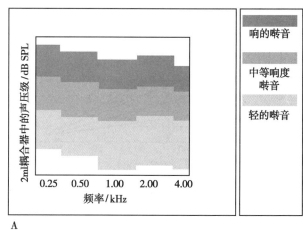

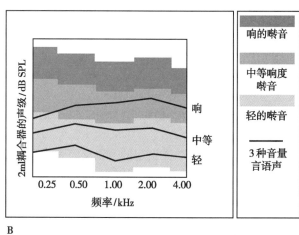

图6-51　正常人响度增长测试图及其与3条言语声压级曲线的关系

A.响度增长测试图;B.响度增长测试图及言语声压级曲线的关系。

这两个测试结果的相对关系是十分重要的,即轻、中、响3条言语声压级曲线在3个响度阴影区的相对位置是固定不变的。对于听力损失患者,他所感受的轻、中、响3种言语声

表 6-6　正常听力人群 3 种言语声强度（轻微、中等与响声）与响度感知之间的关系

频率 /Hz	轻微	中等	响声
250	0.001（弱）	0.5（弱）	0.87（弱）
500	0.39（弱）	0.9（弱）	0.48（中）
1 000	0.24（弱）	0.85（弱）	0.67（中）
2 000	0.29（弱）	0.82（弱）	0.64（中）
3 000	0.27（弱）	0.82（弱）	0.59（中）
4 000	0.26（弱）	0.71（弱）	0.50（中）

压级必然不同于正常人，其响度的 3 个阴影区也不同于正常人，但两者的相对位置是固定的（图 6-52）。

③完成患者的响度增长测试，绘出患者的 3 个响度阴影区，利用 3 条言语曲线在阴影区的固定对应关系，确定患者的 3 条言语曲线。在各个频率上与正常人的 3 条言语曲线比较，即可得出压缩放大的助听器的一些关键性参数（图 6-53）。这一方法称为可视输入 / 输出定位器算法（visual input output locator algorithm，VIOLA）（图 6-54）。当然多数情况下，这些步骤可由计算机软件代为完成 6-15。

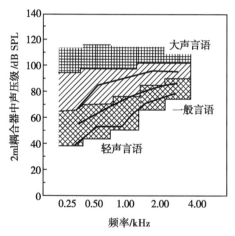

图 6-52　听力损失患者 3 种言语声压级曲线与响度 3 个阴影区的相对位置

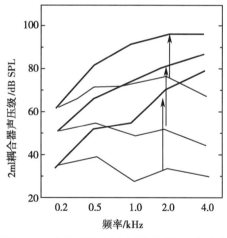

图 6-53　未放大的言语谱（灰线）与患者的言语曲线（实线）相比较，确定压缩放大的参数

3）建立一套助听器验配评估问卷统计表（abbreviated profile of hearing aid benefit，APHAB），以评价助听器的总体效果。

（2）DSL[i/o]：近年来以宽动态范围压缩（WDRC）为代表的非线性放大逐渐成为助听器放大电路的主流，为了适应这种需求，DSL 处方作出了一些修正，也可以适用于成人，并更多地适用于宽动态范围压缩电路，称为 DSL[i/o]。对线性放大电路，仍沿用旧的处方；对 WDRC 电路，则采用新的非线性处方。1997 年推出的 DSL V4.1 软件就采用了 DSL[i/o] 算法。

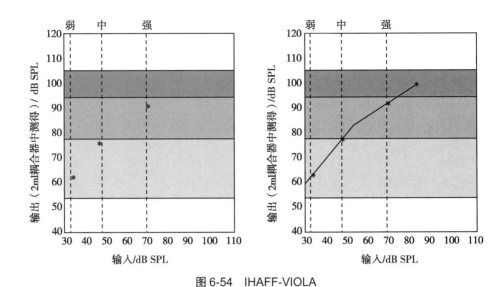

图 6-54　IHAFF-VIOLA

DSL［i/o］算法，采用典型的响度正常化（loudness normalization）策略，即助听器放大后患者接收的响度级应与正常听力者的响度级一致。这样就要求预先了解正常听力者的平均响度增长拟合曲线及听力损失个体的响度增长拟合曲线。患者与正常听力者相比，在某一响度级上的听敏度损失，就是患者在该输入声级上所需的增益值。对于不同响度，患者的听敏度损失也不同。响度越弱，听敏度的损失越大；响度越响，听敏度的损失越小。由此可以确定放大电路的输入/输出关系。

输入/输出关系的确定过程就是将所有日常声音的强度范围（输入）映射到患者的残存听力范围（输出）的过程。如果输入范围等于输出范围，则给予线性放大（压缩比为 1:1）；如果输入范围大于输出范围，则给予压缩（压缩比 >1:1）；如果输入范围小于输出范围，则给予扩展（压缩比 <1:1）。DSL［i/o］建议将输入范围扩展为正常听力者的动态范围（从听阈到最大舒适级上限，真耳 SPL 值），这样算得的言语输出目标值（真耳 dB SPL）就与原来的 DSL 处方给出的目标值相当（图 6-55）。而这一目标值的确立方法，使得放大后的长时会话语谱（LTASS）在各 1/3 倍频程通带实现响度均衡，大致位于最舒适级上。

在真正将 DSL［i/o］公式应用于助听器的真耳验配时，还应遵循该算法在设计时的一些假定。① DSL［i/o］公式所选用的 LTASS 是以 0° 入射角发出的。那么真耳分析时扬声器也应以 0° 入射角发声。②真耳分析采用纯粹的替代法，要注意避免由于受试者的晃动、声场的布局或校准等因素造成的误差。③ DSL［i/o］公式针对不同的输入信号类型（各频率强度相同的复合声、言语计权复合声），给出的目标曲线是不同的，要针对不同目的选用。④对于非线性放大助听器的真耳分析，测试信号的强度和频带宽度都会影响助听器的特性。应用 DSL［i/o］公式进行真耳验配时，应采用窄带信号在各频率点逐个进行测试，并保证结果是在压缩特性已趋于稳定的状态下测得的。⑤ DSL 方法在设计时考虑到了不同听力机构在小儿测听方面存在差异，以多种给声方式（声场扬声器、TDH 系列测听耳机、插入式耳机、插入式耳机连接到耳模声管）获得的以 dB SPL 或 dB HL 为标称的听力数据均可被采纳。

（3）Fig6：如同 DSL I/O 一样，Fig.6 公式也是一个基于听阈的压缩放大处方公式。这一公式的命名缘由 1993 年 Killion 和 Fikret-Pasa 发表的文章《感音神经性听力损失的三种

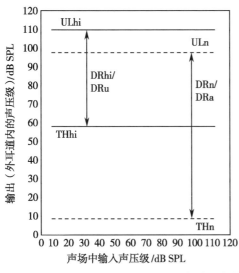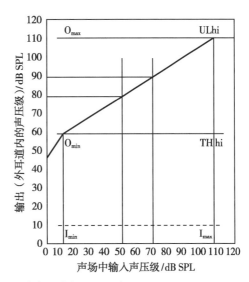

图 6-55　理想感觉级输入 / 输出公式（ DSL I/O ）

ULhi. 听力障碍耳的不适级；THhi. 听力障碍耳的阈值；DRhi. 听力障碍耳的动态范围；DRu. 未助听时的动态范围。

O_{max} 最大输出值；O_{min} 最小输出值；I_{max} 最大输入值；I_{max} 最小输入值。

类型：响度与可懂度的考虑》。文中的 Fig.6（图 6-56，仿 Killion 等，1993 年）形象地说明了其设计思想，从而该公式被命名为 Fig.6 公式。给出了对 3 个输入声强（40dB、65dB、90dB SPL）的目标曲线。40dB SPL 对应于言语中的微弱成分；65dB SPL 为一般交谈音量；90dB SPL 代表很响的环境声。其具体的处方运算公式是（表 6-7）：

表 6-7　Fig.6 公式运算式

输入声级 /dB SPL	听阈损失			
	0～20dB HL	20～40dB HL	40～60dB HL	>60dB HL
40	0	HL-20	HL-20	HL-20-0.5(HL-60)
65	0	0.6(HL-20)	0.6(HL-20)	0.8HL-23
90	0	0	$0.1(HL-40)^{1.4}$	$0.1(HL-40)^{1.4}$

（4）NAL-NL1 公式：NAL-NL1（national acoustic laboratories，non-linear，version1）处方公式是 1999 年由澳大利亚国家声学实验室推出的针对非线性放大助听器的新一代处方公式。不同于以前 FIG6、IHAFF、DSL［i/o］等非线性放大处方公式中采用的"响度正常化"原则，NAL-NL1 公式继续沿袭了 NAL-RP 公式的基本原则，结合非线性放大特征做了修正，并与其他处方公式表现出较大的差异。这些原则以及相应的处理措施是：①考虑到言语信号中以低频能量为主，所以比起别的处方公式，NAL-NL1 公式对 1 000Hz 以下的低频，削减得更多。②听力损失者提取信息，特别是从其损失较重的频率区域提取信息的能力减退。而从言语交流的目的出发，言语频率范围内的信息提取是最重要的。所以每个频率的增益都与言语频率的听阈相关。NAL-NL1 公式对损失最重的频率的增益，比起别的处方公式要

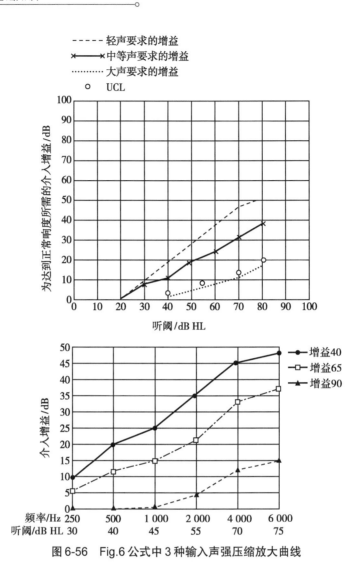

图6-56　Fig.6公式中3种输入声强压缩放大曲线

小一些。对比较陡的斜坡下降型听力，各频率间的增益变化比起别的处方公式，会平缓一些；从而给出的压缩比率也会小一些。③将患者的响度补偿到接近正常人水平的同时，也还要获得最大的言语分辨。已有研究工作表明，在各频率段上都分别实现响度正常化，并不能获得最大的言语分辨能力，反而可能会因低频向上掩蔽效应而影响言语分辨。响度的补偿应基于言语的总体响度，而不是各个频段的响度的正常化。

　　NAL-NL1公式秉承了NAL-RP公式的思想，处方的计算也是基于各频率听阈，500Hz、1 000Hz、2 000Hz 3个频率的平均听阈，听力图上从500Hz到2 000Hz的斜率；同时结合非线性放大的特点，针对不同的输入声级（从40～90dB SPL）给出不同的处方增益值。NAL-NL1公式对65＋dB SPL中等强度的声音的处方，与NAL-RP公式给出的处方相当。

　　最大声输出的目标值也同NAL-SSPL一致。但由于非线性放大助听器多为多通道装置，有时每个频率的SSPL可独立调节，所以NAL-NL1公式可以根据通道的数目来考虑总体的响度加合效应。

第六节　助听器的维护与保养

随着技术的进步,现代助听器外壳涂层大多采用高分子材料,防尘防水等级可达到 IP68,即完全防止粉尘进入,于一定压力下可长时间浸水。但这并不说明助听器不需要保养,助听器内部集成度高,元件结构精细,使用中容易受到汗水、耳道耵聍、皮屑、皮肤分泌物的污染和侵蚀,长期在沙尘、高低温、高湿等环境下使用的助听器容易出现故障。使用不当(如跌落所导致的冲击震动等)及养护不到位是助听器出现故障的重要原因。对助听器进行保养与维护可以延长其使用寿命。助听器验配师需掌握助听器维护与保养的知识,指导患者对助听器进行日常保养,能够自主检查助听器并对相应存在问题的组件进行维护。

本节主要介绍患者的助听器日常保养及验配机构中助听器的日常维护。

一、患者的日常保养

1. **使用工具**　除了助听器厂家配备的日常养护工具,还可配备棉球、柔软棉布、棉纸、电子干燥盒、洗耳球、通针等,见图 6-57。

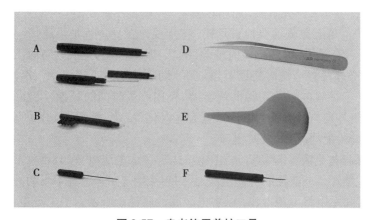

图 6-57　患者使用养护工具
A 和 B 为不同品牌配备的小毛刷;C 为塑料通针;D 为自备镊子;E 为自备洗耳球;F 为金属通针。

2. **防水防潮**　助听器性能易受空气湿度和耳道内水汽、耵聍影响。避免高湿环境下使用助听器,避免雨淋,严禁洗浴游泳时使用,洗浴后待头发及耳道干燥后再佩戴。每晚临睡前需将助听器取下,打开电池仓开关后放入干燥盒中。长时间不用时,将电池取出。助听器不要直接接触干燥剂,以防被受潮的干燥剂腐蚀。助听器受潮时切勿用火烤、日光暴晒、电吹风或其他烘干器烘烤。常用的干燥剂是变色硅胶,指示剂颜色不一样,有的是从橘黄色变成蓝绿色时为失效,有的由蓝色变成粉色为失效,注意干燥剂颜色的变化,及时处理或更换,保持良好的吸湿功效。使用电子干燥盒进行干燥时应取出电池,使用环境湿度较大时,每周电子干燥一次,时间在 4~6h,不可过长。干燥温度不宜超过 50℃,严格按使用说明操作。目前市场上电子干燥盒的品类参差不齐,建议选购正规生产,带有温度控制、过温保护、定时、状态显示功能的电子干燥盒。

3. 清洁 适当的清洁可提高助听器的使用寿命及效果。为了避免进声孔堵塞，每次戴助听器之前，患者需将手洗净擦干，避免助听器接触护肤品及化妆品。严格按使用说明中的注意事项操作（患者不宜进行麦克风防护罩、进声孔的清理）。在清洁维护时建议在铺有软布或毛巾的桌面上进行，避免零部件掉落损坏或丢失。

（1）助听器外壳清理：用毛刷轻刷助听器外壳，再用餐巾纸或棉签擦拭干净。可用棉签蘸适量（以棉签潮湿为适宜）清水清除助听器外壳（包括各种类型的耳背机和定制机）的表面污渍；用95%乙醇棉清洁面板（定制机外壳不宜常用任何纯度的乙醇清洗），若有炎性分泌物附着，可用棉签蘸适量医用乙醇清洗干净，尽快用餐巾纸擦干。

（2）出声孔部位的清理：定制式和开放耳选配助听器在此部位一般有耵聍挡板保护。清理时将出声孔向下，用毛刷轻刷挡板及周围，不能平刷，向下方用力，边刷边弹，以防人为造成进一步堵塞。

（3）清洁周期：一般情况下每周清洁2次，如耳道分泌物多则建议每天进行维护。每1~3个月到验配机构进行专业养护。特别注意，中耳炎患者急性期不建议佩戴助听器，因为分泌物易使助听器受潮腐蚀。慢性中耳炎伴有分泌物的患者，建议间歇使用。每晚取下助听器后，用棉签蘸少许75%酒精，清洁消毒助听器外壳或耳模，及时用消毒棉擦拭干净（提示：长期如此，可导致外壳破裂，加速耳模老化。）

4. 耳模维护 每天佩戴前要检查耳模，特别要检查导声管是否通畅，要注意检查耳模表面和声孔内是否有耳垢，并注意及时清除；每天应用柔软的纸或软布清洁耳模表面；定期用水清洗耳模，必须注意清洗时将助听器取下，助听器绝对不能进水。清洗后待耳模表面及导声管内完全干燥后再与助听器重新连接；使用一段时间的耳模，要注意检查各连接处是否完好，尤其是耳模与助听器间的连接管有无老化、变色、裂痕、断裂等现象，如果存在上述问题，应及时与验配师联系，及时更新。

5. 电池的保存与更换 购买助听器电池时，需注意电池型号，且不宜一次购买过多，并需保存在阴凉干燥处。一次性助听器电池通常持续3~14d。患者不用助听器时，应将电池仓门打开。长时间不用将电池取出，以防电池漏液腐蚀助听器。当电池电量低于一定程度时，助听器将停止工作，或发出"滴"的提示音，或音质变得粗糙不稳定，此时应立刻更换电池。撕开电池上的小标签，等待1min左右，让足够的氧气进入电池，激活电化学系统，方可正常使用。注意电池极性。电池与硬币及其他金属不能直接接触，以免短路、消耗电能而缩短使用时间。

随着时间推移，一次性助听器电池容量衰减会影响助听器性能。使用时需携带可替换的电池。因此，可充电助听器电池应运而生，可以由患者重复使用。图6-58显示了不同品类的可充电助听器。可充电助听器电池有3种类型，以银锌电池、锂离子电池应用居多。银锌电池本身使用寿命通常会持续长达1年，锂离子电池可持续使用3年以上。由于锂离子电池存在与可燃性和毒性相关的风险，需被密封到助听器元件中。银锌助听器电池通常可以从助听器外壳中取出，可与一次性锌空气电池互换。

建议每晚都对可充电助听器进行充电，最大限度延长电池寿命。充电时间每个品牌不同，3~7h不等，具体以说明书为准。充电完成后充电指示灯将从闪烁的绿灯变为稳定的绿色。红色指示灯闪烁一般提示错误，需从充电基座中取出重新插入助听器。如果错误状态仍存在,则需联系专业人员。短时不使用助听器时可安全放置在充电器内,长时间不使用助听器需从充电器中取出,银锌可充电电池需从助听器中取出。为确保助听器正常充电,充电前需将助听器和充电器干燥清洁。使用软纸巾清除助听器和充电器触点上的水分或碎屑,切勿使用酒精及化学试剂擦拭。助听器附带的软刷也可用于从充电孔中去除碎屑。锂离子充电电池密封于助听器中不能取出,不能使用电子干燥器干燥,因为高温会损坏电池。通常充电器中会配备普通助听器干燥剂,变色后注意及时更换。

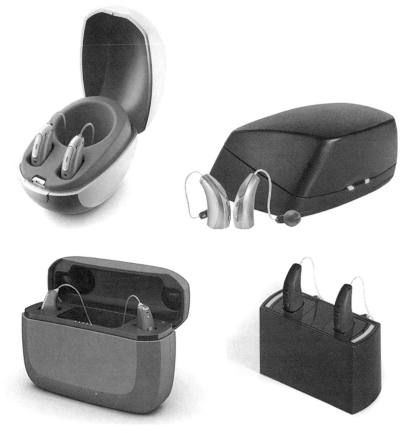

图 6-58　不同可充电助听器

6. 其他助听器使用注意事项　①防震:避免从高处跌落,佩戴时坐在床上或沙发上,正确佩戴后再活动;②防尘:风沙天气外出时可用纱巾帽子防护或不戴;③防雾霾:雾霾重度污染时外出尽可能不佩戴;④防磁:作磁共振检查时不能佩戴,也不宜带到等候区;⑤防静电:干燥地区或干燥的季节,注意调节室内湿度,强静电可能造成助听器出现故障;⑥防宠物:助听器取下后,一定要断开电源开关再放到干燥盒内,拧紧盖子,放到宠物接触不到的安全地方,以防宠物啃咬;⑦放置于儿童无法接触到的地方,以防误吞;⑧耵聍挡板若有松动或移位,请及时调整或更换,以免在耳道内脱落;⑨千万不要用尖物插入麦克风口与接收器口。

二、验配机构中助听器的日常维护

患者会定期至验配机构调试及保养助听器，对于患者反馈的问题，验配师需找出其中的原因并解决，因此掌握助听器的日常维护与维修十分重要。

1. 检查流程

（1）一般查看：检查助听器外观有无损伤，如裂痕、缺损、变形、动物咬痕、进水痕迹、电池仓松动、导声管老化、电池极片或编程接口有锈蚀和污物；各功能键是否完整、定制机麦克风护罩及耵聍挡板是否齐全。

（2）听筒检查：安装一粒电压达标的电池，打开电源开关，用听筒连接助听器出声口。耳背式、开放耳选配助听器、定制式见图 6-59。检查声音信号有无异常，如失真、发闷、杂音、轻弹机身和电池仓等部位时有无断音现象，各功能键是否正常工作。

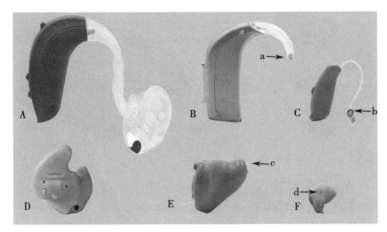

a. 阻尼子；b、c. 耵聍挡板；d. 传声器入口。

图 6-59　不同外观助听器相关部位示意图

A、B 为耳背式助听器；C 为开放耳选配助听器；D、E、F 为定制式助听器。

（3）显微镜检查：显微镜下检查肉眼不易察觉的问题，如助听器外壳细微裂纹、麦克风护罩、耵聍挡板和阻尼器有无污染物堵塞；打开电池仓后，在可见范围内观察有无异物（毛发、皮肤分泌物、干燥剂颗粒等）及电池触点有无锈蚀情况；定制机还需要检查绝缘胶纸是否移位、导线绝缘层有无裸露、排列是否有序。

特别注意：污染或老化严重的助听器，不建议自行处理，应送交助听器维修中心处理。

2. 常用工具　显微镜、多功能养护仪、无水乙醇（分析纯）、95% 和 75% 乙醇、绝缘胶纸、细砂纸、手术刀、听筒、医用棉、棉签、餐巾纸、镊子、剪刀、毛刷、金属环型钩、通针、洗耳球等，见图 6-60。

3. 助听器外壳维护　同患者助听器外壳清理。编程接口锈蚀导致助听器无法连接，可用少许医用棉，蘸少许无水乙醇轻轻擦拭干净。若无法处理，则需维修。

4. 麦克风维护　麦克风防护罩的种类很多，如图 6-61。

对干性污染较轻的防护罩可直接用多功能助听器养护仪抽吸。无此设备时，可用特制钩针钩出污染物或将护罩取下来用毛刷或金属通针清理，再用洗耳球吹净。在显微镜下检查确认清理干净后，复原（注意不同机型的拆装方法）。

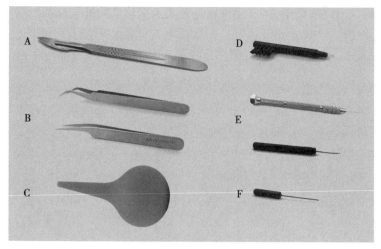

图 6-60　验配机构保养维护用小工具
A 为手术刀；B 为镊子；C 为洗耳球；D 为小刷子；E 为金属通针；F 为塑料通针。

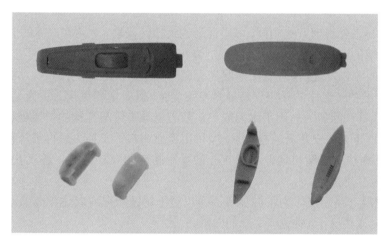

图 6-61　不同类型麦克风防护罩

对污染严重或油性分泌物堵塞的，可将防护罩取下来，用通针初步清理后将防护罩浸泡在 95% 乙醇中 1~3min，再用通针清理，洗耳球吹干。必要时负压抽吸，直至干净通透，难以清理的建议更换防护罩。污染严重时，防护罩遮挡部位、麦克风周围甚至麦克风进声口，都会有污染物，用特制钩针将其钩出，必要时再用整形外科眼睑镊，见图 6-62，缠少许医用棉，蘸少许无水乙醇轻轻擦拭干净后复原。某些型号的助听器麦克风防护罩不宜清理，需要直接更换。对没有或者无法拆卸的麦克风防护罩，最好用金

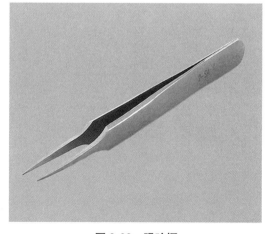

图 6-62　眼睑镊

属通针或环形钩钩出或加负压抽吸,清理时避免人为把堵塞物推入深部加重污染。

5. **出声孔维护** 定制式和开放耳选配助听器在此部位一般有盯聍挡板保护。盯聍挡板有内陷式、凸起式、内置弹簧式、弹簧挤压式等,见图6-63。以前面两种为常用。

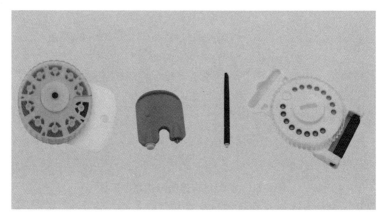

图6-63 常用的盯聍挡板类型

初步清理与患者清理方式相同,可用环形钩钩出污染物,对堵塞严重的盯聍挡板,可参照麦克风防护罩的清洗方法(95% 乙醇浸泡),但此方法不宜多次重复。耳背式助听器阻尼器的污染物肉眼难以发现,清理方法参照麦克风防护罩的清理或更换。

6. **导声管维护** 老化的导声管特征是变硬变黄,需要定期更换。更换导声管时不能直接拔下,以防止耳钩断裂。先用手术刀或尖头剪刀将导声管与耳钩的衔接处切开两个豁口,使其松动后再取下来。安装新的导声管时,可用止血钳将管子扩大后再与耳钩连接。

7. **通气孔维护** 用塑料通针从通气孔的耳甲腔端通向耳道端。通气孔清理后给患者佩戴,检查是否有声反馈。

8. **真空抽湿** 不建议作为常规步骤进行。对于锈蚀严重或老化年久的助听器,不宜抽湿处理。注意:谨慎操作,避免产生新的故障。

（张 华 郗 昕 王永华 西品香 孙 雯）

思 考 题

1. 了解助听器发展简史。
2. 试分析可编程助听器和数字助听器的优缺点。
3. 简述开放耳选配的主要优势。
4. 简述耳模的作用。
5. 简述助听器耳模的类型及适用范围。
6. 简述通气孔的类型及声学特性。

附录 1　美国国家耳模实验室（NAEL）颁布的导声管的标准名称和规格

导声管号码	内径 /mm	外径 /mm
9	2.4	4.1
12	2.2	3.2
13 Standard	1.9	2.9
13 Medium	1.9	3.2
13 Thick Wall	1.9	3.3
13 Double Wall	1.9	3.6
14	1.7	2.9
15	1.5	2.9
16 Standard	1.3	2.9
16 Thin	1.3	2.2

附录 2　阻尼子阻值及其对应的颜色

颜色	阻值 /Ω
灰色	330
白色	680
棕色	1 000
绿色	1 500
红色	2 200
橙色	3 300
黄色	4 700

第七章　听力语言康复与听力保健基础知识

　　听力语言康复是听力干预的重要环节，是听力障碍者改善听力、提高言语交流能力不可或缺的一步。本章将学习听力语言康复的相关知识，重点介绍听力语言障碍的特点，如何针对听力障碍者的具体情况，在对其进行综合评估后正确设定康复目标、制订康复计划。对康复的具体方法和措施同样也会做详细介绍。

第一节　成人听力语言康复的过程及方法

一、成人听力语言障碍的特点

　　成人听力语言障碍是指成人由于各种各样的原因造成听力损失后，导致言语交流困难。生活中常常表现为听不见、听不清、听不懂讲话人说话的内容，出现常常打岔、答非所问或要求反复重复等现象。老年人还常常表现为噪声环境中言语理解困难，或者即使听见也不能及时理解谈话内容等问题。长此以往，还可引发一系列的社会、心理问题。

　　根据听力损失的时间、听力语言障碍的不同特点及康复过程的不同，可分为成人语前聋、成人语后聋及老年性聋，以下将分别进行介绍。

　　（一）语前聋

　　常由幼年语言习得之前即存在中重度及以上的听力损失所造成。多由出生时即存在较严重的听力损失，或婴幼儿时期由于遗传、感染、药物、外伤等因素的影响，导致中重度及以上的听力损失，又未能及时采取早期干预措施，以致错过了言语发育的关键时期。主要特点如下：

　　1. **听力障碍同时伴有较为明显的语言障碍**　听力损失发生在语言能力形成之前，长期接收不到语言信号的刺激，缺失了学习语言的必要条件。

　　2. **缺乏聆听经验**　由于听觉发育的 4 个关键环节的缺失或中断，导致了听觉心理发展不完善，进而不能或不会有意识地捕捉言语中的关键成分。

　　3. **康复效果难以预测**　由于语前聋成人已经错过了最佳语言学习期，其康复的过程要比听力障碍儿童更加漫长，康复效果的预判也更加不确定。

　　（二）语后聋

　　语后聋是指原本有正常听觉语言能力的成人由于受到感染、药物、噪声、外伤等因素的影响，导致出现了不可逆的听力损失。主要特点如下：

　　1. 在听力障碍发生之前已经形成了完善的语言能力。

2. 有一定的聆听经验。

3. 康复效果明显 在听力获得补偿后,通过一定时间的康复训练即可收到明显的效果。

(三)老年性聋

老年性聋指的是随着年龄的自然增长,人体的听觉系统老化,功能降低,出现不明原因的双耳对称性、渐进性听力下降的现象。主要特点如下:

1. 有着丰富的聆听经验 老年性聋听力下降出现的年龄往往在 60 岁以上,在这之前已经有丰富的聆听经验。

2. 言语分辨率较差 老年性聋患者大部分伴有重振现象,加之认知能力和反应能力也有下降,因此言语分辨率检查结果与纯音听阈检查结果不成比例,在嘈杂环境中尤为突出。

3. 康复效果满意 有了听力补偿设备的帮助,经过不长时间的康复指导,即可获得满意的效果。

二、成人听力语言康复的目标设定

由于每个人听力损失的具体情况不同,康复需求不同,故应在进行康复之前详细而全面地了解每个个体的具体情况,以此来制订与之相适应的康复目标。

(一)听觉言语功能评估

1. 听力评估 听力评估是进行听力干预的前提,也是进行一切听觉康复的前提,听力情况很大程度上决定了听力障碍者听力语言康复的最终效果。因此,获得准确的听力评估结果显得尤为重要。临床上常用的听力学检查方法有:纯音测听(PTA)、声导抗测试(AI)、耳声发射(OAE)、听性脑干反应(ABR)、听觉稳态诱发电位(ASSR)等,其中纯音测听为主观检查,余均为客观检查。纯音测听是临床上最常用也是最基本的听力学检查方法,它不仅可以反映外周听觉器官的情况,甚至能够反映听觉中枢及整个神经传导通路的情况。因此,纯音听阈检查是助听器验配师必须熟练掌握的一门技能。

为了获取更多的听觉资料,以便为助听器佩戴者制订个性化的康复计划,自我评估也是经常采取的听觉能力测试方法,它包括非标准化和标准化两种方式。非标准化的自我评估方式通常由一些开放式的问题开始。如"你平常听电话有问题吗?""能听到来访者的敲门声吗?",然后引导听力障碍者说出自己目前所遇到的听力问题,并对这些问题进行分析、归纳,从中找出我们需要的线索。标准化的自我评估方法通常采用问卷的方式来实现。此举不仅节约了时间,还能有效评估患者康复前后的残疾和残障程度。听力学检查和患者自我评估可以从不同的角度去发现患者存在的问题,具有良好的互补作用。因此,在实际的助听器验配实践中,两种方法都应当掌握。

2. 交流能力评估 交流能力的评估是患者康复之前必不可少的环节。通过对患者交流能力的评估,可以使训练人员确定康复的起点及选择最适合患者的康复方式,同时也提供了丰富的可供前后对比的临床资料。在康复过程中与结束后,通过与这些资料的对比,可以判定患者的康复效果。它包括综合测试和分类测试。综合测试可比较患者在不同测试条件下(听觉、视觉、听—视觉)的交流能力,并决定患者应做何种分类测试,而分类测试是根据语音学上言语特征识别程度的难易来设计测试内容,可由易到难逐渐增加难度。

(二)设定个体化康复目标

由于患者听力损失的特点及所使用的助听装置性能不同,每名个体的听力补偿效果也不尽相同，同时又因为每名患者的家庭支持力度、工作生活方式、康复投入时间、刻苦努力程度等的差别，康复训练后所能恢复的听觉言语水平也一定会有差异。换句话说，就是并不能保证每个人都能达到像正常人一样进行流畅的言语交流的康复效果。因此，原则上每个听力障碍者都应经过严格的评估，听力康复人员在综合所有评估结果并考虑到患者本人特点及其生活及工作环境等具体情况后，再根据其具体的康复需求，与患者及其家属一起，设定符合实际的康复目标。

三、成人听力语言康复计划的制订

对听力障碍者的听力水平、交流能力、康复需求进行全面评估后，就可以依据康复目标有针对性地制订康复训练计划。一般来讲，训练计划应包括以下内容：①训练的次数；②训练的时间；③训练的方式；④训练的频率；⑤训练内容等。训练计划制订之后，也并不是一成不变的，也可以根据听力障碍者康复过程进行适时调整。训练结束后，应对康复效果进行评估，并与之前评估的结果进行比较。

四、成人听力语言干预及康复的主要手段和措施

（一）听力语言障碍干预手段

1. **助听器** 助听器是一种声音放大装置，可以帮助听力障碍者改善或提高听力（详见相关章节）。助听器选配是目前听力障碍者最常用的听力补偿方法，也最易被听力障碍者接受。它适用范围较广，从轻度到重度听力损失者都是其适配对象。但听力损失的程度、性质、听力损失的时间长短及听力障碍者的个体差异等，都会对助听器的使用效果产生影响。其次，助听器作为一种声音放大装置，对噪声环境中的言语识别、音乐的聆听等尚有一定的局限性。

2. **人工耳蜗** 人工耳蜗是一种电子植入装置，它绕过了外、中耳和内耳正常的声音传导途径，将声音转化为电信号直接刺激螺旋神经节。适用于重度到极重度听力损失者。但人工耳蜗的植入需要全面详细的术前综合评估，涉及耳科学、听力学、影像学、认知、心理、言语等多个方面，且在植入后，还需要较长一段时间的语言康复训练。目前国内主要以儿童为主，成人植入的数量较少。但实践已经证明，成人包括老年听力损失者，人工耳蜗植入的成效一点也不亚于儿童，但在术前对麻醉风险、手术耐受等都要经过充分与完善的评估，特别是对于老年听障者。

3. **振动声桥** 振动声桥是一种中耳植入式助听装置，也称人工中耳，由体外的听觉处理器和植入体内的振动听骨链的假体组成。既适用于感音神经性聋，也适用于传导性聋和混合性聋患者，但不适于蜗后聋或中枢性聋。对于外耳道骨性闭锁、耳硬化症、慢性化脓性中耳炎后遗症、鼓室粘连、咽鼓管阻塞等，皆可行振动声桥植入。就听力学效果而言，其高频补偿效果较传统助听器为佳，且能改善或消除啸叫现象，明显提高了噪声下的言语识别率。

4. **骨锚式助听器** 骨锚式助听器由钛质植入体、桥基和言语处理器等部分组成，是直接利用骨传导的一种人工听觉技术。工作时言语处理器将采集到的声音信号转化为有效的机械振动，通过颅骨将这种振动传到内耳，推动内耳淋巴液的运动，以此来产生听觉。适用于传导性聋、混合性聋和单侧感音神经性聋患者，如严重的外、中耳畸形或不愿接受外、中耳重建手术者，耳硬化症患者等也可适用，但对听阈有一定要求，如纯音测听的骨导阈值在

500～4 000Hz 的任一频率需≤45dB。优点是与传统气导助听器相比，可以减少耳部感染和佩戴疼痛等问题。对于 6 岁以内的外耳闭锁需听力补偿的患儿，因颅骨尚未发育成熟，尚不能植入钛质植入体，可建议使用软带的该类装置。

5. **其他听力辅具**　此外，对于严重的、不能通过上述听力补偿（重建）装置改善听力的患者，还可使用诸如闪光门铃、闪光水壶、振动闹钟、振动手表、振动指环等辅助器具和辅助技术来提高其环境适应能力，减少由于听力障碍带来的生活不便。

（二）听觉康复措施

在听力障碍者的听力获得补偿后或提高后，常采取一定的康复措施，来尽可能达到与人进行无障碍言语交流的目的。在这个阶段常对听力障碍者采取的措施有聆听技巧的训练、唇读训练，以及其他相关技能的训练等。

1. **聆听技巧**　聆听是需要一些技巧的，对于听力障碍者而言，适当地应用这些技巧，将会使其与外界的沟通变得更加容易。

首先要善于控制和利用周围的环境，如避免在音响效果差的房间进行谈话。如果房间的地面未铺设地毯、天棚未安装吸音吊顶、墙壁过于光滑、窗户没挂窗帘等，都很容易产生混响，令语音难以辨认。如果条件允许，应尽量在安静的环境中进行对话。因为即使是听力正常的人，在噪声环境中进行对话也常会感觉有困难。谈话时应尽量关闭音响设备或降低电视或收音机的音量。

交谈时尽可能让讲话者面对光线，以保证能清楚地看见对方的面部轮廓。因为讲话人的眼神、脸部表情、身体语言等，都能对了解谈话内容有帮助。若有可能，应事先确定谈话的主题，以能使听力障碍者事先对与话题相关的一些重要词汇有心理准备，有助于了解谈话内容。

此外，若听不清楚对方说话的内容，应向对方提出要求，告知自己的听力损失，请对方予以谅解并放慢语速。若对某些词语不肯定，可以重复自己所听到的，来询问听不清楚的部分。或者请对方对自己的语句予以重组，不要对原来听不明白的句子进行简单的重复。另外，即使在谈话中有不明白的地方，也不要在与人交谈时对没有听清楚的信息随便猜测或应付，以免发生误解。

家属及亲友也应当对听力障碍者予以理解，在与其进行谈话的时候，应耐心和体谅。如在交谈时尽可能缩短与听力障碍者的距离，让对方看清楚自己的脸，用平和适当的语调说话。在与听力障碍者进行谈话的过程中，若其已经佩戴助听器，刻意提高声音非但起不到让对方理解的目的，反而会使语言失真，令语义难以辨认，过大的声音也会使听力障碍者心理上感到不适。

与听力障碍者谈话时，主题要简洁明了，在转换话题时应着意提醒，使其容易理解即将进行的谈话内容。同时要随时注意听力障碍者是否明白自己所传递的信息，在对方听不清楚时还应对语句进行适当的重组或重复进行表述。因为听力障碍者常常需要非常专注地聆听和充足的时间，才能完全理解谈话的内容。

2. **唇读的训练**　唇读又称为看话，是通过观察说话者的口型、唇形以及面部表情来帮助听者提高理解话语内容的一种技能。人类的视觉系统也是一个功能强大的听觉辅助系统，它能帮助优化和利用残余听觉功能。事实上，很多听力障碍者特别是重度听障者都具备一定的唇读能力。

唇读学习的关键是能够将声音信息和特定的口型、唇形结合起来，本质上就是通过观察口唇的形状来破译言语信息。唇读的训练技巧有很多种，可以帮助听力障碍者尝试不同的方法，最终找到最适合自己的方法。一旦找到，就应当循序渐进、坚持不懈地练习下去。

初学者最好借助镜子帮助练习，先从不同的角度观察自己面部的活动，掌握一定技巧后，再通过观察自己熟悉的家人和朋友的口、唇形来巩固和拓展唇读的技巧，这是因为熟人的讲话模式较陌生人更易接受，言语也更易识别。还要学会从不同的角度和距离观察谈话人的面部表情，因为在现实生活中，谈话对象的身位不会是一成不变的，不可能总处于对自己观察有利的位置。通过反复观看录像，熟悉唇部运动，对照讲话者的讲话内容也是学习唇读的一种好方法。在帮助听力障碍者学习唇读技巧时，家人和朋友要给予充分的配合，开始要主动地放慢语速，但注意唇形不要过分夸张。

通过唇读进行交流注重的是话语的大体意思，而不要只是聚焦单个词汇的意思；若一时不能唇读出一句话的内容，最好请讲话者重复此句，直到弄清为止。汉语存在同音不同字的现象，这些可能会成为唇读的难点，这就需要依靠语境及上下文等线索来帮助进行区分。实践证明，听力补偿装置的使用可大大提高唇读的效率，从这个意义上讲，即便是极重度听力损失者，也提倡佩戴助听器。

3. 听觉训练　无论年龄大小，听觉康复训练均需越过声音觉察、声音分辨、声音识别和声音理解等阶段。

声音觉察，是让听力障碍者感觉到声音的存在，即声音的有无，是最基本的听觉反应。在使用助听装置的最初几天内，家人或监护者要密切观察听力障碍者对声音的反应情况，如听到敲门声、闹钟铃声、电话铃声时，会不会感到惊奇或试图去寻找声源等，并及时让他们将声音和发声物体进行联系。

声音分辨，即判定听到的声音差异性的能力，它包括分辨音长、音节、声母、韵母等。

声音识别，是指在有选择或无选择的情况下（如封闭项测试或开放项测试），确认是什么声音。开始可以在有选择（封闭项）的情况下，确认数目、形状、颜色等基本的信息，以后再在无选择（开放项）的情况下进行训练。

声音理解，即听力障碍者通过听取声音，理解所听到的语言的含义，是听觉训练中最关键也是最重要的一步。这一阶段的训练包括聆听能力和思考能力，可采取有目的的提问和回答的形式进行。

第二节　儿童听力语言康复、教育的基本观念和方法

一、儿童听觉语言发展的关键期

（一）关键期的含义

心理学上把人类发展的"关键期"也称为"最佳期""敏感期""临界期""转折期"，即指个体发育过程中的某些行为在适当环境刺激下才会出现的时期。如果在这个时期缺少适当的环境刺激，这种行为便不会产生。

1935年奥地利动物心理学家洛伦兹（K.Z.Lovenz）在研究刚出生的小鹅的行为中发现，刚出生的小鹅20h以内有明显的认母行为。它追随第一次见到的活动物体，并把它当成"母

亲"。如果小鹅第一次看到的是鹅妈妈时，就跟鹅妈妈走，如果看到的是洛伦兹时，就跟随洛伦兹走，并把他当成"母亲"。继续的研究又发现，如果在小鹅出生后的20h以内，不让其接触到活动物体，过了一两天后，无论是洛伦兹还是鹅妈妈，尽管再努力与小鹅接触，跟随现象也不会发生，即小鹅的这种认母行为丧失了。于是，洛伦兹把这种无须强化，而在一定时期容易形成的反应命名为"印刻"（imprinting）现象。"印刻"现象发生的时期叫作"发展关键期"。洛伦兹的研究激发了关于人类自身各类行为（如心理、技能、知识掌握等行为）的"关键期"的研究。不断地研究结果表明，人类自身在发展过程中也有类似的现象存在。印度"狼孩"的事实和国内有关"猪孩"的大量报道，都证明了一个无可争辩的事实，人类的某种行为和技能、知识的掌握，在某个时期一旦错过或缺少有益的、大量的环境刺激，就会造成个体发展进程中永远无法弥补的遗憾。但是，如果在这个时期施以正确的教育和影响，人类个体的某种行为和技能的发展就会取得事半功倍的效果。

（二）儿童听觉语言发展的关键期

第一个阶段是婴儿声音觉察，听力正常新生儿出生即可出现；第二个阶段是婴儿声音辨别，有资料显示月龄儿童就具有听觉分辨能力；第三个阶段是幼儿声音识别，这是在积累大量听取经验的基础上、把听到的声音信号与声音信号表示的内容有机联系起来才能实现的；第四阶段是声音理解，这需要在大量积累听觉经验并反复实践的基础上，再经大脑皮层系统分析加工整理以后才能达到。

随着大脑的发育，儿童语言发展的关键期主要表现在三个阶段：第一个阶段发生在幼儿出生的8~10个月，它是婴儿理解语言意义的关键期；第二个阶段发生在1岁半左右，它是婴儿口语发展的关键期；第三个阶段发生在5岁半左右，是幼儿掌握汉语语法、理解抽象词汇及综合语言能力开始形成的关键期，这个时期幼儿相应的言语能力最易得到理想的发展或阻碍。儿童在不同的发育阶段，存在不同能力发展的关键期；如果能把握关键期对其进行早期教育，将促进儿童听觉、言语、语言、认知及社会适应能力等快速发展。

二、听力障碍儿童康复的"三早"原则

（一）"三早"原则的含义

听力障碍儿童康复的"三早"原则，即早期发现和诊断、早期听力补偿和重建、早期康复教育。0~3岁是儿童大脑发育最快的时期，也是学习语言最关键的时期，这一普遍规律对听力障碍儿童也不例外。听力障碍儿童早期干预是指对新生儿3个月明确诊断，6个月采取干预措施，做到早发现、诊断，早验配助听器或植入人工耳蜗，并及早进行康复教育。如果在3岁以前发生听力障碍，不及时采取干预措施，将严重影响儿童听觉、言语发育及学习能力的发展。

早期干预是一项多学科、跨部门合作的系统工程，是一个地区乃至一个国家的普遍行动，只有将支持体系和技术体系有机结合才能实现。支持体系的建立要依托各政府职能部门工作机制的制定和密切合作，技术体系的建立要靠专业人员的努力和指导。支持体系的核心内容是建立一个跨部门、多学科合作的联动工作机制，搭建早期干预工作平台，明确工作要求、工作范围、各部门的工作职责及工作流程。技术体系的核心内容是建立以社区家庭为中心的康复教育模式，实现就地就近整合康复机构技术资源，建立以家庭为主导、以康复专业技术人员为指导、以社区医生及社会保障为支持的早期干预技术平台。在残联和卫

生部门的协调下,明确各类人员的任务和工作要求,把听力障碍儿童的筛查诊断和康复安置落到实处。

自 17 世纪 80 年代,美国的达尔加农(Dalgarno)提出协助家庭克服听觉障碍儿童的早期发展问题至今,世界范围内的以听力语言康复为主线的听力障碍儿童早期康复教育问题,已从医学模式向社会生态学模式发生了根本性的流变,并且越来越多地受到了当代特殊教育、学前教育等各方面潮流的影响。尤其是现代医学诊断技术、助听技术和神经认知心理学、心理语言学等诸学科的发展,更为听力障碍儿童听力语言康复的及早实施提供前提条件和技术保障。

19 世纪 60 年代以来,听力障碍儿童的听力语言康复在美国、英国、日本等发达国家已经得以普及,并且产生了良好的社会效益。美国一项"父母 - 婴儿"方案的研究结果表明,在对父母和婴儿同时进行训练的状况下,保证了该方案的 28 名 3 岁前听力障碍儿童在家中也能继续学习,他们的语言能力在追踪中随年龄增长而有增加的趋势。20 世纪 80 年代以来,我国诸多康复成功的案例也再次证明,对听力障碍儿童进行听力语言康复越早越好。

(二)实施"三早"原则对儿童及家庭的影响

听力障碍儿童康复教育"三早"原则的全面贯彻和实施,将会对听力障碍儿童及其家庭产生积极影响。

1. **对儿童的影响** 在听力障碍儿童发展关键期内进行基于听力语言康复为主线的早期康复教育,可以充分挖掘听力障碍儿童的残余听力,并利用大脑语言中枢尚未完全的条件,减轻听力障碍儿童的残障程度,巩固或重建听力障碍儿童的听觉概念系统,形成从听觉途径接受信息、利用信息和习得语言的能力。这里最重要的是,必须尽早在他们的残余听力和发音器官久置不用终致萎缩之前进行康复训练。否则错过时机,康复效果往往事倍功半。

另外,早期干预可以在儿童发展的关键期内,给予各种有序的、良好的刺激,使得听力障碍儿童个体在获得听力语言康复的同时,也获得了认知、社会性、个性情感、艺术表现和运动技能等各方面的全方位发展。

2. **对家庭的影响** 早期干预的实施,可以使家长及早看到孩子的康复效果,更有利于建立信心,同时也能正确面对孩子的残障问题,减轻精神压力、树立适当的期望值,积极配合康复专业人员,接受正确的康复理念,建立以家庭为中心的早期康复教育模式,成为家庭康复教育的实施主体。

三、儿童听觉语言发展的特点

(一)正常儿童听觉发展规律

1. 0 ~ 3 个月 噪声环境 90dB SPL 吵醒睡眠婴儿,安静环境 50~70dB SPL 吵醒睡眠婴儿,对特大噪声出现惊跳,对熟悉的嗓音会安静下来。

2. 3 ~ 4 个月 50~60dB SPL 头慢慢转向声源方向,喜欢聆听玩具发出的声音,眼睛和头可以转向声源。

3. 4 ~ 7 个月 40~50dB SPL 头直接转向声源,但不能找到上下方位的声源。

4. 7 ~ 9 个月 30~40dB SPL 直接准确定位且向下转头,对自己名字的声音有反应,能注意聆听音乐和歌曲的声音。

5. 9 ~ 12 个月 25~35dB SPL 直接向下转头寻找声源,区分愉快 / 生气语气并做出不同的反应,对轻声或大声能快速将头转向声源,对叽叽喳喳的说话作出反应,能听从简单的管理指令。

6. **12～18个月** 25～30dB SPL 可向上方寻找声源,对来自上下方向声源能轻松的转头定位,能随着音乐节律蹦跳。

7. **18～24个月** 所有方向 25dB SPL 声音直接定位,能听从完成简单指令,能认识多种环境声音。

(二)正常儿童语言习得规律

儿童语言的习得过程遵循从简单到复杂这一基本规律,具体体现在语音、语法、语义和语用等习得的各方面。任何儿童学习语言都遵循这个自然规律,循序渐进地逐步发展。在儿童语言发展过程中,语言获得的进展速度取决于儿童脑组织结构的发展与成熟,这是一个无法逾越的生理发展阶段,也是成人示范和儿童模仿虽然对其语言的学习起到一定促进作用,但不能造成超越儿童语言发展固有阶段态势的根本原因。国内有关儿童语言习得研究的结果无不证明,儿童语言的发展是要逐步经历积少成多、从易到难和由简到繁的积淀过程。根据郭熙等学者的归纳和总结,在语音、词汇、语法和语用方面,儿童的语言习得遵循着如下规律。

1. **语音由易到难,清晰度逐渐提高** 一般地说,正常儿童习得双唇塞音在前,而舌尖塞擦音则靠后;正常儿童 1 岁左右为简单发音阶段,2 岁语音清晰度约为 55%,3 岁达 76% 左右,3 岁半达 85% 左右,4 岁可达 92% 以上。

2. **词汇由少到多,由具体到抽象** 有研究表明,通常情况下,正常儿童 1 岁词汇量为 20 个左右,2 岁可达 200 个左右,3 岁达 1 000 个左右,4 岁可达 1 600 个以上;儿童先习得"爸爸""妈妈""娃娃"等具体词汇,后习得"热""黑"等抽象词汇。

3. **语法由不完整到完整** 表现在以下 3 个方面:

(1)句子由短到长:一开始是独词句,逐步扩展。如 1 岁到 1 岁半起,儿童看到玩具娃娃时会指着叫"娃娃",要大人抱时会伸出两臂口叫"抱抱"。1 岁半左右开始说出双词或三词组合的语句,如"娃娃饼饼""妈妈娃娃"等。

(2)语法结构由不完整到完整:开始说话时,儿童用独语句,后来又用一些非独语句但结构并不完整,如上句"娃娃饼饼"。有的儿童在 1 岁半到 2 岁左右便开始说出结构完整但无修饰语的简单句。如主谓句"宝宝看看",主动宾句"叶叶吃糖糖",主动双宾句"妈妈给叶叶糖糖"。据报道,2 岁时,这种句子已占总句数的一半以上。到 3 岁时,儿童所用句子基本上都是完整句,并含有一些修饰语,如"两个娃娃玩积木""某某穿好看衣服"。一般认为,3 岁半可能是简单句发展的转折期。另一方面,儿童从 2 岁到 2 岁半就开始出现了数量不多的简单复句,以后和单句并行发展。这样,大致在五六岁的时候,他们就能自由运用各种语言成分造出各种各样的句子了。

(3)词类由名词延及其他:资料表明,儿童先习得名词,然后才逐步扩展到其他词类,如动词、形容词、代词等。在名词中,又由具体名词始,然后到抽象名词。

4. **语用由不完善到完善** 儿童的语用最初只表现在交往倾向上,逐步地发展为用语言来解决问题,进而又能在不同的情景中根据要求选择表达对象。如在开始阶段儿童多用直接的方式表达自己的要求,他会说"糖糖",以此来要糖吃;一定的阶段以后,如果他要表达自己想要一个变形金刚玩具,他会说:"某某买了变形金刚"。

此外，儿童运用语言与他人会话、表达事件、表达情绪等的能力也不断增强，其发起会话、维持会话、话论替换、修补会话、终止会话的语言技巧也逐步提高。

（三）听力障碍儿童语言发展特点

听力障碍儿童之所以不同于正常儿童，是因为他们听力的损失而导致的语言障碍，使其在能力及能力（不仅包括听力，还包括心理发展的其他方面要素）的发展方式上具有特殊性。

与听力正常儿童相比，听力障碍儿童在语言习得方面有以下明显的特点。

1. 发音不清，音色不好听 ①构音异常（如音的省略、缺失、替换、歪曲、添加等现象）；②声音异常（如鼻化音、嘶哑音、尖叫音、音量不足、音高调、音调失控等现象）；③节律异常（如在言语过程中难以控制各种音量、音调、长短等功能，或不知道如何运用这些功能传达欲沟通的信息现象）；④语调单调，缺少抑扬顿挫、轻重缓急、高低长短的变化。除了上述语言障碍特征的表现外，还经常附带出现说话时常有音量过大的现象。

2. 词汇量小于同龄听觉健全幼儿 这是听力障碍影响接收语言素材的结果。

3. 语法不规范 语法是抽象的结果，听力障碍儿童语言发展迟缓，抽象能力低于听觉健全的幼儿。听力障碍儿童则由于发音体不灵活等因素的限制，只能连续发出几个音节而且缺乏流畅性。不能分辨同音异义词，这说明理解性语言发展得不充分。

4. 语用能力较低 ①学习语言、发起交往的主动性不足；②对他人的谈话漠不关心，对周围的噪声无动于衷；③在交流中，不知道等待、轮替和修正。

听觉言语学习是听力障碍儿童早期康复教育的中心任务，康复教师或听力障碍儿童家长在遵循儿童语言发展规律的同时，应针对听力障碍儿童语言习得和发展特点，采用科学的方法促进听力障碍儿童语言能力的真正发展。

四、听力障碍儿童听力语言康复的基本观念

（一）全面发展观

尽管听力障碍儿童因其残障影响了其发展的某些方面，但他们的成长与发展并未完全脱离正常儿童成长和发展的一般规律，同样遵循着一个与正常儿童发展相同的、一个有顺序的阶段性的连续过程。听力障碍儿童听力语言的康复应立足于促进儿童的全面和谐发展，即对听力障碍儿童实施听力语言康复的同时，要帮助听力障碍儿童获得身体、认知、个性、社会性和情感等方面全面和谐的发展。为听力障碍儿童所做的努力不应仅仅局限于补残，而是要以听力语言的康复为突破口，促进听力障碍儿童全部潜能的发挥与发展。

（二）学习主体观

听力障碍儿童与正常儿童一样，并不是"以坐而受道"的形式发展的，其主观能动性、兴趣、个性特点等会直接影响康复进度和效果。对听力障碍儿童的听力语言康复教育既要符合听力障碍儿童的身心发展特点、兴趣需要，又要注意将康复目标有机而又有效地融入一系列活动中，以听力障碍儿童喜闻乐见的方式进行。值得提出的是，康复教师或听力障碍儿童家长，都不能取代听力障碍儿童的"主体"地位，他们在听力障碍儿童的康复教育过程中扮演引导者、支持者、帮助者的角色。

（三）特殊需要观

在听力障碍儿童的康复教育过程中，除了要满足其作为儿童一般的、全面的需要以外，

还需满足其不同于正常儿童的特殊需要,即在听力、语言方面的特殊需要;有些听力障碍儿童可能在认知、心理方面也需要特殊的帮助。

满足听力障碍儿童的特殊教育需要,首要条件是为其生长和发展提供一个最少受限制的康复教育环境。即在学习设施、空间环境上给予最少限制,以使听力障碍儿童有机会去认识和体验周围的事物;尽可能地为听力障碍儿童提供社会交互活动,使其学会与他人沟通、相处,获得融入社会生活的信心;另外,要提供一个既能促使听力障碍儿童全面发展又能充分满足其特殊教育需要的课程。最少受限制的教育实施的关键,是依据听力障碍儿童个体本身的学习能力、特殊程度与客观条件之差异,将他们安置在最少受限制的环境中接受特殊教育,以使个体的身心得到充分的发展。

(四)整合教育观

听力障碍儿童的语言发展是与其他方面的发展相互融合、互为基础的渐进过程。因此,对听力障碍儿童进行的早期教育不应是纯口语训练,而是综合提高发展水平,增强他们全面交流能力的教育。这一整合观要求在康复实践中,应尽量避免语言学习与其他学习相割裂的做法,要努力促使儿童的社会、认知、语言等知识有机地整合起来。

五、听力障碍儿童听力语言康复的基本方法

(一)听力障碍儿童康复教育模式

目前在我国,听力障碍儿童康复教育安置主要有 3 种模式,它们基本涵盖了不同年龄段、不同康复阶段听力障碍儿童的需求。

1. 社区家庭康复 0~3 岁听力障碍儿童可选择以家庭为中心、以康复机构为指导的康复模式,采用亲子同训、预约单训及家庭指导计时服务等形式,实施听觉语言康复训练。

2. 机构康复 3~6 岁处于听觉语言康复初期的听力障碍儿童可在康复机构接受全日制学前康复教育、听能管理及听觉语言康复个别强化训练。

3. 随班就读 具有一定听觉语言能力的听力障碍儿童可进入普通幼儿园、普通学校随班就读,同时由家长在家中进行听觉语言强化训练,必要时可预约机构指导教师进行小时康复服务。

(二)听力障碍儿童康复教育原则

无论采取哪一种康复教育模式,对听力障碍儿童的听觉言语训练要想取得明显的效果,还必须在实施的过程中全面贯彻如下原则。

1. 训练过程从简单到复杂,循序渐进 听力障碍儿童选配助听器后,听力年龄只有 0 岁,其语言学习过程和听力正常小儿的语言习得过程是一样的,但受其智力等其他生理因素的影响,听力障碍儿童对语言的理解能力要远高于正常听力新生儿。训练中避免急于求成,要逐渐发展。训练内容从听力障碍儿童最熟悉的简单知识逐渐过渡到较复杂的内容。

2. 抓早期干预并坚持不懈 早期干预十分重要,有研究表明,听力障碍儿童康复效果与干预时间有关,干预年龄越早,效果越好,家长要抓住小儿 7 岁前语言学习的最佳时期及早对小儿进行康复训练。对听力障碍儿童的听觉训练也是一个长期要坚持的、持之以恒的工作,与听力正常儿童相比听力障碍儿童佩戴助听器或植入人工耳蜗后的听力还是有较大的局限性,因此,对听力障碍儿童的听觉训练是要天天进行、随时进行的,不能松懈。

3. 训练内容不是孤立进行的,应相辅相成、同时进行 以上叙述的听觉言语训练的内

容——听力训练、发音训练、语言训练，三者绝不是独立进行的，而是一个连续的、交叉的过程，在训练中交互进行、齐头并进。

4. 创造好的聆听环境和语言环境　听觉训练要和日常生活紧密结合起来，让孩子知道周围的声音都是有意义的，如各种自然界的声音，动物叫声、汽车发动和鸣笛声、炒菜声、流水声、电话铃声，特别是各种语言声等，从而主动去学会聆听。在训练时根据小儿的特点，可采取游戏及各种活动的方式给小儿创造有意义的聆听环境。

5. 根据评估结果制订适当的个体训练计划　因每个听力障碍儿童的基础不同，耳聋的程度、进步的快慢、个体差异等因素决定了每个孩子有不同的训练计划和方式。定期评估，根据每个孩子的具体情况量体裁衣，制订"一对一"的单独训练计划是最有效的。

6. 掌握有效的训练方法　由于残余听力、听力补偿程度的不同，在听力语言训练时应根据小儿的特点采取灵活多样的训练方法。特别对有些助听效果欠佳的听力障碍儿童，除强调听力训练外，还要充分利用视觉、触觉等多种感官进行教学，帮助听力障碍儿童理解语言，学会说话。

7. 充分发挥家长的作用　家长是小儿最亲近、最容易接受和最信任的人，更是听力障碍儿童的第一任教师，听力障碍儿童的绝大多数时间也是和家长一起度过的。因此，家长参与的情况对小儿康复效果有直接的影响。

（三）听力障碍儿童听力语言康复的方法

1. 听力障碍儿童聆听技能的培建　"听见"和"聆听"是两个具有本质区别的概念。"听见"是一个生理过程，而"聆听"更多的是一个心理过程，包括听觉察知、听觉注意、听觉定向、听觉识别、听觉记忆、听觉选择、听觉反馈、听觉概念和听觉理解的形成。可见，它是一种习得的行为，是经过练习可以不断提高的心理技能。关于听力障碍儿童聆听技能的方法，可以分别从两个方面来认识，一是培建的程序，即先做什么，后做什么；二是培建的操作方式。

（1）培建程序：根据国外相关研究，有人把儿童聆听技能的发展，分为四段渐进的水平。第一阶段，声音觉察，即儿童能感知到声音的存在，是最基本的听觉水平，这一阶段应建立以运用各种声音刺激，借助视觉、触觉等辅助手段，使听力障碍儿童知道声音的存在，培养其听音兴趣为重点的培建目标；第二阶段，声音辨别，即儿童通过判定听到的声音是相同还是相异而具备的一种基本的听觉水平，这一阶段应建立以积累听力障碍儿童区分声音的基本属性经验和培养初步的听觉分类能力为重点的培建目标；第三阶段，声音识别，是儿童能够将听觉刺激与发声客体进行标识的一种听觉能力水平，这一阶段应建立以强化语音刺激，建立声义联结，形成听力障碍儿童听觉表象为重点的培建目标；第四阶段，声音理解，即儿童能够通过听觉理解语言的含义，是一种较高的听觉水平，这一阶段应建立以培养听力障碍儿童感知连续言语能力、联系上下文理解言语信息能力为重点的培建目标。

（2）培建内容：听力障碍儿童听觉能力的培建和聆听技能的掌握，直接关系到听力障碍儿童听力语言康复的最终效果，因此，听力障碍儿童听觉能力的康复是一项非常细心、非常艰巨的工作。其具体内容可根据聆听能力发展的 4 种基础水平进行如下的分解。①声音觉察阶段：培建的内容为听觉游戏条件反应的建立、自发性机警反应的建立、对自然环境声和音乐的感知。②声音辨别阶段：培建的内容为区分声音的时长、区分声音的响度、区分声音的音调。③声音识别阶段：培建的内容包括对单词不同音节的分辨、对音节相同但辅音及元音信息不同的分辨、对发音方式、方法和部位的分辨、在短语中对关键成分的识别、在噪声和距离变化条件下的语言识别。④声音理解阶段：培建的内容为对日常短语或熟语的理解、对连续语言的理解、对简短故事中顺序关系的理解、在噪声背景中理解对话；对拟声或抽象语言的理解。

（3）培建方式：听力障碍儿童聆听技能的培建方式，可分为单一听力口语方式和多种感觉参与方式两种。①单一听觉口语（AVT）方式：强调单独利用听觉途径去发展听力障碍儿童听觉技能（人工耳蜗儿童的聆听技能的培建多采用此种方式），多采用听觉条件反应游戏法（如听声拨珠、听声摆积木、听声做动作）、听声识图法、听声指认法和听声复述法完成培建的基本任务，突出好的聆听环境的营造，回避专用视觉或身体语言的沟通方式。②多种感觉培建方式：强调充分利用听觉、视觉、触觉等感觉渠道进行听力练习，其中尤应重视视觉的辅助作用。对各种声音的理解可借助实物、图片提示法进行练习，建立音义联系；触觉利用法可帮助听力障碍儿童建立对声音的物理属性概念；音乐旋律与关于声音的心理体验可借助动作表现或表演（表情）法进行。

（4）培建方法：

1）听觉察知能力的训练：主要目的是感知声音的有无，感受声音是否存在。听力障碍儿童选配助听器后，首先让他感受自然界中各种各样的声音，包括各种环境声响及语音。环境声响包括生活中的各种声音，如门铃声、电话铃声、音乐声、咳嗽声、车鸣笛声、流水声、炒菜声、动物叫声等。语音察觉从小儿最熟悉的声音开始，如自己的名字、爸爸、妈妈，逐渐扩展到包含各种频率的语言，并加入声音的长短、音节等。练习时可利用生活中真实的声音，也可配合一些录制好的含各种声音的音像制品、训练软件进行练习。

针对小儿的年龄、配合程度选择不同的训练方式。对较小的幼儿主要靠观察小儿是否能听到这些声音，如用眼神或转头寻找声源，在游戏或活动中突然停止动作、停止哭闹等，给予反复刺激让小儿辨听，并且刺激的声音应尽量有意义，避免单一，以免使小儿感到枯燥，逐渐让小儿学会主动聆听，对声音作出反应。对能主动配合的小儿，在发声时可以让小儿以各种方式作出表示，如游戏的方式或小儿自己喜欢的其他方式，反应对了及时给予鼓励，告诉小儿什么是有声音、什么是无声音。

2）听觉分辨、确认能力的训练：主要目的一是要区分声音是否相同，"一样"与"不一样"，二是能指认、模仿听到的声音。

训练内容同样可包括自然声响和语音。如分辨长短音（如爸——、爸—）、节奏（爸 - 爸 - 爸 - 爸 - 爸）、音节、长短句子、数目、形状、颜色、大小、长短、多少、高低、方位等。

3）听觉理解能力的训练：主要目的是明白所接触的声响，特别是语音的意义。

理解能力的训练包括聆听和思考能力的训练，可有增加听觉记忆、交往形式的对答等。理解是贯穿在康复始终的，最终达到语言交流的最高水平。开始可在可选择的范围内如根据图画、卡片、故事跟踪或小儿知道的话题来回答简单的问题，让小儿执行简单的指令，听话识图，逐渐过渡到开放式的语言理解，如听故事回答问题、围绕一主题进行交流、回答事先未做准备的话题等。

2. 听力障碍儿童语言学习的阶段

（1）听力障碍儿童的语言学习一般分为词汇积累和语言训练两个阶段：

1）词汇积累阶段：是在听觉训练的基础上辅佐以视觉和其他感觉使他们知道更多社会事物，把看到、触到的东西与声信号结合在脑子里形成信号，使他们逐渐理解语言含义。为使听力障碍儿童容易理解,这个阶段词汇的选择十分重要,要根据孩子的年龄、性格、所处环境、词汇的语音学特点等来选择词汇。例如:选择孩子喜欢的人和物,如妈妈、爸爸;选择日常生活中经常看见的、熟悉的,如电视、电话、各种玩具等。

2)语言训练阶段:是在词汇积累的基础上,训练听力障碍儿童多说,由单字到短句,由简到繁,由少到多,逐渐做到能听懂别人语言,让别人听懂自己语言。开始听力障碍儿童可能以一些非言词性的信息进行表达和与人交流,作为家长和教师应关注这些信息,积极鼓励听力障碍儿童用言语表达。

(2)有助于听力障碍儿童学习语言的基本方法:听力障碍儿童因为听力途径的障碍不能获得正常儿童相等的口语学习条件,当他们戴上助听器或植入人工耳蜗后,需要通过人工强化的环境来学习口语,这样才能在语言发展关键期内获得口头语言。因此,强化口语学习环境是帮助听力障碍儿童使用聆听技能学习语言的重要方法。其内容包括:

1)以"主题"的方式提供口语学习经验:即以主题的方式将儿童生活中的口语经验分解成若干层面,采用"小步走、阶梯式前进"的原则,使听力障碍儿童通过一个又一个主题活动,获得与环境中语言的和非语言的材料、信息交互作用的机会,从而逐步增长个体与环境作用的能力,形成立体的口语学习经验。

2)以整合的方式提供口语学习的内容:在组织听力障碍儿童进行口语学习时,教师或家长应注意将所涉及的语言知识、认知知识和社会知识以整合的方式进行提供,注意各类知识间内在有机的联系。

3)以活动方式组织口语学习过程:活动和游戏是儿童学习的基本方式,听力障碍儿童也不例外。听力障碍儿童尤其需要在视觉、听觉、触觉、嗅觉等各种感觉途径的综合作用下,积累经验、获得经验,理解物体、事件的关系,发展他们对世界的认识。要充分地调动听力障碍儿童参与活动的积极性,增加活动的趣味性,通过操作加强嘴、手、脑的综合运用能力和协调能力。

(3)以有机的再现不断强化、巩固口语学习效果:听力障碍儿童的口语学习是一种针对其特殊教育需要的特别帮助,这种帮助应以不断强化和巩固听力障碍儿童的学习效果为最终目标。要将达到教学目标的内容分解成若干相互关联、渐次递进的具体要求和任务,并构成一定层次的过渡环节。具体学习内容以一种变式形式在下一环节的学习中再现,而不是机械式的反复操练。

第三节　耳及听力保健常识

耳是人体一个非常重要的感觉器官,包括外耳、中耳和内耳 3 个部分,其中任一部分受到损害,都有可能引起听力障碍,其一旦发生,将会对患者的工作、生活造成极大的影响,甚至是终生的痛苦。因此,了解听力保健常识,做好耳的保健,对预防及应对听力障碍具有重要的意义。

一、日常生活中的听力保健

(一)外耳保健

避免掏耳的不良习惯。人的耳道内有耵聍是正常的生理现象,是耳道皮肤正常分泌物结合皮屑等形成的。一般少量的屑状耵聍,会随运动时的震动和下颌运动自行排出,不需特别清理。切忌用发卡、火柴杆等物挖耳,以免造成耳道壁的损伤和感染,甚至可能伤及鼓膜或听小骨,造成鼓膜穿孔,影响听力。另外,在日常生活中有时会遇到蚊子、苍蝇、蚂蚁等小虫飞进或爬入外耳道,应该及时到医院诊治。同时要预防意外伤害,教育儿童在玩耍时不要将珠子、豆类、果核等异物塞入耳道。

(二)中耳保健

避免中耳的炎症性疾病。

1. 做好鼻腔保健 及时治疗急性上呼吸道感染、慢性鼻炎、鼻窦炎、扁桃体炎或腺样体肥大等疾病,注意保持患者口腔、鼻腔和咽部卫生。儿童急性上呼吸道感染,一定要及时彻底地治疗。训练正确的擤鼻法:用手指先堵住一侧鼻孔,将另一侧鼻腔内的分泌物擤出,以后再如此法擤另一侧。若鼻塞和分泌物多而不易擤出,应先用麻黄碱滴鼻或喷入鼻腔,3～5min 后再按上述方法擤鼻。切勿同时捏住左右鼻孔以后再擤,以免将鼻腔内的分泌物驱入中耳腔内而引发中耳炎,尤其是在发生上呼吸道感染时。

2. 保持咽鼓管的通畅 对咽鼓管狭窄者,应及时治疗;在压力变化较大的环境中,如飞机起降时,多做张口吞咽动作,以维持中耳内外压平衡,预防中耳炎。

3. 积极锻炼身体,加强营养 增强体质,预防上呼吸道感染。

4. 避免头部及鼓膜外伤 防止外耳道的感染进入中耳。

(三)内耳保健

近年来由于耳外科诊疗技术的迅猛发展,由外耳及中耳原因导致的听力损失大多数能够获得改善,但由于部分内耳病变、听神经或听觉中枢病变所导致的感音神经性聋目前尚无有效的治疗方案,掌握内耳保健常识就显得尤为重要。

1. 预防噪声性聋 详见第二章第三节。

2. 预防药物中毒性聋 详见第二章第三节。

3. 预防气压性内耳损伤 炮震、爆炸和潜水等所引起的气压急剧变化均可产生内耳损伤,咽鼓管吹张时,中耳压力剧增也可损伤内耳。因此,在有气压急剧变化的环境中工作的人员必须采用护耳器或其他相应的防护设备,预防内耳损伤。

4. 预防突发性聋 突发性聋是指突然发生的原因不明的感音神经性听力损失,至少在相连的 2 个频率听力下降 20dB 以上,听力可在数分钟、数小时或 3d 以内下降到一定程度。内耳供血障碍、病毒感染、自身免疫性疾病、内耳迷路积水等认为与突发性聋的发生相关。熬夜、精神压力大往往是突发性聋的诱因,应该尽量避免。如果发生突发性聋,应及时到医院诊治。

二、儿童听力保健

听力障碍是影响儿童语言能力及智力发育的重要原因之一。减少儿童听力损失的发病率,对已发生听力障碍的患儿力争早期诊断、早期干预,使他们的语言发育接近或与听力正常儿童同步,是儿童听力保健的终极目的。

(一)遗传性聋的预防

做好计划生育及优生优育工作,依法杜绝近亲结婚,加强遗传咨询,不断完善并普及基因诊断技术,开展遗传性聋的产前诊断,降低遗传性聋的发病率。对于部分遗传性进行性感音神经性聋的儿童,应做好听力保护的广泛宣传,努力避免诱因,保护残余听力。如大前庭导水管综合征，常常因为遭遇导致颅压或腹压增高的诱因而出现听力下降，在日常生活中要尽量避免外伤、便秘、剧烈咳嗽、噪声或感冒发热等诱发因素，避免对抗性的体育活动，一旦耳聋突然加重，要及时到正规医院进行治疗。对于已知携带线粒体 12S rRNA 突变基因的患儿，应尽量避免使用耳毒性药物。

（二）做好新生儿听力筛查，并早期诊断、干预

新生儿听力筛查工作已在我国大部分地区开展，使众多家庭受益，但仍未能惠及所有新生儿，同时部分家长对筛查工作的意义不理解，以致不能很好地配合筛查及诊断等，也仍有筛查机构只重视筛查而忽略诊断、干预等，需要通过各种途径进行广泛宣教，将筛查、诊断及干预落实到位。如诊断为传导性聋，可进行药物治疗或适时手术治疗，如为感音神经性聋，则可通过选配助听器，或植入人工耳蜗，并开展科学的康复训练。

（三）预防感染性聋

感染性聋是指感染某些致病微生物后所引起的感音神经性聋。如流行性脑脊髓膜炎、流行性乙型脑炎、麻疹、水痘、猩红热或流行性腮腺炎等。多发生于儿童，是导致儿童后天耳聋的常见原因之一。因此，要按时接种预防这些传染病的疫苗，积极防治各种急慢性传染病。一旦患病，要尽早确诊，及时给予抗感染及对症治疗，以争取恢复听力。

（四）关注孩子的听力及言语发育

家长应了解不同年龄婴幼儿的听力发育情况，以便在早期发现患儿的听力障碍。一般正常的婴儿，出生 3 个月后，听到声音便会寻找声源，对母亲的声音有反应。6 个月时已有对声源的定向能力。9 个月开始模仿大人的语声，并说出单字。12 个月会说 1~2 个有意义的字。18 个月会清楚地说一些单词。2 岁以上能说出有意义的词汇或短语。如果孩子没有达到上述正常婴幼儿的言语发育标准，则应到正规的医院进行听力学检查。重视并做好幼儿园听力体检工作。

三、中老年人听力保健

中老年人的听力保健应注意以下几点：要科学饮食，合理营养；忌"三高一低"饮食（高糖、高盐、高胆固醇、低纤维素）；提倡健康的生活方式，包括戒烟酒、多参与社交活动、积极锻炼身体等；定期体检听力，有条件的地区建议半年一次；积极防治基础疾病，如糖尿病、高血压、动脉粥样硬化等，避免使用耳毒性药物。另外，还要建立老年人听力筛查服务体系，尽早发现听力损失，并以助听器进行早期干预，防止听力损失造成生活质量下降。

四、听力健康与全身基础疾病的关系

除了以上章节提到的致聋因素外，听觉系统不可避免地受到全身健康状况及基础疾病的影响，其中值得特别关注的有：

（一）高血压病与动脉粥样硬化

其致聋机制尚不完全清楚，可能与内耳供血障碍、血液黏滞性升高、内耳代谢紊乱等有关。病理改变以血管纹萎缩、毛细胞散在性缺失、螺旋神经节细胞减少为主。临床表现为双侧对称性高频感音神经性聋伴持续性高调耳鸣。

（二）糖尿病

其导致的微血管病变可波及耳蜗血管，使其血管腔狭窄而致供血障碍。原发性与继发

性神经病变可累及螺旋节细胞、螺旋神经纤维、第八对脑神经、脑干中的各级听神经元和大脑听区，使之发生不同程度的退变。糖尿病引起听觉减退的临床表现差异较大，可能与患者的年龄、病程长短、病情控制状况、有无并发症等因素相关。一般以蜗后性聋或蜗性与蜗后性聋并存的形式出现。

（三）肾脏疾病

肾小管祥与耳蜗血管纹在超微结构、泵样离子交换功能，对药物的毒性反应等方面颇多相似。两者尚有共同的抗原性和致病原因。临床上不仅遗传性肾炎，而且各类肾衰竭、透析与肾移植患者均可合并或产生听力障碍。目前有关致聋原因的争论甚多，似与低血钠所引起的内耳液体渗透平衡失调、血清尿素与肌酐升高，祥利尿药和耳毒性抗生素的应用、低血压与微循环障碍、动脉粥样硬化与微血栓形成、免疫反应等体内外多种因素综合有关，听力学表现为双侧对称性高频聋。

（四）甲状腺疾病

甲状腺功能减退，特别是地方性克汀病者几乎都伴有耳聋。它是由于严重缺碘，胎儿耳部发育期甲状腺素不足所造成的结果。病理表现为中耳黏膜黏液水肿性肥厚、鼓岬与听骨骨性增殖、镫骨与前庭窗融合、蜗窗狭窄或闭锁、耳蜗毛细胞和螺旋神经细胞萎缩或发育不良。临床上呈不同程度的混合性聋，伴智力低下与言语障碍。

除此之外，白血病、红细胞增多症、镰状细胞贫血、巨球蛋白血症、结节病、组织细胞病、多发性结节性动脉炎等多种疾病都可致聋。

因此，对上述基础疾病的早诊断早治疗，可预防听力损失的发生，对耳及听力保健有着重要的意义。

（陈振声　孙喜斌　曾祥丽　任丹丹　王丽燕　原　皞　岑锦添）

思 考 题

1. 成人听力障碍的主要特点有哪些？
2. 怎样进行全面的听觉言语评估？
3. 成人听力语言康复的主要手段和措施有哪些？
4. 简述儿童语言发展的关键期。
5. 简述听力障碍儿童康复的"三早"原则。
6. 简述听力障碍儿童语言发展特点。
7. 儿童听力语言康复教育的基本观点是什么？
8. 日常生活如何做好听力保健？
9. 简述儿童的听力保健。
10. 简述中老年人听力保健措施。
11. 简述可影响听力的全身疾病。

第八章　相关法律法规

第一节　《中华人民共和国残疾人保障法》相关知识

一、《中华人民共和国残疾人保障法》中，对康复的规定

第十五条　国家保障残疾人享有康复服务的权利。

各级人民政府和有关部门应当采取措施，为残疾人康复创造条件，建立和完善残疾人康复服务体系，并分阶段实施重点康复项目，帮助残疾人恢复或者补偿功能，增强其参与社会生活的能力。

第十六条　康复工作应当从实际出发，将现代康复技术与我国传统康复技术相结合；以社区康复为基础，康复机构为骨干，残疾人家庭为依托；以实用、易行、受益广的康复内容为重点，优先开展残疾儿童抢救性治疗和康复；发展符合康复要求的科学技术，鼓励自主创新，加强康复新技术的研究、开发和应用，为残疾人提供有效的康复服务。

第十七条　各级人民政府鼓励和扶持社会力量兴办残疾人康复机构。

第十八条　地方各级人民政府和有关部门应当根据需要有计划地在医疗机构设立康复医学科室，举办残疾人康复机构，开展康复医疗与训练、人员培训、技术指导、科学研究等工作。

第十九条　医学院校和其他有关院校应当有计划地开设康复课程，设置相关专业，培养各类康复专业人才。

政府和社会采取多种形式对从事康复工作的人员进行技术培训；向残疾人、残疾人亲属、有关工作人员和志愿工作者普及康复知识，传授康复方法。

第二十条　政府有关部门应当组织和扶持残疾人康复器械、辅助器具的研制、生产、供应、维修服务。

二、《中华人民共和国残疾人保障法》中，对教育的规定

第二十一条　国家保障残疾人享有平等接受教育的权利。

各级人民政府应当将残疾人教育作为国家教育事业的组成部分，统一规划，加强领导，为残疾人接受教育创造条件。

政府、社会、学校应当采取有效措施，解决残疾儿童、少年就学存在的实际困难，帮助其完成义务教育。

第二十六条　残疾幼儿教育机构、普通幼儿教育机构附设的残疾儿童班、特殊教育机构的学前班、残疾儿童福利机构、残疾儿童家庭，对残疾儿童实施学前教育。

初级中等以下特殊教育机构和普通教育机构附设的特殊教育班,对不具有接受普通教育能力的残疾儿童、少年实施义务教育。

高级中等以上特殊教育机构、普通教育机构附设的特殊教育班和残疾人职业教育机构,对符合条件的残疾人实施高级中等以上文化教育、职业教育。

提供特殊教育的机构应当具备适合残疾人学习、康复、生活特点的场所和设施。

第二十八条 国家有计划地举办各级各类特殊教育师范院校、专业,在普通师范院校附设特殊教育班,培养、培训特殊教育师资。普通师范院校开设特殊教育课程或者讲授有关内容,使普通教师掌握必要的特殊教育知识。

特殊教育教师和手语翻译,享受特殊教育津贴。

三、《中华人民共和国残疾人保障法》中,对劳动就业的规定

第三十条 国家保障残疾人劳动的权利。

各级人民政府应当对残疾人劳动就业统筹规划,为残疾人创造劳动就业条件。

第三十三条 国家实行按比例安排残疾人就业制度。

国家机关、社会团体、企业事业单位、民办非企业单位应当按照规定的比例安排残疾人就业,并为其选择适当的工种和岗位。达不到规定比例的,按照国家有关规定履行保障残疾人就业义务。国家鼓励用人单位超过规定比例安排残疾人就业。

残疾人就业的具体办法由国务院规定。

第三十六条 国家对安排残疾人就业达到、超过规定比例或者集中安排残疾人就业的用人单位和从事个体经营的残疾人,依法给予税收优惠,并在生产、经营、技术、资金、物资、场地等方面给予扶持。国家对从事个体经营的残疾人,免除行政事业性收费。

第三十七条 政府有关部门设立的公共就业服务机构,应当为残疾人免费提供就业服务。

残疾人联合会举办的残疾人就业服务机构,应当组织开展免费的职业指导、职业介绍和职业培训,为残疾人就业和用人单位招用残疾人提供服务和帮助。

第三十八条 国家保护残疾人福利性单位的财产所有权和经营自主权,其合法权益不受侵犯。

在职工的招用、转正、晋级、职称评定、劳动报酬、生活福利、休息休假、社会保险等方面,不得歧视残疾人。

第三十九条 残疾职工所在单位应当对残疾职工进行岗位技术培训,提高其劳动技能和技术水平。

四、《中华人民共和国残疾人保障法》中,对文化生活的规定

第四十一条 国家保障残疾人享有平等参与文化生活的权利。

各级人民政府和有关部门鼓励、帮助残疾人参加各种文化、体育、娱乐活动,积极创造条件,丰富残疾人精神文化生活。

第四十二条 残疾人文化、体育、娱乐活动应当面向基层,融于社会公共文化生活,适应各类残疾人的不同特点和需要,使残疾人广泛参与。

第四十五条 政府和社会促进残疾人与其他公民之间的相互理解和交流,宣传残疾人事业和扶助残疾人的事迹,弘扬残疾人自强不息的精神,倡导团结、友爱、互助的社会风尚。

五、《中华人民共和国残疾人保障法》中，对社会生活的规定

第四十六条 国家保障残疾人享有各项社会保障的权利。

政府和社会采取措施，完善对残疾人的社会保障，保障和改善残疾人的生活。

第四十七条 残疾人及其所在单位应当按照国家有关规定参加社会保险。

残疾人所在城乡基层群众性自治组织、残疾人家庭，应当鼓励、帮助残疾人参加社会保险。

对生活确有困难的残疾人，按照国家有关规定给予社会保险补贴。

第四十八条 各级人民政府对生活确有困难的残疾人，通过多种渠道给予生活、教育、住房和其他社会救助。

县级以上地方人民政府对享受最低生活保障待遇后生活仍有特别困难的残疾人家庭，应当采取其他措施保障其基本生活。

各级人民政府对贫困残疾人的基本医疗、康复服务、必要的辅助器具的配置和更换，应当按照规定给予救助。

对生活不能自理的残疾人，地方各级人民政府应当根据情况给予护理补贴。

第五十条 县级以上人民政府对残疾人搭乘公共交通工具，应当根据实际情况给予便利和优惠。残疾人可以免费携带随身必备的辅助器具。

盲人持有效证件免费乘坐市内公共汽车、电车、地铁、渡船等公共交通工具。盲人读物邮件免费寄递。

国家鼓励和支持提供电信、广播电视服务的单位对盲人、听力残疾人、言语残疾人给予优惠。

各级人民政府应当逐步增加对残疾人的其他照顾和扶助。

六、《中华人民共和国残疾人保障法》中，对无障碍环境的规定

第五十二条 国家和社会应当采取措施，逐步完善无障碍设施，推进信息交流无障碍，为残疾人平等参与社会生活创造无障碍环境。

各级人民政府应当对无障碍环境建设进行统筹规划，综合协调，加强监督管理。

第五十四条 国家采取措施，为残疾人信息交流无障碍创造条件。

各级人民政府和有关部门应当采取措施，为残疾人获取公共信息提供便利。

国家和社会研制、开发适合残疾人使用的信息交流技术和产品。

国家举办的各类升学考试、职业资格考试和任职考试，有盲人参加的，应当为盲人提供盲文试卷、电子试卷或者由专门的工作人员予以协助。

第五十五条 公共服务机构和公共场所应当创造条件，为残疾人提供语音和文字提示、手语、盲文等信息交流服务，并提供优先服务和辅助性服务。

公共交通工具应当逐步达到无障碍设施的要求。有条件的公共停车场应当为残疾人设置专用停车位。

第五十七条 国家鼓励和扶持无障碍辅助设备、无障碍交通工具的研制和开发。

七、《中华人民共和国残疾人保障法》中，对法律责任的规定

第五十九条 残疾人的合法权益受到侵害的，可以向残疾人组织投诉，残疾人组织应

当维护残疾人的合法权益,有权要求有关部门或者单位查处。有关部门或者单位应当依法查处,并予以答复。

残疾人组织对残疾人通过诉讼维护其合法权益需要帮助的,应当给予支持。

残疾人组织对侵害特定残疾人群体利益的行为,有权要求有关部门依法查处。

第六十条　残疾人的合法权益受到侵害的,有权要求有关部门依法处理,或者依法向仲裁机构申请仲裁,或者依法向人民法院提起诉讼。

对有经济困难或者其他原因确需法律援助或者司法救助的残疾人,当地法律援助机构或者人民法院应当给予帮助,依法为其提供法律援助或者司法救助。

第六十一条　违反本法规定,对侵害残疾人权益行为的申诉、控告、检举,推诿、拖延、压制不予查处,或者对提出申诉、控告、检举的人进行打击报复的,由其所在单位、主管部门或者上级机关责令改正,并依法对直接负责的主管人员和其他直接责任人员给予处分。

国家工作人员未依法履行职责,对侵害残疾人权益的行为未及时制止或者未给予受害残疾人必要帮助,造成严重后果的,由其所在单位或者上级机关依法对直接负责的主管人员和其他直接责任人员给予处分。

第六十二条　违反本法规定,通过大众传播媒介或者其他方式贬低损害残疾人人格的,由文化、广播电影电视、新闻出版或者其他有关主管部门依据各自的职权责令改正,并依法给予行政处罚。

第六十三条　违反本法规定,有关教育机构拒不接收残疾学生入学,或者在国家规定的录取要求以外附加条件限制残疾学生就学的,由有关主管部门责令改正,并依法对直接负责的主管人员和其他直接责任人员给予处分。

第六十四条　违反本法规定,在职工的招用等方面歧视残疾人的,由有关主管部门责令改正;残疾人劳动者可以依法向人民法院提起诉讼。

第六十五条　违反本法规定,供养、托养机构及其工作人员侮辱、虐待、遗弃残疾人的,对直接负责的主管人员和其他直接责任人员依法给予处分;构成违反治安管理行为的,依法给予行政处罚。

第六十六条　违反本法规定,新建、改建和扩建建筑物、道路、交通设施,不符合国家有关无障碍设施工程建设标准,或者对无障碍设施未进行及时维修和保护造成后果的,由有关主管部门依法处理。

第六十七条　违反本法规定,侵害残疾人的合法权益,其他法律、法规规定行政处罚的,从其规定;造成财产损失或者其他损害的,依法承担民事责任;构成犯罪的,依法追究刑事责任。

第二节　《医疗器械监督管理条例》相关知识

一、国家对医疗器械监督管理的分类

第六条　国家对医疗器械按照风险程度实行分类管理。

第一类是风险程度低,实行常规管理可以保证其安全、有效的医疗器械。

第二类是具有中度风险,需要严格控制管理以保证其安全、有效的医疗器械。

第三类是具有较高风险，需要采取特别措施严格控制管理以保证其安全、有效的医疗器械。

评价医疗器械风险程度，应当考虑医疗器械的预期目的、结构特征、使用方法等因素。

国务院药品监督管理部门负责制定医疗器械的分类规则和分类目录，并根据医疗器械生产、经营、使用情况，及时对医疗器械的风险变化进行分析、评价，对分类规则和分类目录进行调整。制定、调整分类规则和分类目录，应当充分听取医疗器械注册人、备案人、生产经营企业以及使用单位、行业组织的意见，并参考国际医疗器械分类实践。医疗器械分类规则和分类目录应当向社会公布。

第七条 医疗器械产品应当符合医疗器械强制性国家标准；尚无强制性国家标准的，应当符合医疗器械强制性行业标准。

第八条 国家制定医疗器械产业规划和政策，将医疗器械创新纳入发展重点，对创新医疗器械予以优先审评审批，支持创新医疗器械临床推广和使用，推动医疗器械产业高质量发展。国务院药品监督管理部门应当配合国务院有关部门，贯彻实施国家医疗器械产业规划和引导政策。

第十一条 医疗器械行业组织应当加强行业自律，推进诚信体系建设，督促企业依法开展生产经营活动，引导企业诚实守信。

二、医疗器械产品注册与备案制度

第十三条 第一类医疗器械实行产品备案管理，第二类、第三类医疗器械实行产品注册管理。

第十四条 第一类医疗器械产品备案和申请第二类、第三类医疗器械产品注册，应当提交下列资料：

（一）产品风险分析资料；

（二）产品技术要求；

（三）产品检验报告；

（四）临床评价资料；

（五）产品说明书及标签样稿；

（六）与产品研制、生产有关的质量管理体系文件；

（七）证明产品安全、有效所需的其他资料。

产品检验报告应当符合国务院药品监督管理部门的要求，可以是医疗器械注册申请人、备案人的自检报告，也可以是委托有资质的医疗器械检验机构出具的检验报告。

符合本条例第二十四条规定的免于进行临床评价情形的，可以免于提交临床评价资料。

医疗器械注册申请人、备案人应当确保提交的资料合法、真实、准确、完整和可追溯。

第十五条 第一类医疗器械产品备案，由备案人向所在地设区的市级人民政府负责药品监督管理的部门提交备案资料。

向我国境内出口第一类医疗器械的境外备案人，由其指定的我国境内企业法人向国务院药品监督管理部门提交备案资料和备案人所在国（地区）主管部门准许该医疗器械上市销售的证明文件。未在境外上市的创新医疗器械，可以不提交备案人所在国（地区）主管部门准许该医疗器械上市销售的证明文件。

备案人向负责药品监督管理的部门提交符合本条例规定的备案资料后即完成备案。负责药品监督管理的部门应当自收到备案资料之日起 5 个工作日内,通过国务院药品监督管理部门在线政务服务平台向社会公布备案有关信息。

备案资料载明的事项发生变化的,应当向原备案部门变更备案。

第十六条 申请第二类医疗器械产品注册,注册申请人应当向所在地省、自治区、直辖市人民政府药品监督管理部门提交注册申请资料。申请第三类医疗器械产品注册,注册申请人应当向国务院药品监督管理部门提交注册申请资料。

向我国境内出口第二类、第三类医疗器械的境外注册申请人,由其指定的我国境内企业法人向国务院药品监督管理部门提交注册申请资料和注册申请人所在国(地区)主管部门准许该医疗器械上市销售的证明文件。未在境外上市的创新医疗器械,可以不提交注册申请人所在国(地区)主管部门准许该医疗器械上市销售的证明文件。

国务院药品监督管理部门应当对医疗器械注册审查程序和要求作出规定,并加强对省、自治区、直辖市人民政府药品监督管理部门注册审查工作的监督指导。

第十七条 受理注册申请的药品监督管理部门应当对医疗器械的安全性、有效性以及注册申请人保证医疗器械安全、有效的质量管理能力等进行审查。

受理注册申请的药品监督管理部门应当自受理注册申请之日起 3 个工作日内将注册申请资料转交技术审评机构。技术审评机构应当在完成技术审评后,将审评意见提交受理注册申请的药品监督管理部门作为审批的依据。

受理注册申请的药品监督管理部门在组织对医疗器械的技术审评时认为有必要对质量管理体系进行核查的,应当组织开展质量管理体系核查。

第十八条 受理注册申请的药品监督管理部门应当自收到审评意见之日起 20 个工作日内作出决定。对符合条件的,准予注册并发给医疗器械注册证;对不符合条件的,不予注册并书面说明理由。

受理注册申请的药品监督管理部门应当自医疗器械准予注册之日起 5 个工作日内,通过国务院药品监督管理部门在线政务服务平台向社会公布注册有关信息。

第十九条 对用于治疗罕见疾病、严重危及生命且尚无有效治疗手段的疾病和应对公共卫生事件等急需的医疗器械,受理注册申请的药品监督管理部门可以作出附条件批准决定,并在医疗器械注册证中载明相关事项。

出现特别重大突发公共卫生事件或者其他严重威胁公众健康的紧急事件,国务院卫生主管部门根据预防、控制事件的需要提出紧急使用医疗器械的建议,经国务院药品监督管理部门组织论证同意后可以在一定范围和期限内紧急使用。

第二十条 医疗器械注册人、备案人应当履行下列义务:

(一)建立与产品相适应的质量管理体系并保持有效运行;

(二)制定上市后研究和风险管控计划并保证有效实施;

(三)依法开展不良事件监测和再评价;

(四)建立并执行产品追溯和召回制度;

(五)国务院药品监督管理部门规定的其他义务。

境外医疗器械注册人、备案人指定的我国境内企业法人应当协助注册人、备案人履行前款规定的义务。

第二十一条 已注册的第二类、第三类医疗器械产品,其设计、原材料、生产工艺、适用范围、使用方法等发生实质性变化,有可能影响该医疗器械安全、有效的,注册人应当向原注册部门申请办理变更注册手续;发生其他变化的,应当按照国务院药品监督管理部门的规定备案或者报告。

第二十二条 医疗器械注册证有效期为5年。有效期届满需要延续注册的,应当在有效期届满6个月前向原注册部门提出延续注册的申请。

除有本条第三款规定情形外,接到延续注册申请的药品监督管理部门应当在医疗器械注册证有效期届满前作出准予延续的决定。逾期未作决定的,视为准予延续。

有下列情形之一的,不予延续注册:

(一)未在规定期限内提出延续注册申请;

(二)医疗器械强制性标准已经修订,申请延续注册的医疗器械不能达到新要求;

(三)附条件批准的医疗器械,未在规定期限内完成医疗器械注册证载明事项。

三、医疗器械经营与使用

第四十条 从事医疗器械经营活动,应当有与经营规模和经营范围相适应的经营场所和贮存条件,以及与经营的医疗器械相适应的质量管理制度和质量管理机构或者人员。

第四十一条 从事第二类医疗器械经营的,由经营企业向所在地设区的市级人民政府负责药品监督管理的部门备案并提交符合本条例第四十条规定条件的有关资料。

按照国务院药品监督管理部门的规定,对产品安全性、有效性不受流通过程影响的第二类医疗器械,可以免于经营备案。

第四十二条 从事第三类医疗器械经营的,经营企业应当向所在地设区的市级人民政府负责药品监督管理的部门申请经营许可并提交符合本条例第四十条规定条件的有关资料。

受理经营许可申请的负责药品监督管理的部门应当对申请资料进行审查,必要时组织核查,并自受理申请之日起20个工作日内作出决定。对符合规定条件的,准予许可并发给医疗器械经营许可证;对不符合规定条件的,不予许可并书面说明理由。

医疗器械经营许可证有效期为5年。有效期届满需要延续的,依照有关行政许可的法律规定办理延续手续。

第四十三条 医疗器械注册人、备案人经营其注册、备案的医疗器械,无需办理医疗器械经营许可或者备案,但应当符合本条例规定的经营条件。

第四十四条 从事医疗器械经营,应当依照法律法规和国务院药品监督管理部门制定的医疗器械经营质量管理规范的要求,建立健全与所经营医疗器械相适应的质量管理体系并保证其有效运行。

第四十五条 医疗器械经营企业、使用单位应当从具备合法资质的医疗器械注册人、备案人、生产经营企业购进医疗器械。购进医疗器械时,应当查验供货者的资质和医疗器械的合格证明文件,建立进货查验记录制度。从事第二类、第三类医疗器械批发业务以及第三类医疗器械零售业务的经营企业,还应当建立销售记录制度。

记录事项包括:

(一)医疗器械的名称、型号、规格、数量;

(二)医疗器械的生产批号、使用期限或者失效日期、销售日期;

（三）医疗器械注册人、备案人和受托生产企业的名称；

（四）供货者或者购货者的名称、地址以及联系方式；

（五）相关许可证明文件编号等。

进货查验记录和销售记录应当真实、准确、完整和可追溯，并按照国务院药品监督管理部门规定的期限予以保存。国家鼓励采用先进技术手段进行记录。

第四十六条　从事医疗器械网络销售的，应当是医疗器械注册人、备案人或者医疗器械经营企业。从事医疗器械网络销售的经营者，应当将从事医疗器械网络销售的相关信息告知所在地设区的市级人民政府负责药品监督管理的部门，经营第一类医疗器械和本条例第四十一条第二款规定的第二类医疗器械的除外。

为医疗器械网络交易提供服务的电子商务平台经营者应当对入网医疗器械经营者进行实名登记，审查其经营许可、备案情况和所经营医疗器械产品注册、备案情况，并对其经营行为进行管理。电子商务平台经营者发现入网医疗器械经营者有违反本条例规定行为的，应当及时制止并立即报告医疗器械经营者所在地设区的市级人民政府负责药品监督管理的部门；发现严重违法行为的，应当立即停止提供网络交易平台服务。

第四十七条　运输、贮存医疗器械，应当符合医疗器械说明书和标签标示的要求；对温度、湿度等环境条件有特殊要求的，应当采取相应措施，保证医疗器械的安全、有效。

第四十八条　医疗器械使用单位应当有与在用医疗器械品种、数量相适应的贮存场所和条件。医疗器械使用单位应当加强对工作人员的技术培训，按照产品说明书、技术操作规范等要求使用医疗器械。

医疗器械使用单位配置大型医用设备，应当符合国务院卫生主管部门制定的大型医用设备配置规划，与其功能定位、临床服务需求相适应，具有相应的技术条件、配套设施和具备相应资质、能力的专业技术人员，并经省级以上人民政府卫生主管部门批准，取得大型医用设备配置许可证。

大型医用设备配置管理办法由国务院卫生主管部门会同国务院有关部门制定。大型医用设备目录由国务院卫生主管部门商国务院有关部门提出，报国务院批准后执行。

第四十九条　医疗器械使用单位对重复使用的医疗器械，应当按照国务院卫生主管部门制定的消毒和管理的规定进行处理。

一次性使用的医疗器械不得重复使用，对使用过的应当按照国家有关规定销毁并记录。一次性使用的医疗器械目录由国务院药品监督管理部门会同国务院卫生主管部门制定、调整并公布。列入一次性使用的医疗器械目录，应当具有充足的无法重复使用的证据理由。重复使用可以保证安全、有效的医疗器械，不列入一次性使用的医疗器械目录。对因设计、生产工艺、消毒灭菌技术等改进后重复使用可以保证安全、有效的医疗器械，应当调整出一次性使用的医疗器械目录，允许重复使用。

第五十条　医疗器械使用单位对需要定期检查、检验、校准、保养、维护的医疗器械，应当按照产品说明书的要求进行检查、检验、校准、保养、维护并予以记录，及时进行分析、评估，确保医疗器械处于良好状态，保障使用质量；对使用期限长的大型医疗器械，应当逐台建立使用档案，记录其使用、维护、转让、实际使用时间等事项。记录保存期限不得少于医疗器械规定使用期限终止后5年。

第五十一条　医疗器械使用单位应当妥善保存购入第三类医疗器械的原始资料，并确保信息具有可追溯性。

使用大型医疗器械以及植入和介入类医疗器械的,应当将医疗器械的名称、关键性技术参数等信息以及与使用质量安全密切相关的必要信息记载到病历等相关记录中。

第五十二条 发现使用的医疗器械存在安全隐患的,医疗器械使用单位应当立即停止使用,并通知医疗器械注册人、备案人或者其他负责产品质量的机构进行检修;经检修仍不能达到使用安全标准的医疗器械,不得继续使用。

第五十三条 对国内尚无同品种产品上市的体外诊断试剂,符合条件的医疗机构根据本单位的临床需要,可以自行研制,在执业医师指导下在本单位内使用。具体管理办法由国务院药品监督管理部门会同国务院卫生主管部门制定。

第五十四条 负责药品监督管理的部门和卫生主管部门依据各自职责,分别对使用环节的医疗器械质量和医疗器械使用行为进行监督管理。

第五十五条 医疗器械经营企业、使用单位不得经营、使用未依法注册或者备案、无合格证明文件以及过期、失效、淘汰的医疗器械。

第五十六条 医疗器械使用单位之间转让在用医疗器械,转让方应当确保所转让的医疗器械安全、有效,不得转让过期、失效、淘汰以及检验不合格的医疗器械。

第三节 《中华人民共和国消费者权益保护法》相关知识

一、《中华人民共和国消费者权益保护法》中,对消费者权利的规定

第七条 消费者在购买、使用商品和接受服务时享有人身、财产安全不受损害的权利。

消费者有权要求经营者提供的商品和服务,符合保障人身、财产安全的要求。

第八条 消费者享有知悉其购买、使用的商品或者接受的服务的真实情况的权利。

消费者有权根据商品或者服务的不同情况,要求经营者提供商品的价格、产地、生产者、用途、性能、规格、等级、主要成分、生产日期、有效期限、检验合格证明、使用方法说明书、售后服务,或者服务的内容、规格、费用等有关情况。

第九条 消费者享有自主选择商品或者服务的权利。

消费者有权自主选择提供商品或者服务的经营者,自主选择商品品种或者服务方式,自主决定购买或者不购买任何一种商品、接受或者不接受任何一项服务。

消费者在自主选择商品或者服务时,有权进行比较、鉴别和挑选。

第十条 消费者享有公平交易的权利。

消费者在购买商品或者接受服务时,有权获得质量保障、价格合理、计量正确等公平交易条件,有权拒绝经营者的强制交易行为。

第十一条 消费者因购买、使用商品或者接受服务受到人身、财产损害的,享有依法获得赔偿的权利。

第十二条 消费者享有依法成立维护自身合法权益的社会组织的权利。

第十三条 消费者享有获得有关消费和消费者权益保护方面的知识的权利。

消费者应当努力掌握所需商品或者服务的知识和使用技能,正确使用商品,提高自我保护意识。

第十四条 消费者在购买、使用商品和接受服务时，享有人格尊严、民族风俗习惯得到尊重的权利，享有个人信息依法得到保护的权利。

第十五条 消费者享有对商品和服务以及保护消费者权益工作进行监督的权利。

消费者有权检举、控告侵害消费者权益的行为和国家机关及其工作人员在保护消费者权益工作中的违法失职行为，有权对保护消费者权益工作提出批评、建议。

二、《中华人民共和国消费者权益保护法》中，对经营者的义务的规定

第十六条 经营者向消费者提供商品或者服务，应当依照本法和其他有关法律、法规的规定履行义务。

经营者和消费者有约定的，应当按照约定履行义务，但双方的约定不得违背法律、法规的规定。

经营者向消费者提供商品或者服务，应当恪守社会公德，诚信经营，保障消费者的合法权益；不得设定不公平、不合理的交易条件，不得强制交易。

第十七条 经营者应当听取消费者对其提供的商品或者服务的意见，接受消费者的监督。

第十八条 经营者应当保证其提供的商品或者服务符合保障人身、财产安全的要求。对可能危及人身、财产安全的商品和服务，应当向消费者作出真实的说明和明确的警示，并说明和标明正确使用商品或者接受服务的方法以及防止危害发生的方法。

宾馆、商场、餐馆、银行、机场、车站、港口、影剧院等经营场所的经营者，应当对消费者尽到安全保障义务。

第十九条 经营者发现其提供的商品或者服务存在缺陷，有危及人身、财产安全危险的，应当立即向有关行政部门报告和告知消费者，并采取停止销售、警示、召回、无害化处理、销毁、停止生产或者服务等措施。采取召回措施的，经营者应当承担消费者因商品被召回支出的必要费用。

第二十条 经营者向消费者提供有关商品或者服务的质量、性能、用途、有效期限等信息，应当真实、全面，不得作虚假或者引人误解的宣传。

经营者对消费者就其提供的商品或者服务的质量和使用方法等问题提出的询问，应当作出真实、明确的答复。

经营者提供商品或者服务应当明码标价。

第二十一条 经营者应当标明其真实名称和标记。

租赁他人柜台或者场地的经营者，应当标明其真实名称和标记。

第二十二条 经营者提供商品或者服务，应当按照国家有关规定或者商业惯例向消费者出具发票等购货凭证或者服务单据；消费者索要发票等购货凭证或者服务单据的，经营者必须出具。

第二十三条 经营者应当保证在正常使用商品或者接受服务的情况下其提供的商品或者服务应当具有的质量、性能、用途和有效期限；但消费者在购买该商品或者接受该服务前已经知道其存在瑕疵，且存在该瑕疵不违反法律强制性规定的除外。

经营者以广告、产品说明、实物样品或者其他方式表明商品或者服务的质量状况的，应当保证其提供的商品或者服务的实际质量与表明的质量状况相符。

经营者提供的机动车、计算机、电视机、电冰箱、空调器、洗衣机等耐用商品或者装饰装

修等服务,消费者自接受商品或者服务之日起六个月内发现瑕疵,发生争议的,由经营者承担有关瑕疵的举证责任。

第二十四条 经营者提供的商品或者服务不符合质量要求的,消费者可以依照国家规定、当事人约定退货,或者要求经营者履行更换、修理等义务。没有国家规定和当事人约定的,消费者可以自收到商品之日起七日内退货;七日后符合法定解除合同条件的,消费者可以及时退货,不符合法定解除合同条件的,可以要求经营者履行更换、修理等义务。

依照前款规定进行退货、更换、修理的,经营者应当承担运输等必要费用。

第二十五条 经营者采用网络、电视、电话、邮购等方式销售商品,消费者有权自收到商品之日起七日内退货,且无须说明理由,但下列商品除外:

(一)消费者定作的;

(二)鲜活易腐的;

(三)在线下载或者消费者拆封的音像制品、计算机软件等数字化商品;

(四)交付的报纸、期刊。

除前款所列商品外,其他根据商品性质并经消费者在购买时确认不宜退货的商品,不适用无理由退货。

消费者退货的商品应当完好。经营者应当自收到退回商品之日起七日内返还消费者支付的商品价款。退回商品的运费由消费者承担;经营者和消费者另有约定的,按照约定。

第二十六条 经营者在经营活动中使用格式条款的,应当以显著方式提请消费者注意商品或者服务的数量和质量、价款或者费用、履行期限和方式、安全注意事项和风险警示、售后服务、民事责任等与消费者有重大利害关系的内容,并按照消费者的要求予以说明。

经营者不得以格式条款、通知、声明、店堂告示等方式,作出排除或者限制消费者权利、减轻或者免除经营者责任、加重消费者责任等对消费者不公平、不合理的规定,不得利用格式条款并借助技术手段强制交易。

格式条款、通知、声明、店堂告示等含有前款所列内容的,其内容无效。

第二十七条 经营者不得对消费者进行侮辱、诽谤,不得搜查消费者的身体及其携带的物品,不得侵犯消费者的人身自由。

第二十八条 采用网络、电视、电话、邮购等方式提供商品或者服务的经营者,以及提供证券、保险、银行等金融服务的经营者,应当向消费者提供经营地址、联系方式、商品或者服务的数量和质量、价款或者费用、履行期限和方式、安全注意事项和风险警示、售后服务、民事责任等信息。

第二十九条 经营者收集、使用消费者个人信息,应当遵循合法、正当、必要的原则,明示收集、使用信息的目的、方式和范围,并经消费者同意。经营者收集、使用消费者个人信息,应当公开其收集、使用规则,不得违反法律、法规的规定和双方的约定收集、使用信息。

经营者及其工作人员对收集的消费者个人信息必须严格保密,不得泄露、出售或者非法向他人提供。经营者应当采取技术措施和其他必要措施,确保信息安全,防止消费者个人信息泄露、丢失。在发生或者可能发生信息泄露、丢失的情况时,应当立即采取补救措施。

经营者未经消费者同意或者请求,或者消费者明确表示拒绝的,不得向其发送商业性信息。

三、国家对消费者合法权益保护的内容

第三十条　国家制定有关消费者权益的法律、法规、规章和强制性标准,应当听取消费者和消费者协会等组织的意见。

第三十一条　各级人民政府应当加强领导,组织、协调、督促有关行政部门做好保护消费者合法权益的工作,落实保护消费者合法权益的职责。

各级人民政府应当加强监督,预防危害消费者人身、财产安全行为的发生,及时制止危害消费者人身、财产安全的行为。

第三十二条　各级人民政府工商行政管理部门和其他有关行政部门应当依照法律、法规的规定,在各自的职责范围内,采取措施,保护消费者的合法权益。

有关行政部门应当听取消费者和消费者协会等组织对经营者交易行为、商品和服务质量问题的意见,及时调查处理。

第三十三条　有关行政部门在各自的职责范围内,应当定期或者不定期对经营者提供的商品和服务进行抽查检验,并及时向社会公布抽查检验结果。

有关行政部门发现并认定经营者提供的商品或者服务存在缺陷,有危及人身、财产安全危险的,应当立即责令经营者采取停止销售、警示、召回、无害化处理、销毁、停止生产或者服务等措施。

第三十四条　有关国家机关应当依照法律、法规的规定,惩处经营者在提供商品和服务中侵害消费者合法权益的违法犯罪行为。

第三十五条　人民法院应当采取措施,方便消费者提起诉讼。对符合《中华人民共和国民事诉讼法》起诉条件的消费者权益争议,必须受理,及时审理。

四、消费者组织职能

第三十六条　消费者协会和其他消费者组织是依法成立的对商品和服务进行社会监督的保护消费者合法权益的社会组织。

第三十七条　消费者协会履行下列公益性职责:

(一)向消费者提供消费信息和咨询服务,提高消费者维护自身合法权益的能力,引导文明、健康、节约资源和保护环境的消费方式;

(二)参与制定有关消费者权益的法律、法规、规章和强制性标准;

(三)参与有关行政部门对商品和服务的监督、检查;

(四)就有关消费者合法权益的问题,向有关部门反映、查询,提出建议;

(五)受理消费者的投诉,并对投诉事项进行调查、调解;

(六)投诉事项涉及商品和服务质量问题的,可以委托具备资格的鉴定人鉴定,鉴定人应当告知鉴定意见;

(七)就损害消费者合法权益的行为,支持受损害的消费者提起诉讼或者依照本法提起诉讼;

(八)对损害消费者合法权益的行为,通过大众传播媒介予以揭露、批评。

各级人民政府对消费者协会履行职责应当予以必要的经费等支持。

消费者协会应当认真履行保护消费者合法权益的职责,听取消费者的意见和建议,接

受社会监督。

依法成立的其他消费者组织依照法律、法规及其章程的规定,开展保护消费者合法权益的活动。

第三十八条 消费者组织不得从事商品经营和营利性服务,不得以收取费用或者其他牟取利益的方式向消费者推荐商品和服务。

五、争议的解决途径

第三十九条 消费者和经营者发生消费者权益争议的,可以通过下列途径解决:

(一)与经营者协商和解;

(二)请求消费者协会或者依法成立的其他调解组织调解;

(三)向有关行政部门投诉;

(四)根据与经营者达成的仲裁协议提请仲裁机构仲裁;

(五)向人民法院提起诉讼。

第四十条 消费者在购买、使用商品时,其合法权益受到损害的,可以向销售者要求赔偿。销售者赔偿后,属于生产者的责任或者属于向销售者提供商品的其他销售者的责任的,销售者有权向生产者或者其他销售者追偿。

消费者或者其他受害人因商品缺陷造成人身、财产损害的,可以向销售者要求赔偿,也可以向生产者要求赔偿。属于生产者责任的,销售者赔偿后,有权向生产者追偿。属于销售者责任的,生产者赔偿后,有权向销售者追偿。

消费者在接受服务时,其合法权益受到损害的,可以向服务者要求赔偿。

第四十一条 消费者在购买、使用商品或者接受服务时,其合法权益受到损害,因原企业分立、合并的,可以向变更后承受其权利义务的企业要求赔偿。

第四十二条 使用他人营业执照的违法经营者提供商品或者服务,损害消费者合法权益的,消费者可以向其要求赔偿,也可以向营业执照的持有人要求赔偿。

第四十三条 消费者在展销会、租赁柜台购买商品或者接受服务,其合法权益受到损害的,可以向销售者或者服务者要求赔偿。展销会结束或者柜台租赁期满后,也可以向展销会的举办者、柜台的出租者要求赔偿。展销会的举办者、柜台的出租者赔偿后,有权向销售者或者服务者追偿。

第四十四条 消费者通过网络交易平台购买商品或者接受服务,其合法权益受到损害的,可以向销售者或者服务者要求赔偿。网络交易平台提供者不能提供销售者或者服务者的真实名称、地址和有效联系方式的,消费者也可以向网络交易平台提供者要求赔偿;网络交易平台提供者作出更有利于消费者的承诺的,应当履行承诺。网络交易平台提供者赔偿后,有权向销售者或者服务者追偿。

网络交易平台提供者明知或者应知销售者或者服务者利用其平台侵害消费者合法权益,未采取必要措施的,依法与该销售者或者服务者承担连带责任。

第四十五条 消费者因经营者利用虚假广告或者其他虚假宣传方式提供商品或者服务,其合法权益受到损害的,可以向经营者要求赔偿。广告经营者、发布者发布虚假广告的,消费者可以请求行政主管部门予以惩处。广告经营者、发布者不能提供经营者的真实名称、地址和有效联系方式的,应当承担赔偿责任。

广告经营者、发布者设计、制作、发布关系消费者生命健康商品或者服务的虚假广告，造成消费者损害的，应当与提供该商品或者服务的经营者承担连带责任。

社会团体或者其他组织、个人在关系消费者生命健康商品或者服务的虚假广告或者其他虚假宣传中向消费者推荐商品或者服务，造成消费者损害的，应当与提供该商品或者服务的经营者承担连带责任。

第四十六条 消费者向有关行政部门投诉的，该部门应当自收到投诉之日起七个工作日内，予以处理并告知消费者。

第四十七条 对侵害众多消费者合法权益的行为，中国消费者协会以及在省、自治区、直辖市设立的消费者协会，可以向人民法院提起诉讼。

六、《中华人民共和国消费者权益保护法》中，对法律责任的规定

第四十八条 经营者提供商品或者服务有下列情形之一的，除本法另有规定外，应当依照其他有关法律、法规的规定，承担民事责任：

（一）商品或者服务存在缺陷的；

（二）不具备商品应当具备的使用性能而出售时未作说明的；

（三）不符合在商品或者其包装上注明采用的商品标准的；

（四）不符合商品说明、实物样品等方式表明的质量状况的；

（五）生产国家明令淘汰的商品或者销售失效、变质的商品的；

（六）销售的商品数量不足的；

（七）服务的内容和费用违反约定的；

（八）对消费者提出的修理、重作、更换、退货、补足商品数量、退还货款和服务费用或者赔偿损失的要求，故意拖延或者无理拒绝的；

（九）法律、法规规定的其他损害消费者权益的情形。

经营者对消费者未尽到安全保障义务，造成消费者损害的，应当承担侵权责任。

第四十九条 经营者提供商品或者服务，造成消费者或者其他受害人人身伤害的，应当赔偿医疗费、护理费、交通费等为治疗和康复支出的合理费用，以及因误工减少的收入。造成残疾的，还应当赔偿残疾生活辅助具费和残疾赔偿金。造成死亡的，还应当赔偿丧葬费和死亡赔偿金。

第五十条 经营者侵害消费者的人格尊严、侵犯消费者人身自由或者侵害消费者个人信息依法得到保护的权利的，应当停止侵害、恢复名誉、消除影响、赔礼道歉，并赔偿损失。

第五十一条 经营者有侮辱诽谤、搜查身体、侵犯人身自由等侵害消费者或者其他受害人人身权益的行为，造成严重精神损害的，受害人可以要求精神损害赔偿。

第五十二条 经营者提供商品或者服务，造成消费者财产损害的，应当依照法律规定或者当事人约定承担修理、重作、更换、退货、补足商品数量、退还货款和服务费用或者赔偿损失等民事责任。

第五十三条 经营者以预收款方式提供商品或者服务的，应当按照约定提供。未按照约定提供的，应当按照消费者的要求履行约定或者退回预付款；并应当承担预付款的利息、消费者必须支付的合理费用。

第五十四条 依法经有关行政部门认定为不合格的商品，消费者要求退货的，经营者

应当负责退货。

第五十五条 经营者提供商品或者服务有欺诈行为的,应当按照消费者的要求增加赔偿其受到的损失,增加赔偿的金额为消费者购买商品的价款或者接受服务的费用的三倍;增加赔偿的金额不足五百元的,为五百元。法律另有规定的,依照其规定。

经营者明知商品或者服务存在缺陷,仍然向消费者提供,造成消费者或者其他受害人死亡或者健康严重损害的,受害人有权要求经营者依照本法第四十九条、第五十一条等法律规定赔偿损失,并有权要求所受损失二倍以下的惩罚性赔偿。

第五十六条 经营者有下列情形之一,除承担相应的民事责任外,其他有关法律、法规对处罚机关和处罚方式有规定的,依照法律、法规的规定执行;法律、法规未作规定的,由工商行政管理部门或者其他有关行政部门责令改正,可以根据情节单处或者并处警告、没收违法所得、处以违法所得一倍以上十倍以下的罚款,没有违法所得的,处以五十万元以下的罚款;情节严重的,责令停业整顿、吊销营业执照:

(一)提供的商品或者服务不符合保障人身、财产安全要求的;

(二)在商品中掺杂、掺假,以假充真,以次充好,或者以不合格商品冒充合格商品的;

(三)生产国家明令淘汰的商品或者销售失效、变质的商品的;

(四)伪造商品的产地,伪造或者冒用他人的厂名、厂址,篡改生产日期,伪造或者冒用认证标志等质量标志的;

(五)销售的商品应当检验、检疫而未检验、检疫或者伪造检验、检疫结果的;

(六)对商品或者服务作虚假或者引人误解的宣传的;

(七)拒绝或者拖延有关行政部门责令对缺陷商品或者服务采取停止销售、警示、召回、无害化处理、销毁、停止生产或者服务等措施的;

(八)对消费者提出的修理、重作、更换、退货、补足商品数量、退还货款和服务费用或者赔偿损失的要求,故意拖延或者无理拒绝的;

(九)侵害消费者人格尊严、侵犯消费者人身自由或者侵害消费者个人信息依法得到保护的权利的;

(十)法律、法规规定的对损害消费者权益应当予以处罚的其他情形。

经营者有前款规定情形的,除依照法律、法规规定予以处罚外,处罚机关应当记入信用档案,向社会公布。

第五十七条 经营者违反本法规定提供商品或者服务,侵害消费者合法权益,构成犯罪的,依法追究刑事责任。

第五十八条 经营者违反本法规定,应当承担民事赔偿责任和缴纳罚款、罚金,其财产不足以同时支付的,先承担民事赔偿责任。

第五十九条 经营者对行政处罚决定不服的,可以依法申请行政复议或者提起行政诉讼。

第六十条 以暴力、威胁等方法阻碍有关行政部门工作人员依法执行职务的,依法追究刑事责任;拒绝、阻碍有关行政部门工作人员依法执行职务,未使用暴力、威胁方法的,由公安机关依照《中华人民共和国治安管理处罚法》的规定处罚。

第六十一条 国家机关工作人员玩忽职守或者包庇经营者侵害消费者合法权益的行为的,由其所在单位或者上级机关给予行政处分;情节严重,构成犯罪的,依法追究刑事责任。

第四节 《残疾预防和残疾人康复条例》相关知识

中华人民共和国国务院令第 675 号,《残疾预防和残疾人康复条例》已经于 2017 年 1 月 11 日国务院第 161 次常务会议通过,现予公布,自 2017 年 7 月 1 日起施行。

一、《残疾预防和残疾人康复条例》的立法者宗旨

为了预防残疾的发生、减轻残疾程度,帮助残疾人恢复或者补偿功能,促进残疾人平等、充分地参与社会生活,发展残疾预防和残疾人康复事业,根据《中华人民共和国残疾人保障法》,制定本条例。

残疾预防,是指针对各种致残因素,采取有效措施,避免个人心理、生理、人体结构上某种组织、功能的丧失或者异常,防止全部或者部分丧失正常参与社会活动的能力。

残疾人康复,是指在残疾发生后综合运用医学、教育、职业、社会、心理和辅助器具等措施,帮助残疾人恢复或者补偿功能,减轻功能障碍,增强生活自理和社会参与能力。

残疾预防和残疾人康复工作应当坚持以人为本,从实际出发,实行预防为主、预防与康复相结合的方针。国家采取措施为残疾人提供基本康复服务,支持和帮助其融入社会。禁止基于残疾的歧视。

二、《残疾预防和残疾人康复条例》中,对残疾预防的规定

残疾预防工作应当覆盖全人群和全生命周期,以社区和家庭为基础,坚持普遍预防和重点防控相结合。

县级以上人民政府组织有关部门、残疾人联合会等开展下列残疾预防工作:

(一)实施残疾监测,定期调查残疾状况,分析致残原因,对遗传、疾病、药物、事故等主要致残因素实施动态监测;

(二)制定并实施残疾预防工作计划,针对主要致残因素实施重点预防,对致残风险较高的地区、人群、行业、单位实施优先干预;

(三)做好残疾预防宣传教育工作,普及残疾预防知识。

卫生健康主管部门在开展孕前和孕产期保健、产前筛查、产前诊断以及新生儿疾病筛查,传染病、地方病、慢性病、精神疾病等防控,心理保健指导等工作时,应当做好残疾预防工作,针对遗传、疾病、药物等致残因素,采取相应措施消除或者降低致残风险,加强临床早期康复介入,减少残疾的发生。

国务院卫生健康、教育、民政等有关部门和中国残疾人联合会在履行职责时应当收集、汇总残疾人信息,实现信息共享。

承担新生儿疾病和未成年人残疾筛查、诊断的医疗卫生机构应当按照规定将残疾和患有致残性疾病的未成年人信息,向所在地县级人民政府卫生健康主管部门报告。接到报告的卫生健康主管部门应当按照规定及时将相关信息与残疾人联合会共享,并共同组织开展早期干预。

三、《残疾预防和残疾人康复条例》中,对康复服务的规定

县级以上人民政府应当组织卫生健康、教育、民政等部门和残疾人联合会整合从事残

疾人康复服务的机构(以下称"康复机构")、设施和人员等资源,合理布局,建立和完善以社区康复为基础、康复机构为骨干、残疾人家庭为依托的残疾人康复服务体系,以实用、易行、受益广的康复内容为重点,为残疾人提供综合性的康复服务。

县级以上人民政府应当优先开展残疾儿童康复工作,实行康复与教育相结合。根据本行政区域残疾人数量、分布状况、康复需求等情况,制定康复机构设置规划,举办公益性康复机构,将康复机构设置纳入基本公共服务体系规划。社会力量举办的康复机构和政府举办的康复机构在准入、执业、专业技术人员职称评定、非营利组织的财税扶持、政府购买服务等方面执行相同的政策。

康复机构应当具有符合无障碍环境建设要求的服务场所以及与所提供康复服务相适应的专业技术人员、设施设备等条件,建立完善的康复服务管理制度。康复机构应当依照有关法律、法规和标准、规范的规定,为残疾人提供安全、有效的康复服务。鼓励康复机构为所在区域的社区、学校、家庭提供康复业务指导和技术支持。

县级以上人民政府有关部门、残疾人联合会应当利用社区资源,根据社区残疾人数量、类型和康复需求等设立康复场所,或者通过政府购买服务方式委托社会组织,组织开展康复指导、日常生活能力训练、康复护理、辅助器具配置、信息咨询、知识普及和转介等社区康复工作。

提供残疾人康复服务,应当针对残疾人的健康、日常活动、社会参与等需求进行评估,依据评估结果制定个性化康复方案,并根据实施情况对康复方案进行调整优化。制定、实施康复方案,应当充分听取、尊重残疾人及其家属的意见,告知康复措施的详细信息。提供残疾人康复服务,应当保护残疾人隐私,不得歧视、侮辱残疾人。

从事残疾人康复服务的人员应当具有人道主义精神,遵守职业道德,学习掌握必要的专业知识和技能并能够熟练运用;有关法律、行政法规规定需要取得相应资格的,还应当依法取得相应的资格。

四、《残疾预防和残疾人康复条例》中,对保障措施的规定

国家建立残疾儿童康复救助制度,逐步实现0～6岁视力、听力、言语、肢体、智力等残疾儿童和孤独症儿童免费得到手术、辅助器具配置和康复训练等服务;完善重度残疾人护理补贴制度;通过实施重点康复项目为城乡贫困残疾人、重度残疾人提供基本康复服务,按照国家有关规定对基本型辅助器具配置给予补贴。具体办法由国务院有关部门商中国残疾人联合会根据经济社会发展水平和残疾人康复需求等情况制定。

国家加强残疾预防和残疾人康复专业人才的培养;鼓励和支持高等学校、职业学校设置残疾预防和残疾人康复相关专业或者开设相关课程,培养专业技术人员。

国务院人力资源社会保障部门应当会同国务院有关部门和中国残疾人联合会,根据残疾预防和残疾人康复工作需要,完善残疾预防和残疾人康复专业技术人员职业能力水平评价体系。

省级以上人民政府及其有关部门应当积极支持辅助器具的研发、推广和应用。辅助器具研发、生产单位依法享受有关税收优惠政策。

(梁 涛)

推荐阅读

[1] BENTLER. 助听器新技术. 中国医学文摘耳鼻咽喉医学, 2009, 24, 65-68.

[2] 陈振声, 段吉茸. 老年人听觉康复. 北京: 北京出版社, 2010.

[3] 杜海侨, 李佳楠, 冀飞, 等. 双侧人工耳蜗植入的研究进展. 中华耳科学杂志, 2018: 493-498.

[4] 方福熹, 方格, 林佩芬. 幼儿认知发展与教育. 北京: 北京师范大学出版社, 2003.

[5] 桂诗春. 新编心理语言学. 上海: 上海外语教育出版社, 2000.

[6] 韩德民, 莫玲燕, 卢伟, 等. 临床听力学. 5版. 北京: 人民卫生出版社, 2006.

[7] 韩德民. 耳鼻咽喉科头颈外科学. 北京: 中华医学电子音像出版社, 2006.

[8] 胡向阳, 龙墨, 刀维洁, 等. 听障儿童全面康复. 北京: 北京科学技术出版社, 2012.

[9] 黄选兆. 实用耳鼻咽喉头颈外科学. 北京: 人民卫生出版社, 2011.

[10] 孔维佳. 耳鼻咽喉头颈外科学. 2版. 北京: 人民卫生出版社, 2010.

[11] 李鹏, 王力红, 蒋涛. 听觉剥夺效应及对听力康复的影响. 听力学及言语疾病杂志, 2003: 61-63.

[12] 李兴启. 听觉诱发反应及应用. 北京: 人民军医出版社, 2007.

[13] 刘铤. 内耳病. 北京: 人民卫生出版社, 2006.

[14] 孙雯, 张华, 李爱军, 等. 普通话版"林氏六音"频率范围的确立. 听力学及言语疾病杂志, 2018, 26(2): 120-125.

[15] 王树峰, 郗昕. 助听器验配师. 北京: 中国劳动社会保障出版社, 2012.

[16] 王永华, 徐飞, 等. 诊断听力学. 杭州: 浙江大学出版社, 2013.

[17] 王永华. 实用助听器学. 合肥: 安徽科学技术出版社, 2005.

[18] 卫生部政策法规司. 中华人民共和国卫生标准汇编. 北京: 中国标准出版社, 2009.

[19] 夏寅, 董博雅. 植入式骨导助听装置——Baha. 中国医学文摘耳鼻咽喉科学, 2012, 27(2): 60-63.

[20] 许启贤. 职业道德. 北京: 蓝天出版社, 2000.

[21] 张华. 助听器. 北京: 人民卫生出版社. 2003.

[22] 张华. 助听器产品与服务进展. 临床耳鼻咽喉头颈外科杂志, 2013, 16: 864-867.

[23] 张华. 助听器发展的再思考. 中国医学文摘耳鼻咽喉医学, 2009, 24(2): 70-72.

[24] 张季平, 孙心德. 脑对双耳听觉信息整合的神经机制. 华东师范大学学报(自然科学版), 2007: 1-12.

[25] 赵守琴. 振动声桥植入. 听力学及言语疾病杂志, 2011, 19(5): 394-396.

[26] 中国环境科学出版社. 声环境质量标准 GB3096-2008. 北京: 中国环境科学出版社, 2013.

[27] 中国聋儿康复研究中心. 听障儿童全面康复. 北京: 北京科学技术出版社, 2012.

[28] 中国聋儿康复研究中心. 听障儿童听能管理手册. 北京: 中国文联出版社, 2011.

[29] 中华耳鼻咽喉头颈外科杂志编辑委员会, 中华耳鼻咽喉头颈外科分会. 突发性聋的诊断和治疗指南 (2005, 济南). 中华耳鼻咽喉头颈外科杂志, 2006, 41(8): 569.

[30] 中华耳鼻咽喉头颈外科杂志编辑委员会, 中华医学会耳鼻咽喉头颈外科学分会, 中国残疾人康复协会听力语言康复专业委员会. 人工耳蜗植入工作指南(2013). 中华耳鼻咽喉头颈外科杂志, 2014, 49(02): 89-95.

[31] 朱丽烨, 李海峰, 张治华, 等. 宽频声导抗测试的临床应用进展. 中国听力语言康复科学杂志, 2018, 16(5): 354-357.

[32] CHEN Y, WONG LL.N. Speech perception in Mandarin-speaking children with cochlear implants: A systematic review. International Journal of Audiology, 2017, 56(sup2): S7-S16.

[33] COX RM.Using loudness date for hearing aid selection: the IHAFF approach.Hearing Journal, 1995, 48(2): 10, 39-44.

[34] DILLON H. Hearing Aids. Sydney, Boomerang Press, 2001.

[35] GUINAN JJ JR. Olivocochlear efferents: anatomy, physiology, function, and the measurement of efferent effects in humans. Ear Hear, 2006, 27: 589-607.

[36] HALL JW., MUELLER H. G. Audiologists' desk reference, volume I, diagnostic audiologyprinciples, procedures, and practices. San Diego: Singular Publishing Group Inc., 1997.

[37] HARVEY DILLON. Hearing Aids. Sydney: Boomerang Press, 2012.

[38] HUNTER LL., SHAHNAZ N. Acoustic immittance measures, basic and advanced practice. San Diego: Plural Publishing, Inc., 2014.

[39] KATZ J, BURKARD RF., MEDWETSKY L, et al. Handbook of clinical audiology.fifth edition. Baltimore: Lippincott Williams & Wilkins, 2002.

[40] Katz J.Handbook of Clinical Audiology.sixth edition. Baltimore: Lippincott williams & wilkins, 2009.

[41] KATZ J. 临床听力学. 5版. 韩德民, 译. 北京: 人民卫生出版社. 2006: 9.

[42] KILLION MC, FIKRET-PASA S.The 3 type of sensorineaural hearing loss: loudness and intelligibility considerations.Hear J, 1993, 46: 1-4.

[43] LI AJ, ZHANG H, SUN W. The frequency range of "the Ling Six Sounds" in Standard Chinese. INTERSPEECH 2017, Stockholm, Sweden, 2017.

[44] MERCHANT SN, ROSOWSKI JJ. Conductive hearing loss caused by third-window lesions of the inner ear. Otol Neurotol, 2008, 29: 282-289.

[45] MINOR LB. Clinical manifestations of superior semicircular dehiscence. Laryngoscope, 2005, 115: 1717-1727.

[46] O'BRIEN A, KEIDSER G, YEEND I, et, al. Validity and reliability of in-situ air conduction thresholds measured through hearing aids coupled to closed and open instant-fit tips. Int J Audiol, 2010, 49(12): 868-876.

[47] ROBLES L, RUGGERO MA. Mechanics of the mammalian cochlea. Physiol Rev, 2001, 81: 1305-1352.

[48] SUN W, LI AJ, ZHANG H. The establishment of the frequency range and adaption of 'the Ling Six Sounds' in standard Chinese. AAA 2018, Nashville, America, 2018.

[49] VONLANTHEN A. Hearing Instrument Technology for the hearing healthcare professional. 2nd ed. San Diego: Singular Publishing Group, 2000.

[50] WILEY TL., FOWLER CG. Acoustic immittance measures in clinical audiology, a primer. San Diego: Singular Publishing Group Inc., 1997.

[51] YANZ JL, OLSEN L. Open-ear fittings: An entry into hearing care for mild losses. Hear Rev, 2006, 13(2): 48-52.

08